运筹与管理科学丛书 5

非光滑优化

（第二版）

高 岩 著

科学出版社

北 京

内 容 简 介

本书旨在系统介绍非光滑优化理论与方法, 全书共十二章. 第 1 章为绪论, 介绍非光滑优化应用背景和常见的非光滑函数类; 第 2 章和第 3 章分别介绍凸集和凸函数的基本概念及有关性质; 第 4 章介绍集值映射的基本概念和性质; 第 5 章介绍集合的几种切锥和法锥及其基本性质; 第 6 章引入凸函数的次微分, 介绍次微分的性质和特殊凸函数的次微分表达式: 第 7 章介绍局部 Lipschitz 函数的广义梯度, 给出极大值函数广义雅可比的计算; 第 8 章阐述拟可微函数及拟微分的概念和性质; 第 9 章针对凸规划、Lipschitz 优化、拟可微优化给出最优性条件; 第 10 章介绍非光滑优化算法, 包括下降方法、凸规划的次梯度法、凸规划的割平面法、光滑化方法; 第 11 章介绍非光滑方程组的牛顿法及其在非线性互补问题中的应用; 第 12 章利用非光滑分析理论讨论控制系统的生存性.

本书可作为应用数学、运筹学与控制论、经济管理等有关专业的高年级本科生或研究生学习非光滑优化的入门参考书, 也可供相关专业的科研工作者参考.

图书在版编目 (CIP) 数据

非光滑优化/高岩著. —2 版. —北京: 科学出版社, 2018.3
(运筹与管理科学丛书; 5)
ISBN 978–7–03–056663–8

Ⅰ.①非… Ⅱ.①高… Ⅲ.①光滑化（数学） Ⅳ.①O189

中国版本图书馆 CIP 数据核字(2018) 第 040028 号

责任编辑: 王丽平 / 责任校对: 邹慧卿
责任印制: 张 伟 / 封面设计: 陈 敬

科 学 出 版 社 出版
北京东黄城根北街 16 号
邮政编码: 100717
http://www.sciencep.com

北京厚诚则铭印刷科技有限公司 印刷
科学出版社发行 各地新华书店经销
*
2008 年 4 月第 一 版 开本: 720 × 1000 B5
2018 年 3 月第 二 版 印张: 15
2021 年 8 月第三次印刷 字数: 300 000
定价: 98.00 元
(如有印装质量问题, 我社负责调换)

《运筹与管理科学丛书》序

运筹学是运用数学方法来刻画、分析以及求解决策问题的科学. 运筹学的例子在我国古已有之, 春秋战国时期著名军事家孙膑为田忌赛马所设计的排序就是一个很好的代表. 运筹学的重要性同样在很早就被人们所认识, 汉高祖刘邦在称赞张良时就说道: "运筹帷幄之中, 决胜千里之外."

运筹学作为一门学科兴起于第二次世界大战期间, 源于对军事行动的研究. 运筹学的英文名字 Operational Research 诞生于 1937 年. 运筹学发展迅速, 目前已有众多的分支, 如线性规划、非线性规划、整数规划、网络规划、图论、组合优化、非光滑优化、锥优化、多目标规划、动态规划、随机规划、决策分析、排队论、对策论、物流、风险管理等.

我国的运筹学研究始于 20 世纪 50 年代, 经过半个世纪的发展, 运筹学研究队伍已具相当大的规模. 运筹学的理论和方法在国防、经济、金融、工程、管理等许多重要领域有着广泛应用, 运筹学成果的应用也常常能带来巨大的经济和社会效益. 由于在我国经济快速增长的过程中涌现出了大量迫切需要解决的运筹学问题, 因而进一步提高我国运筹学的研究水平、促进运筹学成果的应用和转化、加快运筹学领域优秀青年人才的培养是我们当今面临的十分重要、光荣, 同时也是十分艰巨的任务. 我相信, 《运筹与管理科学丛书》能在这些方面有所作为.

《运筹与管理科学丛书》可作为运筹学、管理科学、应用数学、系统科学、计算机科学等有关专业的高校师生、科研人员、工程技术人员的参考书, 同时也可作为相关专业的高年级本科生和研究生的教材或教学参考书. 希望该丛书能越办越好, 为我国运筹学和管理科学的发展做出贡献.

袁亚湘

2007 年 9 月

第二版前言

非光滑优化又称不可微优化, 是目标函数或约束函数中至少含有一个非连续可微函数的非线性优化问题. 由于不具有连续可微性质, 传统的基于微分概念的优化理论和方法已不再适用. 对经典的微分概念进行推广, 建立广义微分概念, 基于广义微分建立的最优化理论和算法称为非光滑优化理论和算法.

非光滑优化包括许多内容, 国内外出版了若干本专著, 这些著作大部分侧重某一主题, 自成体系, 比较接近研究前沿. 作者在本书第一版中就试图从基本内容入手, 为非光滑优化初学者提供一本入门的参考书. 本次再版在第一版基础上做了较大修改, 进一步强化了基本概念、理论和方法, 适当调整了涉及一些非光滑比较专门的内容.

本书详细地介绍了凸集、凸函数、集值映射、切锥和法锥、次微分、广义梯度、拟微分、最优性条件、非光滑优化算法、非光滑方程组的牛顿法、控制系统的生存性.

由于作者水平有限, 加之时间仓促, 书中难免有不妥之处, 敬请读者批评指正.

作 者

2017 年 12 月于上海理工大学

第一版前言

非光滑优化又称不可微优化, 是最优化理论与方法中的一个重要分支. 所谓非光滑优化, 是指目标函数或约束函数中至少有一个不是连续可微 (光滑) 的非线性规划问题. 由于不具有连续可微性质, 传统的基于微分 (梯度) 概念的优化理论和方法已不再适用于非光滑优化问题. 对经典的微分概念进行推广, 建立各种广义微分概念, 基于广义的微分理论建立相应的最优性理论和算法, 正是非光滑优化研究之所在.

非光滑优化具有广泛的应用背景. 下面给出几个非光滑优化的例子.

例 1 设 $x_1, \cdots, x_m \in \mathrm{R}^n$ 为 m 个实验数据, 要建立一个线性模型, 即求一个超平面 $H = \{x \in \mathrm{R}^n \mid a^{\mathrm{T}} x = b\}$, 其中 $a \in \mathrm{R}^n$, $b \in \mathrm{R}$, 使得 $x_1, \cdots, x_m$ 尽可能接近 H, 这就引出一个不可微优化问题

$$\min_{(a,b) \in \mathrm{R}^{n+1}} \sum_{k=1}^m \left| \sum_{i=1}^n a_i x_k^i - b \right|, \tag{1}$$

其中, $a \in \mathrm{R}^n$, $b \in \mathrm{R}$ 为变量, a_i, x_k^i 分别为 a 和 x_k 的第 i 个分量. 易见, 问题 (1) 的目标函数带有绝对值, 是非光滑函数. 但是, 人们以往为了回避非光滑问题的困难, 通常考虑下述问题

$$\min_{(a,b) \in \mathrm{R}^{n+1}} \sum_{k=1}^m \left(\sum_{i=1}^n a_i x_k^i - b \right)^2, \tag{2}$$

即人们通常所熟知的最小二乘问题. 需要指出的是, 问题 (1) 和问题 (2) 的解一般来讲是不一致的. 对大多数情形而言, 问题 (1) 的解较问题 (2) 的解更加符合实际需要.

例 2 考虑非线性互补问题

$$f(x) \geqslant 0, \quad h(x) \geqslant 0, \quad f(x)^{\mathrm{T}} h(x) = 0, \tag{3}$$

其中

$$f(x) = (f_1(x), \cdots, f_n(x))^{\mathrm{T}}, \quad h(x) = (h_1(x), \cdots, h_n(x))^{\mathrm{T}},$$

$f_i(x)$, $h_i(x)$, $i = 1, \cdots, n$ 均为 R^n 上的连续可微函数, 求解问题 (3) 可等价地转化为求解如下非光滑方程组

$$\min\{f_i(x), h_i(x)\} = 0, \quad i = 1, \cdots, n. \tag{4}$$

求解方程组 (4) 也等价于求解如下的优化问题:

$$\min_{x \in \mathbb{R}^n} \sum_{i=1}^{n} \left(\min\{ f_i(x), h_i(x) \} \right)^2, \tag{5}$$

显然, (5) 是一个非光滑优化问题.

还有一种非光滑优化来自于优化问题本身, 即求解非线性规划的罚函数方法. 考虑约束优化问题

$$\begin{aligned} \min \ & f(x), \\ \text{s.t.} \ \ & g(x) \leqslant 0, \end{aligned} \tag{6}$$

其中, $f(x)$, $g(x)$ 为 $\mathbb{R}^n$ 上的连续可微函数. 利用罚函数法, 求解约束优化问题 (6) 转化为求解下述无约束优化问题

$$\min_{x \in \mathbb{R}^n} \ f(x) + M \max\{ 0, g(x) \}, \tag{7}$$

其中 M 为较大的正数. 由于最后一项 $\max\{ 0, g(x) \}$ 的原因, 问题 (7) 的目标函数是非光滑的.

尽管非光滑优化有广泛的应用, 然而到目前为止, 我们还没有有效的方法处理一般形式的非光滑优化问题, 只能针对一些特殊形式的非光滑优化问题分别进行研究. 在各种类型的非光滑优化中, 凸规划和 Lipschitz 规划是目前影响最大, 也是最被广泛接受的一类非光滑优化问题. 当然, 凸规划是 Lipschitz 规划的特殊形式.

非光滑优化包括许多内容, 目前国外出版的著作都有自身的一套体系. 本书从非光滑优化基本内容入手, 较详细地介绍了凸函数的次微分、局部 Lipschitz 函数的广义梯度、拟可微函数的拟微分及它们的最优性理论, 最后介绍了在控制理论中的应用.

本书的完成得到了国家自然科学基金 (10671126) 和上海市重点学科建设项目 (T0502) 的资助. 作者在写作过程中结合了多年关于非光滑优化的学习和研究工作, 并参阅了国内外相关文献. 由于作者水平有限, 加之时间仓促, 书中一定有许多不妥和错误之处, 敬请各位专家、同行批评指正.

作 者

2008 年 2 月于上海理工大学

目　　录

第 1 章 绪   论

非光滑优化 (nonsmooth optimization) 又称不可微优化 (nondifferentiable optimization), 是最优化理论与方法中的一个重要分支, 在工程技术和经济管理领域中有广泛应用. 所谓非光滑优化, 是指所涉及的函数 (目标函数或约束函数) 中至少有一个不是连续可微 (光滑) 函数的优化问题. 由于不再具有连续可微性质, 所以传统的基于微分 (梯度) 概念的最优化理论和方法已不再适用于非光滑优化问题. 对经典的微分概念进行推广, 引入广义的微分概念, 基于广义微分理论建立起来的相应最优化理论和算法, 称为非光滑优化; 对广义微分各种分析性质的研究称为非光滑分析. 直接利用函数值, 不使用广义微分信息的优化方法, 例如直接法、智能算法等不在本书所指的非光滑优化范畴.

1.1 非光滑问题背景

非光滑优化具有广泛的应用背景, 本节给出几个非光滑优化问题和非光滑函数的例子.

例 1.1.1 设 $x_1, \cdots, x_m \in \mathrm{R}^n$ 为 m 个实验数据, 求一个超平面 $H = \{x \in \mathrm{R}^n \,|\, a^{\mathrm{T}} x = b\}$, 其中 $a \in \mathrm{R}^n$, $b \in \mathrm{R}$, 使得 $x_1, \cdots, x_m$ 尽可能接近超平面 H. 这一线性模型的确定可转化为求解下述优化问题:

$$\min_{(a,b) \in \mathrm{R}^{n+1}} \sum_{k=1}^{m} \sum_{i=1}^{n} |a_i x_k^i - b|, \tag{1.1.1}$$

其中 $a \in \mathrm{R}^n$, $b \in \mathrm{R}$ 为变量, a_i, x_k^i 分别为 a 和 x_k 的第 i 个分量. 优化问题 (1.1.1) 的目标函数带有绝对值, 是非光滑函数, 因此是非光滑优化. 然而, 在有些研究中为了回避非光滑性的困难, 转而考虑下述问题:

$$\min_{(a,b) \in \mathrm{R}^{n+1}} \sum_{k=1}^{m} \sum_{i=1}^{n} (a_i x_k^i - b)^2, \tag{1.1.2}$$

问题 (1.1.2) 正是通常所熟知的最小二乘问题. 需要指出的是, 优化问题 (1.1.1) 和优化问题 (1.1.2) 是不等价的, 对多数情形而言, 优化问题 (1.1.1) 的解较优化问题 (1.1.2) 的解更加符合实际需要.

例 1.1.2 设

$$f(x) = (f_1(x), \cdots, f_n(x))^{\mathrm{T}}, \quad h(x) = (h_1(x), \cdots, h_n(x))^{\mathrm{T}},$$

其中 $f_i(x)$, $h_i(x)$, $i = 1, \cdots, n$ 均为 R^n 上的连续可微函数, 考虑非线性互补问题 (nonlinear complementarity problem), 即求解 $x \in \mathrm{R}^n$ 满足下述不等式:

$$f(x) \geqslant 0, \quad h(x) \geqslant 0, \quad f(x)^{\mathrm{T}} h(x) = 0. \tag{1.1.3}$$

不难验证, 求解问题 (1.1.3) 可等价地转化为求解下述非光滑方程组:

$$\min\{ f_i(x), h_i(x) \} = 0, \quad i = 1, \cdots, n, \tag{1.1.4}$$

求解方程组 (1.1.4) 也等价于求解如下的优化问题:

$$\min_{x \in \mathrm{R}^n} \sum_{i=1}^{n} (\min\{ f_i(x), h_i(x) \})^2, \tag{1.1.5}$$

(1.1.5) 是一个非光滑优化问题.

还有一种非光滑优化问题来自最优化问题自身, 即求解非线性约束优化问题的罚函数方法. 考虑约束优化问题:

$$\begin{aligned} \min \ & f(x), \\ \mathrm{s.t.} \ & g_i(x) \leqslant 0, \quad i = 1, \cdots, m, \end{aligned} \tag{1.1.6}$$

其中 $f(x)$, $g_i(x)$, $i = 1, \cdots, m$ 为 R^n 上的连续可微函数. 利用罚函数法, 求解约束优化问题 (1.1.6) 等价地转化为求解下述无约束优化问题:

$$\min_{x \in \mathrm{R}^n} f(x) + M \sum_{i=1}^{m} \max\{ 0, g_i(x) \}, \tag{1.1.7}$$

其中 M 为事先给定的较大正数. 由于 $\sum_{i=1}^{m} \max\{ 0, g_i(x) \}$ 是非光滑函数, 所以问题 (1.1.7) 是非光滑优化.

极小极大 (minimax) 问题是一类重要的非光滑优化问题, 其在电子线路设计、决策分析、博弈论等领域有着广泛的应用, 同时很多优化问题的求解都与极小极大问题有着密切的联系. 极小极大问题的一般形式为

$$\min_{x \in \mathrm{R}^n} \max_{1 \leqslant i \leqslant m} f_i(x), \tag{1.1.8}$$

其中 $f_i(x)$, $i = 1, \cdots, m$ 为 R^n 上的连续可微函数. 目标函数 $\max\limits_{1 \leqslant i \leqslant m} f_i(x)$ 为极大值函数, 是非光滑的, 因此问题 (1.1.8) 是非光滑优化. 求解极小极大问题的方法有转化法和直接法两种. 转化法通过引入辅助变量, 将极小极大问题 (1.1.8) 等价地转化为如下的光滑约束优化问题:

$$\begin{aligned} \min \ & t, \\ \mathrm{s.t.} \ & f_i(x) - t \leqslant 0, \quad i = 1, \cdots, m, \end{aligned} \tag{1.1.9}$$

其中 $(x, t) \in \mathrm{R}^{n+1}$ 为变量, 经典的光滑优化算法可以用来求解光滑约束优化问题 (1.1.9). 注意到问题 (1.1.9) 是 $n+1$ 维优化问题, 且带有约束, 因此增加了计算复杂性. 直接法利用非光滑分析理论直接研究极小极大问题 (1.1.8), 属非光滑优化研究范畴.

最后介绍一类称为分片光滑函数的非光滑函数, 分片光滑函数是一类较一般的非光滑函数类.

设 $f(x)$ 为定义于 $S \subset \mathrm{R}^n$ 上的函数, I 为有限指标集, $S_i \subset \mathrm{R}^n, i \in I$ 为可测集, $O_i \subset \mathrm{R}^n, i \in I$ 为开集, 满足 $\bigcup\limits_{i \in I} S_i = S$, $\mathrm{cl} S_i \subset O_i$, $i \in I$, 如果存在定义于 O_i 上的光滑函数 $f_i(x)$, 使得对每个 $x \in S_i$, 有 $f(x) = f_i(x)$, 则称 $f(x)$ 为 S 上的分片光滑函数 (piecewise smooth function).

极大值函数、极小值函数是分片光滑函数, 进一步有, 极大值函数、极小值函数的复合函数也是分片光滑函数. 分片光滑函数是局部 Lipschitz 的. 类似地可以定义分片 k 阶光滑函数, 分片光滑函数即为分片 1 阶光滑函数.

1.2 局部 Lipschitz 函数

在非光滑优化中, 人们还无法研究涉及最一般非光滑函数的问题, 因此只能分门别类讨论几类非光滑函数. 目前讨论最多的是凸函数、极大值函数、局部 Lipschitz 函数, 其中局部 Lipschitz 函数是目前涉及的非凸、非光滑函数中最一般的函数类. 本节介绍局部 Lipschitz 函数的有关性质.

定义 1.2.1 设 $f(x)$ 为定义于开集 $S \subset \mathrm{R}^n$ 上的函数, 如果对任意 $x \in S$, 存在常数 $\delta, L > 0$, 使得

$$|f(x_1) - f(x_2)| < L\|x_1 - x_2\|, \quad \forall x_1, x_2 \in B(x, \delta), \tag{1.2.1}$$

则称 $f(x)$ 为 S 上的局部 Lipschitz 函数, L 称为 $f(x)$ 在点 x 的 Lipschitz 常数. 如果式 (1.2.1) 对任意的 $x_1, x_2 \in S$ 都成立, 则称 $f(x)$ 为 S 上的 Lipschitz 函数, 也称为全局 Lipschitz 函数.

显然, 局部 Lipschitz 函数是连续函数, 它实质是一种更强的连续函数; 全局 Lipschitz 函数一定是局部 Lipschitz 函数. 不难验证, 连续可微函数是局部 Lipschitz 函数.

设 $f_1(x)$, $f_2(x)$ 是 $S \subset \mathrm{R}^n$ 上的局部 (全局)Lipschitz 函数, 不难验证对任意常数 c_1, c_2, 函数 $c_1 f_1(x) + c_2 f_2(x)$ 是 S 上的局部 (全局)Lipschitz 函数. 这一事实说明局部 (全局)Lipschitz 函数全体构成一个线性空间.

命题 1.2.1 设 $f_1(x)$, $f_2(x)$ 是 $S \subset \mathrm{R}^n$ 上的局部 (全局)Lipschitz 函数, 则

函数

$$g(x) = \max\{f_1(x),\, f_2(x)\},$$

$$h(x) = \min\{f_1(x),\, f_2(x)\}$$

也是 S 上的局部 (全局)Lipschitz 函数.

　　证明　显然, $g(x)$ 和 $h(x)$ 可以表示为下述形式:

$$g(x) = \frac{1}{2}(f_1(x) + f_2(x) + |f_1(x) - f_2(x)|),$$

$$h(x) = \frac{1}{2}(f_1(x) + f_2(x) - |f_1(x) - f_2(x)|).$$

设 L_1, L_2 分别为 $f_1(x)$ 和 $f_2(x)$ 在点 x 的 Lipschitz 常数, 记 $L = \max\{L_1, L_2\}$, 直接推导得

$$
\begin{aligned}
|g(x_1) - g(x_2)| =& \frac{1}{2}|f_1(x_1) + f_2(x_1) + |f_1(x_1) - f_2(x_1)| \\
& - (f_2(x_2) + f_2(x_2) + |f_1(x_2) - f_2(x_2)|)| \\
=& \frac{1}{2}|f_1(x_1) - f_1(x_2) + f_2(x_1) - f_2(x_2) \\
& + |f_1(x_1) - f_2(x_1)| - |f_1(x_2) - f_2(x_2)|| \\
\leqslant& \frac{1}{2}(|f_1(x_1) - f_1(x_2)| + |f_2(x_1) - f_2(x_2)| \\
& + |f_1(x_1) - f_1(x_2) + f_2(x_2) - f_2(x_1)|) \\
\leqslant& \frac{1}{2}(|f_1(x_1) - f_1(x_2)| + |f_2(x_1) - f_2(x_2)| \\
& + |f_1(x_1) - f_1(x_2)| + |f_2(x_1) - f_2(x_2)|) \\
=& |f_1(x_1) - f_1(x_2)| + |f_2(x_1) - f_2(x_2)| \\
\leqslant& L_1\|x_1 - x_2\| + L_2\|x_1 - x_2\| \\
\leqslant& 2L\|x_1 - x_2\|,
\end{aligned}
$$

这说明 $g(x)$ 是局部 Lipschitz 函数.

　　同理可证

$$|h(x_1) - h(x_2)| \leqslant |f_1(x_1) - f_1(x_2)| + |f_2(x_1) - f_2(x_2)|$$

$$\leqslant 2L\|x_1 - x_2\|,$$

所以 $h(x)$ 为局部 Lipschitz 函数. 命题得证.

推论 1.2.1 设 $f_i(x)$, $i = 1, \cdots, m$ 是 $S \subset \mathrm{R}^n$ 上的局部 Lipschitz 函数, 则极大值函数 $f(x) = \max\limits_{1 \leqslant i \leqslant m} f_i(x)$ 和极小值函数 $g(x) = \min\limits_{1 \leqslant i \leqslant m} f_i(x)$ 也是 S 上的局部 Lipschitz 函数.

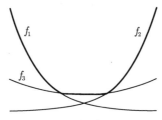

图 1.2.1 极大值函数

命题 1.2.1 及推论 1.2.1 表明局部 Lipschitz 函数关于极大值和极小值运算是封闭的. 另外, 局部 Lipschitz 函数有一个重要性质: 几乎处处可微, 即局部 Lipschitz 函数不可微点集的测度为零. 图 1.2.1 给出了三个光滑函数形成的极大值函数, 从图中可以看出, 该极大值函数有两个不可微点.

本节最后介绍函数的上、下半连续性. 设 $f(x)$ 为 R^n 上的函数, 如果对任意 $\varepsilon > 0$, 存在 $\delta > 0$, 使得

$$f(y) - f(x) < \varepsilon, \quad \forall y \in B(x, \delta),$$

则称 $f(x)$ 在点 x 是上半连续的 (upper semicontinuous); 如果对任意 $\varepsilon > 0$, 存在 $\delta > 0$, 使得

$$-\varepsilon < f(y) - f(x), \quad \forall y \in B(x, \delta),$$

则称 $f(x)$ 在点 x 是下半连续的 (lower semicontinuous).

$f(x)$ 在点 x 连续当且仅当 $f(x)$ 在点 x 同时为上半连续和下半连续.

$f(x)$ 在点 x 上半连续等价于对任意收敛于 x 的点列 $\{x_k\}_1^\infty$, 有

$$\limsup_{k \to \infty} f(x_k) \leqslant f(x);$$

$f(x)$ 在点 x 下半连续等价于对任意收敛于 x 的点列 $\{x_k\}_1^\infty$, 有

$$f(x) \leqslant \liminf_{k \to \infty} f(x_k).$$

1.3 可微与方向可微

在实际应用中遇到的一些函数尽管不是可微的, 但却是方向可微的, 例如凸函数、极大值函数等. 首先介绍方向导数.

定义 1.3.1　设 $f(x)$ 为定义于 R^n 上的函数, $x \in \mathrm{R}^n$, $d \in \mathrm{R}^n$, 如果下述极限

$$\lim_{t \to 0^+} \frac{f(x + td) - f(x)}{t} \tag{1.3.1}$$

存在, 称此极限为 $f(x)$ 在点 x 沿方向 d 的方向导数 (directional derivative), 记为

$$f'(x\,;d) = \lim_{t \to 0^+} \frac{f(x + td) - f(x)}{t}.$$

如果对所有方向 $d \in \mathrm{R}^n$, 方向导数 $f'(x\,;d)$ 都存在, 称 $f(x)$ 在点 x 是方向可微的 (directionally differentiable).

命题 1.3.1　设 $f(x)$ 为 R^n 上局部 Lipschitz 函数, 在点 x 的 Lipschitz 常数为 L, 则 $f(x)$ 在点 x 的方向导数 $f'(x\,;d)$ 关于方向 d 是 Lipschitz 的, 且 Lipschitz 常数为 L.

证明　根据 Lipschitz 性质, 存在 x 的邻域 $B(x, \delta)$, $\delta > 0$, 使得

$$f(x + tg) - f(x + th) \leqslant Lt\|g - h\|, \quad \forall x + tg, x + th \in B(x, \delta),$$

其中 $g, h \in \mathrm{R}^n, t > 0$, 于是

$$f'(x\,;g) = \lim_{t \to 0^+} \frac{f(x + tg) - f(x)}{t}$$

$$\leqslant \lim_{t \to 0^+} \frac{f(x + th) - f(x)}{t} + L\|g - h\|,$$

进一步有

$$f'(x\,;g) - f'(x\,;h) \leqslant L\|g - h\|.$$

注意到, 上式关于方向 g 和 h 是对称的, 故

$$|f'(x\,;g) - f'(x\,;h)| \leqslant L\|g - h\|,$$

这说明 $f'(x\,;d)$ 关于方向 d 是 Lipschitz 的, 且 Lipschitz 常数为 L. 命题得证.

下面介绍函数的几种可微性.

定义 1.3.2　设 $f(x)$ 为 R^n 上的函数, $f(x)$ 在点 $x \in \mathrm{R}^n$ 是方向可微的, 且存在 $D \in \mathrm{R}^n$, 使得

$$f'(x\,;d) = D^{\mathrm{T}}d, \quad \forall d \in \mathrm{R}^n,$$

称 $f(x)$ 在点 x 是 Gâteaux 可微的, D 称为 $f(x)$ 的 Gâteaux 微分, 也称为梯度, 记为 $\nabla f(x) = D$.

Gâteaux 可微要求函数方向可微, 且方向导数是方向的线性函数. 一般来讲, 方向可微不满足 Gâteaux 可微, 例如函数 $f(x) = \|x\|$, $x \in \mathrm{R}^n$ 在点 $x = 0$ 方向导

数存在, 且有 $f'(0;d) = ||d||$, 但 $||d||$ 不可能表示为 d 的线性函数, 因此 $f(x)$ 在点 $x = 0$ 不是 Gâteaux 可微的.

如果函数在一个集合上是 Gâteaux 可微的, 且 Gâteaux 微分在此集合上是连续的, 称该函数在此集合上是连续可微的, 也称是光滑的.

定义 1.3.3 设 $f(x)$ 为 R^n 上的函数, $f(x)$ 在点 x 是方向可微的, 进一步方向导数有下述形式:

$$f'(x;d) = \lim_{\substack{d' \to d \\ t \to 0^+}} \frac{f(x + td') - f(x)}{t}, \quad \forall d \in \mathrm{R}^n, \tag{1.3.2}$$

称 $f(x)$ 在点 x 是 Hadamard 方向可微的. 又如果 $f(x)$ 在点 x 是 Gâteaux 可微的, 称 $f(x)$ 在点 x 是 Hadamard 可微的.

定义 1.3.4 设 $f(x)$ 为 R^n 上的函数, 在点 x 是方向可微的, 式 (1.3.1) 的极限关于方向 d 在有界集合内是一致收敛的 (即如果 $C \subset \mathrm{R}^n$ 有界, 则下式

$$f(x + td) = f(x) + tf'(x;d) + o(t), \quad \forall d \in C, t > 0 \tag{1.3.3}$$

成立), 如果 $f(x)$ 是 Gâteaux 可微的, 称 $f(x)$ 在点 x 是 Fréchet 可微的. 此时 Gâteaux 微分也称为 Fréchet 微分.

Hadamard 可微、Fréchet 可微均保证 Gâteaux 可微, 反之不成立. 同时, 在有限维空间中 Hadamard 可微与 Gâteaux 可微等价, 在无限维空间中二者则有所区别. 对于局部 Lipschitz 函数, Gâteaux 可微与 Hadamard 可微、Fréchet 可微等价.

定义 1.3.5 设 $f(x)$ 为 R^n 上的函数, $x \in \mathrm{R}^n$, 如果存在 $D \in \mathrm{R}^n$ 使得下式成立:

$$\lim_{\substack{y \to x \\ t \to 0^+}} \frac{f(y + td) - f(y)}{t} = D^{\mathrm{T}}d, \quad \forall d \in \mathrm{R}^n,$$

且左端极限对于任一紧集中的 d 是一致成立的, 称 $f(x)$ 在点 x 是严格可微的, D 称为其微分, 记为 $\nabla f(x) = D$.

考虑下面两个函数:

$$f(x) = \begin{cases} x_2, & x_1 = 0, \\ x_1, & x_2 = 0, \\ 1, & \text{其他}, \end{cases}$$

$$g(x) = \begin{cases} x^2 \sin\left(\dfrac{1}{x}\right), & x \neq 0, \\ 0, & x = 0. \end{cases}$$

函数 $f(x)$ 在点 $0 \in \mathrm{R}^2$ 梯度存在, 但不可微, 甚至也不连续, 由于不连续, $f(x)$ 也不是分片光滑函数; 函数 $g(x)$ 在点 $0 \in \mathrm{R}$ 可微, 但不是连续可微的, 因此是非光滑的.

　　方向导数在非光滑优化中有重要作用, 可以用来判别极值点. 如果点 x 是 $f(x)$ 的局部极小值点, 则有

$$f'(x; d) \geqslant 0, \quad \forall d \in \mathrm{R}^n.$$

对于方向导数不存在情形, 人们引入了各种广义的方向导数, 其中 Dini 导数是最早提出的一种广义方向导数.

　　定义 1.3.6　设 $f(x)$ 为 R^n 上的函数, $f(x)$ 在点 x 的 Dini 上、下导数, 记为 $f_D^{\uparrow}(x; d)$, $f_D^{\downarrow}(x; d)$, 定义如下:

$$f_D^{\uparrow}(x; d) = \lim_{t \to 0^+} \sup \frac{f(x + td) - f(x)}{t}, \quad d \in \mathrm{R}^n,$$

$$f_D^{\downarrow}(x; d) = \lim_{t \to 0^+} \inf \frac{f(x + td) - f(x)}{t}, \quad d \in \mathrm{R}^n.$$

　　一般情况下 Dini 下导数小于 Dini 上导数, 如果 Dini 上、下导数都存在且相等, 即 $f_D^{\uparrow}(x; d) = f_D^{\downarrow}(x; d)$, 则函数 $f(x)$ 是方向可微的, 且有

$$f'(x; d) = f_D^{\uparrow}(x; d) = f_D^{\downarrow}(x; d).$$

　　对于局部 Lipschitz 函数, 由于差商 $\dfrac{f(x + td) - f(x)}{t}$ 有界, 此时 Dini 上、下导数都存在.

　　不难验证, 如果 $x \in \mathrm{R}^n$ 是 $f(x)$ 的极小值点, 则有

$$f_D^{\uparrow}(x; d) \geqslant 0, \quad \forall d \in \mathrm{R}^n;$$

如果对任意的 $d \in \mathrm{R}^n$ 都有 $f_D^{\downarrow}(x; d) > 0$, 则 x 是 $f(x)$ 的严格极小值点.

　　定理 1.3.1　设 $f_i(x)$, $i = 1, \cdots, m$ 为 R^n 上的连续函数, 且在点 $x \in \mathrm{R}^n$ 方向可微, 则极大值函数

$$f(x) = \max_{1 \leqslant i \leqslant m} f_i(x)$$

和极小值函数

$$g(x) = \min_{1 \leqslant i \leqslant m} f_i(x)$$

在点 x 也是方向可微的, 且方向导数可表示为下述形式:

$$f'(x; d) = \max_{i \in I(x)} f_i'(x; d), \quad d \in \mathrm{R}^n, \tag{1.3.4}$$

$$g'(x; d) = \min_{i \in I_1(x)} f_i'(x; d), \quad d \in \mathrm{R}^n, \tag{1.3.5}$$

其中

$$I(x) = \{i \in \{1, \cdots, m\} | f_i(x) = f(x)\},$$

$$I_1(x) = \{i \in \{1, \cdots, m\} | f_i(x) = g(x)\}.$$

证明 对于固定的 $d \in \mathrm{R}^n$, 根据 $f_i(x)$, $i = 1, \cdots, m$ 的方向可微性, 有

$$f_i(x + td) = f_i(x) + t f_i'(x; d) + o_i(t), \quad i = 1, \cdots, m, \tag{1.3.6}$$

其中 o_i 代表高阶无穷小. 根据指标集 $I(x)$ 的定义, 有

$$f_i(x) < f(x), \quad \forall i \in \{1, \cdots, m\} \backslash I(x),$$

再由函数 $f(x)$ 和 $f_i(x)$ 的连续性, 当 t 充分小时有

$$f_i(x + td) < f(x + td), \quad \forall i \in \{1, \cdots, m\} \backslash I(x),$$

故

$$f(x + td) = \max_{1 \leqslant i \leqslant m} f_i(x + td) = \max_{i \in I(x)} f_i(x + td). \tag{1.3.7}$$

结合式 (1.3.6) 和式 (1.3.7), 得

$$f(x + td) - f(x) = \max_{i \in I(x)} (t f_i'(x; d) + o_i(t)),$$

于是

$$f(x + td) - f(x) - t \max_{i \in I(x)} f_i'(x; d) = o(t),$$

上式两边同时除以 t, 并令 $t \to 0$, 即得式 (1.3.4). 类似地可证明式 (1.3.5). 定理得证.

全书使用如下符号: R^n 为 n 维实空间; $\| \ \|$ 为欧氏范数; ∇ 为函数的梯度; o 为高阶无穷小; O 为同阶无穷小; M^{T} 为矩阵 M 的转置; cl 为集合的闭包; $\varnothing$ 为空集; max 为极大值; min 为极小值; sup 为上确界; inf 为下确界; lim sup 为上极限; lim inf 为下极限; $S \backslash T = \{\alpha | \alpha \in S, \alpha \notin T\}$(其中 S, T 为集合); $B(x, \delta) = \{y \in \mathrm{R}^n | \ \|y - x\| < \delta\}$.

第 2 章   凸   集

凸集是非光滑分析中最基本的概念之一, 在最优化理论、博弈论、控制理论中都有重要应用, 是本书以后各章的重要基础. 本章介绍凸集的基本概念和性质.

2.1   基 本 概 念

本节首先引入凸集的概念, 然后介绍它的一些基本性质.

2.1.1   凸集与凸组合

定义 2.1.1   设 $S \subset \mathrm{R}^n$, 如果对任意两点 $x_1, x_2 \in S$ 和常数 $0 \leqslant \lambda \leqslant 1$, 都有 $\lambda x_1 + (1 - \lambda)x_2 \in S$, 称 S 为 R^n 中的凸集 (convex set).

凸集具有明显的几何意义, 由定义可以看出, 所谓凸集就是这样的集合, 它的任意两点的连线都在该集合中 (图 2.1.1 和图 2.1.2).

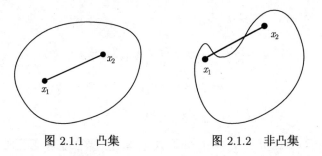

图 2.1.1   凸集   图 2.1.2   非凸集

例 2.1.1   设 p 为 n 维向量, α 为实数, 则超平面

$$H = \{x \in \mathrm{R}^n | p^{\mathrm{T}} x = \alpha\}$$

是凸集. 对任意 $x_1, x_2 \in H$, $0 \leqslant \lambda \leqslant 1$, 有

$$p^{\mathrm{T}}(\lambda x_1 + (1 - \lambda)x_2) = \lambda p^{\mathrm{T}} x_1 + (1 - \lambda)p^{\mathrm{T}} x_2$$

$$= \alpha,$$

因此 $\lambda x_1 + (1 - \lambda)x_2 \in H$, 根据定义, H 是凸集.

例 2.1.2 设 $x_0 \in \mathrm{R}^n$, $\delta > 0$, 容易验证, 以 x_0 为圆心 δ 为半径的开球体 $\{x \in \mathrm{R}^n | \, ||x - x_0|| < \delta\}$ 和闭球体 $\{x \in \mathrm{R}^n | \, ||x - x_0|| \leqslant \delta\}$ 均为 R^n 中凸集.

根据凸集的定义容易验证, R^n 中空集、全空间、所有子空间都是凸集.

命题 2.1.1 设 I 是任意指标集, $S_i \subset \mathrm{R}^n$, $i \in I$ 是凸集, 则 S_i, $i \in I$ 的交 $\bigcap\limits_{i \in I} S_i$ 是 R^n 中凸集.

证明 当 S 为空集或单点集时, 结论显然成立. 对于一般情况, 假设 $x_1, x_2 \in S$, $0 \leqslant \lambda \leqslant 1$, 则 $x_1, x_2 \in S_i$, $i \in I$, 由于 S_i 是凸集, 则有

$$\lambda x_1 + (1 - \lambda)x_2 \in S_i, \quad i \in I,$$

故

$$\lambda x_1 + (1 - \lambda)x_2 \in \bigcap_{i \in I} S_i = S,$$

这说明 S 是凸集. 命题得证.

定义 2.1.2 设 $x_1, \cdots, x_m \in \mathrm{R}^n$, 给定一组常数 $\lambda_i \geqslant 0$, $i = 1, \cdots, m$ 满足 $\sum\limits_{i=1}^{m} \lambda_i = 1$, 称点 $x = \sum\limits_{i=1}^{m} \lambda_i x_i$ 为 $x_1, \cdots, x_m$ 的一个凸组合 (convex combination).

定义 2.1.1 意味着凸集就是 "其中任意两点的凸组合仍属于它自身的集合", 实际上也可以通过任意有限点的凸组合来定义凸集, 下面的定理刻画了这样一个事实.

定理 2.1.1 $S \subset \mathrm{R}^n$ 为凸集的充要条件是 S 中任何一组元素的凸组合都在 S 中.

证明 设 S 是凸集, $x_1, \cdots, x_m \in S$, 首先证明 $x_1, \cdots, x_m$ 的凸组合属于 S. 对 m 用数学归纳法. 当 $m = 1$ 时, 结论显然成立; 当 $m = 2$ 时, 根据凸集的定义, 结论也成立. 设当 $m \leqslant k$ 时定理结论成立, 以下证明如果 $x_i \in S, i = 1, \cdots, k+1$, $\lambda_i \geqslant 0, i = 1, \cdots, k+1$, $\sum\limits_{i=1}^{k+1} \lambda_i = 1$, 则 $x = \sum\limits_{i=1}^{k+1} \lambda_i x_i \in S$. 不失一般性, 假设 $\lambda_i > 0$, $i = 1, \cdots, k+1$, 这时 $1 - \lambda_{k+1} = \sum\limits_{i=1}^{k} \lambda_i > 0$. 由于

$$\sum_{i=1}^{k} \frac{\lambda_i}{1 - \lambda_{k+1}} = 1, \quad i = 1, \cdots, k,$$

根据归纳法假设

$$y = \frac{\lambda_1}{1 - \lambda_{k+1}} x_1 + \cdots + \frac{\lambda_k}{1 - \lambda_{k+1}} x_k \in S,$$

再由 S 的凸性得

$$x = (1 - \lambda_{k+1})y + \lambda_{k+1}x_{k+1} \in S,$$

即 $x_1, \cdots, x_m$ 的凸组合属于 S.

另一方面, 集合 S 中任何一组元素的凸组合都在 S 中, 于是 S 中任意两个元素的凸组合必在 S 中, 故 S 是凸集. 定理得证.

定义 2.1.3　R^n 中集合 S 的凸包 (convex hull), 记为 $\text{co}S$, 是由 S 中的一切凸组合形成的集合, 换言之 $x \in \text{co}S$ 当且仅当 x 可表示为 $x = \sum_{i=1}^{k} \lambda_i x_i$, 其中 k 为一正整数, $x_i \in S, \lambda_i \geqslant 0, i = 1, \cdots, k, \sum_{i=1}^{k} \lambda_i = 1$.

容易验证, 集合的凸包是包含该集合的最小凸集, 事实上它是包含该集合所有凸集的交集. 凸集的凸包就是它自身. 凸包也是对一个非凸集合进行凸化的有效方法, 通过凸包可以找到包含一个给定非凸集合的最小凸集.

设 $a_i \in R^n, i = 1, \cdots, m$, 有限点集 $\{a_1, \cdots, a_m\}$ 的凸包 $\text{co}\{a_1, \cdots, a_m\}$ 由形如 $\lambda_1 a_1 + \cdots + \lambda_m a_m$ 的向量构成, 其中 $\lambda_i \geqslant 0, i = 1, \cdots, m$ 满足 $\sum_{i=1}^{m} \lambda_i = 1$, 即

$$\text{co}\{a_1, \cdots, a_m\} = \left\{ \sum_{i=1}^{m} \lambda_i a_i \,\middle|\, \sum_{i=1}^{m} \lambda_i = 1, \, \lambda_i \geqslant 0, \, i = 1, \cdots, m \right\}.$$

有限点集的凸包是 R^n 空间中的一个凸多面体 (图 2.1.3). 另一方面, 任意有界凸多面体都可表示为有限点集的凸包.

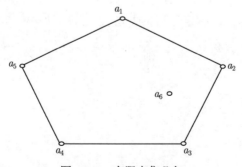

图 2.1.3　有限点集凸包

尽管定义 2.1.3 说明凸包 $\text{co}S$ 是由 S 的所有有限多个点的凸组合构成的集合, 但并没有对构成这个凸组合所需点的个数给出任何范围, 下述定理说明对于 n 维

空间中的一个集合, 只需至多 $n+1$ 个点的凸组合就可以表示该集合凸包中的每一点.

定理 2.1.2(Caratheodory 定理) 设 $S \subset \mathrm{R}^n$, 则 $\mathrm{co}S$ 中任意一点都可以表示成 S 中至多 $n+1$ 个点的凸组合, 即对任意 $x \in \mathrm{co}S$, 存在 $r \leqslant n+1$ 以及 $x_i \in S,\ \lambda_i \geqslant 0,\ i=1,\cdots,r$ 满足 $\sum\limits_{i=1}^{r} \lambda_i = 1$, 使得

$$x = \sum_{i=1}^{r} \lambda_i x_i. \tag{2.1.1}$$

证明 根据定理 2.1.1, 只要证明式 (2.1.1) 中的 r 满足 $r \leqslant n+1$ 即可. 以下证明: 如果 $r > n+1$, 则式 (2.1.1) 右边的非零项可以减少. 不妨假设 $\lambda_i > 0,\ i=1,\cdots,r,\ r > n+1$. 考虑 $n+1$ 维向量 $(x_i, 1),\ i=1,\cdots,r$, 因为向量的个数 $r > n+1$, 故它们线性相关, 因此存在不全为零的常数 $\alpha_i,\ i=1,\cdots,r$, 使得 $\sum\limits_{i=1}^{r} \alpha_i (x_i, 1) = 0$, 于是有

$$\sum_{i=1}^{r} \alpha_i x_i = 0, \quad \sum_{i=1}^{r} \alpha_i = 0. \tag{2.1.2}$$

$\alpha_i, i=1,\cdots,r$ 不全为零和 $\sum\limits_{i=1}^{r} \alpha_i = 0$ 保证 $\alpha_i, i=1,\cdots,r$ 中一定存在正数, 记

$$\varepsilon_0 = \min \left\{ \frac{\lambda_i}{\alpha_i} \middle| \alpha_i > 0,\ i=1,\cdots,r \right\},$$

于是存在指标 i_0, 使得 $\varepsilon_0 = \dfrac{\lambda_{i_0}}{\alpha_{i_0}}$, 进而有

$$\bar{\lambda}_i = \lambda_i - \varepsilon_0 \alpha_i \geqslant 0, \quad i=1,\cdots,r, \tag{2.1.3}$$

特别是 $\bar{\lambda}_{i_0} = 0$. 由式 (2.1.2) 得

$$\sum_{i=1}^{r} \bar{\lambda}_i x_i = \sum_{i=1}^{r} \lambda_i x_i - \varepsilon_0 \sum_{i=1}^{r} \alpha_i x_i = x, \tag{2.1.4}$$

$$\sum_{i=1}^{r} \bar{\lambda}_i = \sum_{i=1}^{r} \lambda_i - \varepsilon_0 \sum_{i=1}^{r} \alpha_i = 1.$$

式 (2.1.4) 说明, 点 x 仍可以表示为式 (2.1.1) 的形式, 但却减少了一项 (因为 $\bar{\lambda}_{i_0} = 0$). 定理得证.

定理 2.1.3   设 $S \subset \mathrm{R}^n$ 为有界闭集, 则 $\mathrm{co}S$ 也为闭集.

证明   设 $\{x_k\}_1^\infty$ 为 $\mathrm{co}S$ 中收敛点列, 记 $\tilde{x} = \lim\limits_{k \to \infty} x_k$, 只需证明 $\tilde{x} \in \mathrm{co}S$. 根据 Caratheodory 定理, 每个 x_k 均可表示为 S 中至多 $n+1$ 个点的凸组合, 即存在 $x_k^1, \cdots, x_k^{n+1} \in S$, $\lambda_k^1, \cdots, \lambda_k^{n+1} \geqslant 0$ 满足 $\sum\limits_{i=1}^{n+1} \lambda_k^i = 1$, 使得

$$x_k = \lambda_k^1 x_k^1 + \cdots + \lambda_k^{n+1} x_k^{n+1}. \tag{2.1.5}$$

记

$$X_k = (x_k^1, \cdots, x_k^{n+1}), \quad \Lambda_k = (\lambda_k^1, \cdots, \lambda_k^{n+1}),$$

由于点列 $\{X_k, \Lambda_k\}_1^\infty$ 有界, 则存在其收敛的子列, 不妨假设为其自身, 记

$$X_k \to (\tilde{x}_1, \cdots, \tilde{x}_{n+1}), \quad \Lambda_k \to (\tilde{\lambda}_1, \cdots, \tilde{\lambda}_{n+1}),$$

其中

$$x_k^1 \to \tilde{x}_1, \cdots, x_k^{n+1} \to \tilde{x}_{n+1},$$

$$\lambda_k^1 \to \tilde{\lambda}_1, \cdots, \lambda_k^{n+1} \to \tilde{\lambda}_{n+1}.$$

对式 (2.1.5) 两边关于 k 取极限, 记其右端极限为 $\tilde{x}$, 则有

$$\tilde{x} = \tilde{\lambda}_1 \tilde{x}_1 + \cdots + \tilde{\lambda}_{n+1} \tilde{x}_{n+1},$$

由 $\lambda_k^1, \cdots, \lambda_k^{n+1} \geqslant 0$ 及 $\sum\limits_{i=1}^{n+1} \lambda_k^i = 1$, 得 $\tilde{\lambda}_1, \cdots, \tilde{\lambda}_{n+1} \geqslant 0$, $\sum\limits_{i=1}^{n+1} \tilde{\lambda}_i = 1$, 又由于 S 为闭集, 则 $\tilde{x}_1, \cdots, \tilde{x}_{n+1} \in S$, 于是 $\tilde{x} \in \mathrm{co}S$, 这说明 $\mathrm{co}S$ 为闭集. 定理得证.

如果集合 S 不是有界的, 定理 2.1.3 的结论不成立, 也就是说无界闭集的凸包不一定是闭集.

例 2.1.3   设

$$S = \{(x_1, x_2)^\mathrm{T} \in \mathrm{R}^2 \,|\, x_1 = 1, x_2 \geqslant 0\} \bigcup \{(x_1, x_2)^\mathrm{T} \in \mathrm{R}^2 \,|\, 0 \leqslant x_1 \leqslant 1, x_2 = 0\} .$$

易见, S 的凸包为

$$\mathrm{co}S = \{(x_1, x_2)^\mathrm{T} \in \mathrm{R}^2 \,|\, 0 < x_1 \leqslant 1, x_2 \geqslant 0\} ,$$

S 是闭集, 但 S 无界, 导致 $\mathrm{co}S$ 不是闭集.

2.1.2   凸集的代数运算

在非光滑分析中, 特别是考虑到非光滑函数次微分运算的需要, 集合的加法和数乘运算为如下的 Minkowski 加法和数乘.

定义 2.1.4   设 $S_1, S_2 \subset \mathbf{R}^n$, λ 为常数, 则 $\lambda S_1 = \{\lambda x | x \in S_1\}$ 称为集合 S_1 和 λ 的数乘;

$$S_1 + S_2 = \{x_1 + x_2 | x_1 \in S_1, \; x_2 \in S_2\}$$

称为集合 S_1 和 S_2 的和 (也称为 Minkowski 和).

下述结论显然成立.

命题 2.1.2   设 $S_1, S_2 \subset \mathbf{R}^n$ 为凸集, λ 为常数, 则 λS_1 和 $S_1 + S_2$ 也为凸集.

命题 2.1.3   设 $S \subset \mathbf{R}^n$ 为凸集, $\lambda_1, \lambda_2 \geqslant 0$, 则有

$$(\lambda_1 + \lambda_2)S = \lambda_1 S + \lambda_2 S. \tag{2.1.6}$$

证明   当 $\lambda_1 = \lambda_2 = 0$ 时, 式 (2.1.6) 显然成立. 设 $\lambda_1 + \lambda_2 > 0$, 容易验证, 下述性质成立 (即使 S 是非凸集合下式也成立):

$$(\lambda_1 + \lambda_2)S \subset \lambda_1 S + \lambda_2 S. \tag{2.1.7}$$

根据 S 的凸性, 容易验证, 当 $0 \leqslant \lambda \leqslant 1$ 时, 有 $\lambda S + (1 - \lambda)S \subset S$, 于是

$$\frac{\lambda_1}{\lambda_1 + \lambda_2} S + \frac{\lambda_2}{\lambda_1 + \lambda_2} S \subset S,$$

上式两边乘以 $\lambda_1 + \lambda_2$, 得

$$\lambda_1 S + \lambda_2 S \subset (\lambda_1 + \lambda_2)S. \tag{2.1.8}$$

联立式 (2.1.7) 和式 (2.1.8) 即得式 (2.1.6). 命题得证.

2.2 锥 与 极 锥

在凸集中, 一个比较重要的特殊情形是凸锥. 凸锥是非光滑分析和优化研究的重要对象之一.

2.2.1 锥、凸锥与锥包

定义 2.2.1   设 $C \subset \mathbf{R}^n$, $x_0 \in C$, 如果对任意 $\lambda > 0$, $x \in C$, 有

$$x_0 + \lambda(x - x_0) \in C,$$

则称 C 是以 x_0 为顶点的锥, 特别当 C 为凸集时, 称为凸锥 (convex cone).

在实际应用中, 人们最关心的往往是以原点为顶点的锥, 以后除特殊声明, 本书所提到的锥均指以原点为顶点, 即这样的锥: 对任意 $\lambda \geqslant 0$, $x \in C$, 有 $\lambda x \in C$.

不难验证, $C \subset \mathrm{R}^n$ 是锥的充要条件是对任意 $\lambda > 0$, 有 $\lambda C = C$. 因此, 也可将 $\lambda C = C, \forall \lambda > 0$ 作为锥的等价定义.

例 2.2.1 下述集合是凸锥:

$$C_1 = \{(x_1, \cdots, x_n)^{\mathrm{T}} \in \mathrm{R}^n | x_i \geqslant 0, \ i = 1, \cdots, n\},$$
$$C_2 = \{(x_1, \cdots, x_n)^{\mathrm{T}} \in \mathrm{R}^n | a_i^{\mathrm{T}} x \leqslant 0, \ i = 1, \cdots, m\},$$
$$C_3 = \{(x_1, \cdots, x_n)^{\mathrm{T}} \in \mathrm{R}^n | x_1^2 \geqslant x_2^2 + \cdots + x_n^2, x_1 \geqslant 0\},$$

其中 $a_i \in \mathrm{R}^n, \ i = 1, \cdots, m$. C_2 是由线性不等式组表示的多面体锥, C_3 是一个二阶锥.

定理 2.2.1 $C \subset \mathrm{R}^n$ 是凸锥的充分必要条件是它对加法和非负数乘封闭, 即如果 $x_1, x_2 \in C, \lambda > 0$, 则 $x_1 + x_2 \in C, \lambda x_1 \in C$.

证明 必要性. 设 C 是凸锥. 于是, 当 $x_1 \in C$ 时, 有 $\lambda x_1 \in C$, 又 C 是凸集, 则对任意 $x_1, x_2 \in C$, 有

$$z = \frac{1}{2} x_1 + \frac{1}{2} x_2 \in C,$$

又 C 是锥, 所以 $x_1 + x_2 = 2z \in C$, 这说明 C 关于加法和非负数乘封闭.

充分性. 设 C 对加法和非负数乘封闭. 由于对非负数乘封闭, 所以 C 是锥, 故对任意 $x_1, x_2 \in C, 0 < \lambda < 1$, 有 $\lambda x_1 \in C, (1-\lambda)x_2 \in C$. 而由 C 对加法封闭性, 得 $\lambda x_1 + (1-\lambda)x_2 \in C$, 所以 C 是凸集, 进而是凸锥. 定理得证.

图 2.2.1 表示的锥满足定理 2.2.1 的条件, 是凸锥, 图 2.2.2 表示的锥不满足定理 2.2.1 的条件, 不是凸锥.

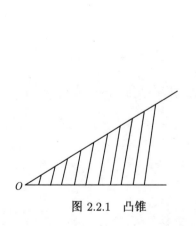

图 2.2.1　凸锥　　　　　　　图 2.2.2　非凸锥

推论 2.2.1 $C \subset \mathrm{R}^n$ 是凸锥的充分必要条件是对任意 $x_i \in C, \ \lambda_i \geqslant 0, \ i = 1, \cdots, m,$ 有

$$\lambda_1 x_1 + \cdots + \lambda_m x_m \in C.$$

推论 2.2.1 说明一个集合是凸锥的充要条件为该集合包含它任意一组元素的非负线性组合.

定义 2.2.2 设 $S \subset \mathrm{R}^n$, S 的锥包 (cone hull), 记为 $\mathrm{cone}\, S$, 是由它的所有非负组合构成的集合, 即 $x \in \mathrm{cone}\, C$ 当且仅当存在正整数 k, 点 $x_i \in S, i = 1, \cdots, k$ 和常数 $\lambda_i \geqslant 0, i = 1, \cdots, k$, 使得 x 可表示为 $x = \sum\limits_{i=1}^{k} \lambda_i x_i$.

例 2.2.2 考虑有限点集 $S = \{a_1, \cdots, a_m\}$, 其中 $a_i \in \mathrm{R}^n, i = 1, \cdots, m$, S 的锥包为

$$\mathrm{cone}\{a_1, \cdots, a_m\} = \left\{ \sum_{i=1}^{m} \lambda_i a_i \,\middle|\, \lambda_i \geqslant 0,\ i = 1, \cdots, m \right\}.$$

锥包一定是锥. 图 2.2.3 为一般有界集的锥包, 图 2.2.4 为有限点集的锥包.

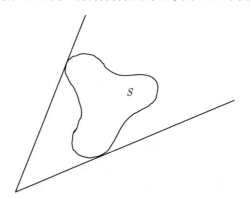

图 2.2.3　一般有界集的锥包

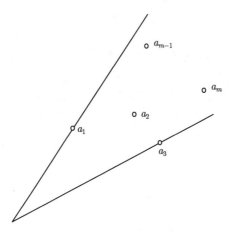

图 2.2.4　有限点集的锥包

2.2.2　极锥

作为锥的一种对偶, 下面引入极锥的概念. 给定一个锥, 与其所有向量保持 $90°$ 以上夹角的向量构成的集合称为极锥.

定义 2.2.3　设 $C \subset \mathrm{R}^n$ 是锥, C 的极锥 (polar cone), 记为 C°, 定义如下:

$$C^\circ = \{y \in \mathrm{R}^n | x^\mathrm{T} y \leqslant 0, \ \forall x \in C\}.$$

不难看出, 定义 2.2.3 定义的极锥确实是锥. 图 2.2.5 给出一个多面体锥的极锥. 下述命题显然成立.

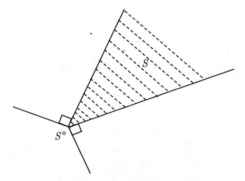

图 2.2.5　多面体锥的极锥

命题 2.2.1　设 $C_1, C_2 \subset \mathrm{R}^n$ 是锥, 如果 C_1 是子空间, 则 C_1° 是 C_1 的正交补; 如果 $C_1 \subset C_2$, 则 $C_1^\circ \supset C_2^\circ$; 锥与它极锥的交为原点, 即 $C_1 \bigcap C_1^\circ = \{0\}$.

例 2.2.3　考虑有限点集 $S = \{a_1, \cdots, a_m\}$, 其中 $a_i \in \mathrm{R}^n, i = 1, \cdots, m$, S 的锥包 $\mathrm{cone}\{a_1, \cdots, a_m\}$ 的极锥为

$$(\mathrm{cone}\{a_1, \cdots, a_m\})^\circ = \{y \in \mathrm{R}^n | y^\mathrm{T} a_i \leqslant 0, i = 1, \cdots, m\}.$$

定理 2.2.2　如果 $C \subset \mathrm{R}^n$ 是非空锥, 则其极锥 C° 是闭凸锥, 且有 $C^\circ = (\mathrm{co} C)^\circ$.

证明　根据定义可直接验证极锥的闭性和凸性, 因此只需证明 $C^\circ = (\mathrm{co} C)^\circ$. 由于 $C \subset \mathrm{co} C$, 根据命题 2.2.1, $(\mathrm{co} C)^\circ \subset C^\circ$, 于是为证明 $C^\circ = (\mathrm{co} C)^\circ$, 只需证明 $C^\circ \subset (\mathrm{co} C)^\circ$. 以下证明对任意 $y \in C^\circ$, 当 $x \in \mathrm{co} C$ 时, $x^\mathrm{T} y \leqslant 0$ 成立. 事实上, 若 $x \in \mathrm{co} C$, 根据 Caratheodory 定理, 存在 $x_i \in C, \lambda_i \geqslant 0, i = 1, \cdots, k$ 满足 $\sum_{i=1}^{k} \lambda_i = 1$, 使得 $x = \sum_{i=1}^{k} \lambda_i x_i$, 于是有 $x^\mathrm{T} y = \sum_{i=1}^{k} \lambda_i x_i^\mathrm{T} y$. 因为 $y \in C^\circ$, 所以 $x_i^\mathrm{T} y \leqslant 0, i = 1, \cdots, k$, 故 $x^\mathrm{T} y \leqslant 0$. 定理得证.

锥与其极锥不是互为可逆的, 注意到极锥为凸闭锥, 因此极锥的极锥不能保证

是其自身, 例如非闭锥、非凸锥, 它们极锥的极锥不是其自身. 下述定理说明极锥的极锥与其自身的关系.

定理 2.2.3 设 $C \subset \mathrm{R}^n$ 是非空锥, 记 C 的极锥的极锥为 $C^{\circ\circ}$, 如果 C 是闭集, 则有 $\mathrm{clco}C = C^{\circ\circ}$.

证明 设 $x \in \mathrm{co}C$, 根据定理 2.2.2, $C^{\circ} = (\mathrm{co}C)^{\circ}$, 因此对任意 $y \in C^{\circ}$, 均有 $x^{\mathrm{T}}y \leqslant 0$, 这说明 $x \in C^{\circ\circ}$, 故 $\mathrm{co}C \subset C^{\circ\circ}$. 再根据定理 2.2.2, $C^{\circ\circ}$ 为闭凸锥, 于是有 $\mathrm{clco}C \subset C^{\circ\circ}$. 下面证明 $C^{\circ\circ} \subset \mathrm{clco}C$, 为此只需证明对任意 $x \notin \mathrm{clco}C$, 必有 $x \notin C^{\circ\circ}$. 假设 $x \notin \mathrm{clco}C$, 则由凸集分离定理 (见 2.5 节), 存在非零的 $a \in \mathrm{R}^n$, 常数 α, 使得

$$a^{\mathrm{T}}y \geqslant \alpha > a^{\mathrm{T}}x, \quad \forall y \in \mathrm{clco}C. \tag{2.2.1}$$

进一步, $-a \in C^{\circ}$, 事实上对任意 $y \in C$, $\beta > 0$, 由于 $\beta y \in C$, 故由式 (2.2.1) 得

$$\beta a^{\mathrm{T}}y = a^{\mathrm{T}}(\beta y) \geqslant \alpha. \tag{2.2.2}$$

若 $a^{\mathrm{T}}y < 0$, 则当 β 充分大时, 式 (2.2.2) 必不成立, 因此对所有 $y \in C$ 都有 $a^{\mathrm{T}}y \geqslant 0$, 即 $-a \in C^{\circ}$. 由 $0 \in C$ 及式 (2.2.1), 得 $0 \geqslant \alpha \geqslant a^{\mathrm{T}}x$, 这说明 $-a^{\mathrm{T}}x > 0$, 因此 x 不能属于 $C^{\circ\circ}$, 故 $x \notin \mathrm{clco}C$ 蕴涵 $x \notin C^{\circ\circ}$. 定理得证.

推论 2.2.2 设 $C \subset \mathrm{R}^n$ 为闭锥, 则有 $C = C^{\circ\circ}$.

对于非空闭凸锥 $C_i \subset \mathrm{R}^n, i = 1, \cdots, m$, 不难验证下述结论成立:

$$\left(\bigcup_{i=1}^{m} C_i \right)^{\circ} = \bigcap_{i=1}^{m} C_i^{\circ},$$

$$\left(\bigcap_{i=1}^{m} C_i \right)^{\circ} = \mathrm{clco} \left(\bigcup_{i=1}^{m} C_i^{\circ} \right).$$

2.3 凸集上的投影

点到子空间的投影算子有许多好的性质, 例如线性、对称性、半正定性、幂等性、非膨胀性等性质. 本节讨论点到凸集的投影, 它在均衡问题以及变分不等式问题中有许多重要应用.

2.3.1 投影的存在性与唯一性

一点到集合中距离最近的点称为该点到集合的投影 (projection). 给定非空闭集 $S \subset \mathrm{R}^n$ 和固定的点 $x \in \mathrm{R}^n$, 考虑下述优化问题:

$$\inf_{y \in S} \frac{1}{2} \|y - x\|^2. \tag{2.3.1}$$

问题 (2.3.1) 的解即为点 x 到集合 S 的投影. 确定点到集合的投影本质上是求解一个优化问题.

固定 $x \in \mathrm{R}^n$, 考虑下述函数:

$$f_x(y) = \frac{1}{2}\|y - x\|^2, \quad y \in \mathrm{R}^n, \tag{2.3.2}$$

给定 $s \in S$, 考虑水平集

$$L_s = \{y \in \mathrm{R}^n | f_x(y) \leqslant f_x(s)\}.$$

易见, 优化问题 (2.3.1) 与下述优化问题等价:

$$\inf_{y \in S \cap L_s} f_x(y). \tag{2.3.3}$$

假设 S 为闭集, 由于函数 $f_x(y)$ 连续且非负, 所以 L_s 为紧集, 再由 S 为闭集得 $S \bigcap L_s$ 也为紧集, 于是点 x 到闭集 S 的投影是存在的, 优化问题 (2.3.1) 和 (2.3.3) 中的下确界 inf 均可用极小算子 min 来代替.

集合的闭性可以保证投影的存在性, 下面说明集合的凸性可以保证投影的唯一性. 假设 y_1 和 y_2 都是问题 (2.3.1) 的解, 令 $x_1 = y_1 - x$, $x_2 = y_2 - x$, 利用关系式

$$\frac{1}{2}\|a + b\|^2 = \|a\|^2 + \|b\|^2 - \frac{1}{2}\|a - b\|^2,$$

根据 (2.3.2) 的记号推导得

$$f_x\left(\frac{1}{2}(y_1 + y_2)\right) = \frac{1}{8}\|y_1 - x + y_2 - x\|^2$$

$$= \frac{1}{4}\left(\|y_1 - x\|^2 + \|y_2 - x\|^2 - \frac{1}{2}\|y_2 - y_1\|^2\right)$$

$$= \frac{1}{2}f_x(y_1) + \frac{1}{2}f_x(y_2) - \frac{1}{8}\|y_2 - y_1\|^2,$$

由于 y_1 和 y_2 均为 (2.3.1) 的解, $\frac{1}{2}(y_1 + y_2) \in S$, 则有 $-\frac{1}{8}\|y_2 - y_1\|^2 \geqslant 0$, 于是 $y_1 = y_2$, 这说明凸集投影的唯一性. 图 2.3.1 是凸集, 投影唯一, 图 2.3.2 是非凸集, 投影不唯一.

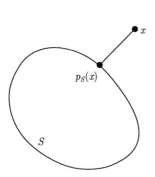
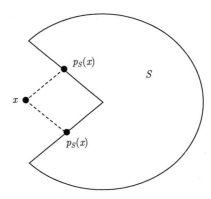

图 2.3.1 点到凸集的投影　　　　图 2.3.2 点到非凸集的投影

2.3.2 投影的性质

定理 2.3.1 设 $S \subset \mathrm{R}^n$ 为凸集, $x \in \mathrm{R}^n$, 则 $y_x \in S$ 为 x 到 S 的投影的充要条件是

$$(x - y_x)^{\mathrm{T}}(y - y_x) \leqslant 0, \quad \forall\, y \in S. \tag{2.3.4}$$

证明 必要性. 设 y_x 为 x 到 S 的投影. 由于 y_x 是问题 (2.3.1) 的解, 根据 S 的凸性对任意 $y \in S$, $0 < \lambda < 1$, 有 $y_x + \lambda(y - y_x) \in S$, 由式 (2.3.2) 得

$$\frac{1}{2}\|y_x - x\|^2 = f_x(y_x) \leqslant f_x(y_x + \lambda(y - y_x))$$

$$= \frac{1}{2}\|y_x - x + \lambda(y - y_x)\|^2.$$

展开上式右端平方项并整理, 得

$$0 \leqslant \lambda(y_x - x)^{\mathrm{T}}(y - y_x) + \frac{1}{2}\lambda^2\|y - y_x\|^2,$$

上式两边同时除以 λ, 并令 $\lambda \to 0^+$, 即得式 (2.3.4).

充分性. 假设 $y_x \in S$ 满足式 (2.3.4), 如果 $y_x = x$, y_x 是问题式 (2.3.1) 的解, 故 y_x 是 x 到 S 的投影. 以下假设 $y_x \neq x$. 对任意 $y \in S$, 利用 Cauchy-Schwarz 不等式直接推导, 得

$$0 \geqslant (x - y_x)^{\mathrm{T}}(y - y_x)$$

$$= (x - y_x)^{\mathrm{T}}(y - x + x - y_x)$$

$$= \|x - y_x\|^2 + (x - y_x)^{\mathrm{T}}(y - x)$$

$$\geqslant \|x - y_x\|^2 - \|x - y\|\,\|x - y_x\|.$$

注意到 $\|x - y_x\| > 0$, 上式两边同时除以 $\|x - y_x\|$, 得

$$\|x - y_x\| \leqslant \|x - y\|, \quad \forall\, y \in S,$$

故 y_x 是问题 (2.3.1) 的解, 即 y_x 为 x 到 S 的投影. 定理得证.

式 (2.3.4) 的几何意义是 $x - y_x$ 与 $y - y_x$ 的夹角不小于 $90°$.

定理 2.3.2   设 $S \subset \mathrm{R}^n$ 为闭凸集, 记 $p_S(x)$ 为点 x 到集合 S 的投影, 对任意 $x_1, x_2 \in \mathrm{R}^n$, 下式成立:

$$\|p_S(x_1) - p_S(x_2)\|^2 \leqslant (p_S(x_1) - p_S(x_2))^\mathrm{T}(x_1 - x_2). \tag{2.3.5}$$

证明   在式 (2.3.4) 中, 取 $x = x_1$, $y = p_S(x_2) \in S$, 则有

$$(p_S(x_2) - p_S(x_1))^\mathrm{T}(x_1 - p_S(x_1)) \leqslant 0.$$

类似地有

$$(p_S(x_1) - p_S(x_2))^\mathrm{T}(x_2 - p_S(x_2)) \leqslant 0.$$

上述两式相加得

$$(p_S(x_1) - p_S(x_2))^\mathrm{T}(x_2 - x_1 + p_S(x_1) - p_S(x_2)) \leqslant 0,$$

故式 (2.3.5) 成立. 定理得证.

根据定理 2.3.2, 可得到下述结论:

$$0 \leqslant (p_S(x_1) - p_S(x_2))^\mathrm{T}(x_1 - x_2), \quad \forall x_1, x_2 \in \mathrm{R}^n, \tag{2.3.6}$$

式 (2.3.6) 说明投影算子 p_S 具有单调性质. 另外, 结合 Cauchy-Schwarz 不等式, 可得

$$\|p_S(x_1) - p_S(x_2)\| \leqslant \|x_1 - x_2\|, \quad \forall x_1, x_2 \in \mathrm{R}^n, \tag{2.3.7}$$

进一步, 如果 $0 \in S$, 则 $\|p_S(x)\| \leqslant \|x\|$. 式 (2.3.7) 说明投影算子 p_S 具有非膨胀性和 Lipschitz 连续性, 其 Lipschitz 常数为 1.

2.3.3 凸锥的投影

作为特殊的凸集, 点到凸锥的投影有较定理 2.3.1 更简洁的性质.

定理 2.3.3   设 $C \subset \mathrm{R}^n$ 是闭凸锥, 则 $y_x \in C$ 是点 x 到 C 投影的充分必要条件是

$$y_x \in C, \quad x - y_x \in C^\circ, \quad (x - y_x)^\mathrm{T} y_x = 0. \tag{2.3.8}$$

证明   必要性. 设 y_x 是 x 到 C 的投影, 根据定理 2.3.1, 式 (2.3.4) 成立. 将 $y = \alpha y_x$, $\alpha \geqslant 0$, 代入式 (2.3.4) 得

$$(\alpha - 1)(x - y_x)^\mathrm{T} y_x \leqslant 0,$$

由于 $\alpha - 1$ 可取正值或负值, 于是有 $(x - y_x)^\mathrm{T} y_x = 0$, 这样式 (2.3.4) 变为

$$y^\mathrm{T}(x - y_x) \leqslant 0, \quad \forall y \in C,$$

即 $x - y_x \in C^\circ$, 式 (2.3.8) 成立.

充分性. 设 y_x 满足式 (2.3.8). 对任意 $y \in C$, 根据式 (2.3.2) 的记号有

$$f_x(y) = \frac{1}{2}\|x - y_x + y_x - y\|^2$$

$$= \frac{1}{2}\|x - y_x\|^2 + \frac{1}{2}\|y_x - y\|^2 + (x - y_x)^{\mathrm{T}}(y_x - y)$$

$$\geqslant f_x(y_x) + (x - y_x)^{\mathrm{T}}(y_x - y),$$

由式 (2.3.8) 可得

$$(x - y_x)^{\mathrm{T}}(y_x - y) = -(x - y_x)^{\mathrm{T}}y \geqslant 0,$$

于是 $f_x(y) \geqslant f_x(y_x)$, 故 y_x 是式 (2.3.1) 的解, 是点 x 到 C 的投影. 定理得证.

2.4   凸集的分离

对于平面中两个不相交的凸集, 从几何上容易看出一定存在一条直线将它们分开, 使得一个集合在直线一侧, 另外一个集合在直线的另一侧, 这一几何事实在一般的 n 维空间中就是所谓的凸集分离定理.

考虑 R^n 中超平面 $H = \{x \in \mathrm{R}^n | p^{\mathrm{T}}x = \alpha\}$, 其中 α 为实数, $p \in \mathrm{R}^n$, 空间 R^n 被超平面 H 分为两部分. 设

$$H^+ = \{x \in \mathrm{R}^n | p^{\mathrm{T}}x \geqslant \alpha\},$$

$$H^- = \{x \in \mathrm{R}^n | p^{\mathrm{T}}x \leqslant \alpha\},$$

$S_1, S_2 \subset \mathrm{R}^n$, 如果 $S_1 \subset H^+$, $S_2 \subset H^-$, 则称 H 为集合 S_1 和 S_2 的分离超平面, 如果 S_1 和 S_2 均不与 H 相交, 则称 H 严格分离集合 S_1 和 S_2. 如果 $S \subset H^+$, S 与 H^+ 的交点为 x, 称 H 为 S 在点 x 的支撑超平面 (supporting hyperplane). 图 2.4.1 给出凸集在一点有两个支撑超平面, 图 2.4.2 给出凸集在一点只有一个超平面.

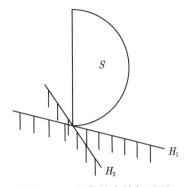

图 2.4.1   凸集的支撑超平面

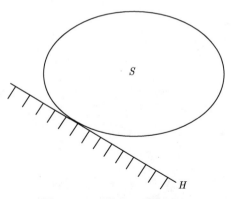

图 2.4.2　凸集的支撑超平面

凸集分离定理, 特别是基于其建立的 Farkas 引理和 Gordan 定理, 在非线性优化最优性条件的建立中起着重要的作用. 凸集分离定理有多种形式, 本节介绍几个凸集分离定理.

2.4.1　分离定理

首先介绍单点集与凸集的分离定理 (separation theorem).

定理 2.4.1(分离定理)　设 $S \subset \mathrm{R}^n$ 是非空闭凸集, $a \in \mathrm{R}^n$ 且 $a \notin S$, 则存在 $p \in \mathrm{R}^n$, 使得

$$\sup_{x \in S} p^{\mathrm{T}}x < p^{\mathrm{T}}a. \tag{2.4.1}$$

证明　令 $p = a - p_S(a)$, 其中 $p_S(a)$ 为点 a 到集合 S 的投影, $a \notin S$, 则 $p \neq 0$. 根据投影性质 (定理 2.3.1), 对任意 $x \in S$, 有

$$0 \geqslant (a - p_S(a))^{\mathrm{T}}(x - p_S(a))$$

$$= p^{\mathrm{T}}(x - a + p)$$

$$= p^{\mathrm{T}}x - p^{\mathrm{T}}a + ||p||^2,$$

于是有

$$p^{\mathrm{T}}x \leqslant p^{\mathrm{T}}a - ||p||^2, \quad \forall x \in S.$$

对上式两边关于 x 取上确界, 得

$$\sup_{x \in S} p^{\mathrm{T}}x \leqslant p^{\mathrm{T}}a - ||p||^2,$$

注意到 $||p||^2 > 0$, 式 (2.4.1) 成立. 定理得证.

在定理 2.4.1 中选取

$$c = \frac{1}{2}\left(p^{\mathrm{T}}a + \sup_{x \in S} p^{\mathrm{T}}x\right),$$

根据式 (2.4.1) 易见, $p^{\mathrm{T}}a > c$, $p^{\mathrm{T}}x < c$, $\forall x \in S$, 这说明超平面

$$H = \{x \in \mathrm{R}^n | p^{\mathrm{T}}x = c\}$$

将点 a 和集合 S 严格分离.

如果在式 (2.4.1) 中, 以 $-p$ 代替 p, 则定理 2.4.1 可等价地叙述为: 存在 $p \in \mathrm{R}^n$, 使得

$$p^{\mathrm{T}}a < \inf_{x \in S} p^{\mathrm{T}}x.$$

式 (2.4.1) 中 $p \neq 0$, 因此可以要求 p 为单位向量.

定理 2.4.1 说明存在一个超平面将一点和一个闭凸集分为两部分, 下述定理说明存在一个超平面将两个不相交凸集分离 (几何意义见图 2.4.3).

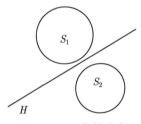

图 2.4.3 凸集的分离

定理 2.4.2(分离定理) 设 S_1, S_2 为 R^n 中非空闭凸集, $S_1 \bigcap S_2 = \varnothing$, S_2 是有界的, 则存在 $p \in \mathrm{R}^n$, 使得

$$\sup_{y \in S_1} p^{\mathrm{T}}y < \min_{y \in S_2} p^{\mathrm{T}}y. \tag{2.4.2}$$

证明 根据 S_1, S_2 的闭性, S_2 的有界性, 不难验证 $S_1 - S_2$ 是闭的. $S_1 \bigcap S_2 = \varnothing$ 意味着 $0 \notin S_1 - S_2$, 又 $S_1 - S_2$ 是凸的, 将定理 2.4.1 应用到点 0 和集合 $S_1 - S_2$ 上, 则存在 $p \in \mathrm{R}^n$ 使得

$$\sup_{x \in S_1 - S_2} p^{\mathrm{T}}x < p^{\mathrm{T}}0 = 0. \tag{2.4.3}$$

注意到

$$\sup_{x \in S_1 - S_2} p^{\mathrm{T}}x = \sup_{x \in S_1} p^{\mathrm{T}}x + \sup_{x \in S_2} p^{\mathrm{T}}(-x)$$

$$= \sup_{x \in S_1} p^{\mathrm{T}}x - \inf_{x \in S_2} p^{\mathrm{T}}x. \tag{2.4.4}$$

结合式 (2.4.3) 和式 (2.4.4) 得

$$\sup_{y \in S_1} p^T y < \inf_{y \in S_2} p^T y,$$

再注意到 S_2 是紧集, inf 可用 min 代替, 即式 (2.4.2) 成立. 定理得证.

如果在式 (2.4.2) 中用 $-p$ 代替 p, 则定理 2.4.2 可等价地表示为

$$\max_{x \in S_2} p^T x < \inf_{x \in S_1} p^T x.$$

定理 2.4.2 要求两个集合都是闭的且其中一个集合还要求是有界的, 事实上可去掉这些假设, 得到一般形式的分离定理.

定理 2.4.3(分离定理)   设 $S_1, S_2 \subset R^n$ 为非空凸集, 且 $S_1 \bigcap S_2 = \varnothing$, 则存在 $p \in R^n$, 使得

$$\sup_{x \in S_1} p^T x < \inf_{x \in S_2} p^T x. \tag{2.4.5}$$

2.4.2   Farkas 引理和 Gordan 定理

利用分离定理, 可得到两个重要定理, Farkas 定理 (也称 Farkas 引理) 和 Gordan 定理, 它们在最优性条件研究中起着直接作用.

定理 2.4.4(Farkas 引理)   设 A 是 $m \times n$ 矩阵, $c \in R^n$, 则下面两组线性不等式恰好一组有解:

$$Ax \leqslant 0, \quad c^T x > 0, \quad x \in R^n, \tag{2.4.6}$$

$$A^T y = c, \quad y \geqslant 0, \quad y \in R^m. \tag{2.4.7}$$

证明   假设不等式 (2.4.7) 有解, 即存在 $y \in R^m, y \geqslant 0$, 使得 $A^T y = c$. 设 $x \in R^n$ 满足 $Ax \leqslant 0$, 则

$$c^T x = y^T A x \leqslant 0,$$

这说明不等式组 (2.4.6) 无解.

假设 (2.4.7) 无解, 构造集合

$$S = \{x \in R^n | x = A^T y, y \geqslant 0, y \in R^m\}.$$

注意到, S 是闭集且 $c \notin S$, 根据定理 2.4.1 存在向量 $p \in R^n$ 和常数 α, 使得

$$p^T c > \alpha, \quad p^T x \leqslant \alpha, \quad \forall x \in S.$$

因为 $0 \in S$, 必有 $\alpha \geqslant 0$, 所以 $p^T c > 0$. 由于

$$\alpha \geqslant p^T x = p^T A^T y = y^T A p$$

对一切 $y \in \mathrm{R}^m, y \geqslant 0$ 成立, y 可以任意大, 故 $\alpha \geqslant y^{\mathrm{T}} A p$ 蕴涵 $A p \leqslant 0$. 于是, p 满足 $A p \leqslant 0, p^{\mathrm{T}} c > 0$, 故 p 是不等式组 (2.4.6) 的解, 即不等式组 (2.4.6) 有解. 定理得证.

利用分离定理还可以得到下述 Gordan 定理.

定理 2.4.5(Gordan 定理)   设 A 是 $m \times n$ 矩阵, 则线性不等式组:

$$Ax < 0, \quad x \in \mathrm{R}^n \qquad (2.4.8)$$

有解的充分必要条件是线性不等式组:

$$A^{\mathrm{T}} y = 0, \quad y \geqslant 0 \qquad (2.4.9)$$

无非零解.

证明   只需考虑 A 为非零阵. 首先证明, 如果不等式组 (2.4.8) 有解, 则不等式组 (2.4.9) 不能有非零解. 用反证法, 假设 $\tilde{x}$ 是不等式组 (2.4.8) 的解, $\tilde{y}$ 是不等式组 (2.4.9) 的非零解, 由 $A\tilde{x} < 0$, $\tilde{y} \geqslant 0$, $\tilde{y} \neq 0$, 可得 $\tilde{y}^{\mathrm{T}} A \tilde{x} < 0$, 亦 $\tilde{x}^{\mathrm{T}} A^{\mathrm{T}} \tilde{y} < 0$. 由于 $A^{\mathrm{T}} \tilde{y} = 0$, 所以 $\tilde{y}^{\mathrm{T}} A \tilde{x} = 0$, 这与 $\tilde{y}^{\mathrm{T}} A \tilde{x}^{\mathrm{T}} < 0$ 矛盾, 故不等式组 (2.4.9) 无非零解.

现在假设不等式组 (2.4.8) 无解. 考虑下述两个集合:

$$S_1 = \{z \in \mathrm{R}^m | z = Ax, x \in \mathrm{R}^n\},$$

$$S_2 = \{z \in \mathrm{R}^m | z < 0\}.$$

S_1 和 S_2 均为非空凸集, 又式 (2.4.8) 无解, 则 $S_1 \bigcap S_2 = \varnothing$. 对集合 S_1 和 S_2 应用定理 2.4.3 知, 存在 R^m 中的非零向量 p, 使得

$$p^{\mathrm{T}} Ax \geqslant p^{\mathrm{T}} z, \quad \forall x \in \mathrm{R}^n, \ z < 0, z \in \mathrm{R}^m.$$

注意到 z 的每个分量都可以取任意大的负数, 因此必有 $p \geqslant 0$. 令 $z \to 0$, 对每个 $x \in \mathrm{R}^n$ 必有 $p^{\mathrm{T}} Ax \geqslant 0$, 选取 $x = -A^{\mathrm{T}} p$, 得 $-\|A^{\mathrm{T}} p\|^2 \geqslant 0$, 于是有 $A^{\mathrm{T}} p = 0$, 因此不等式组 (2.4.9) 有解. 定理得证.

2.5   多面体的极点和极方向

多面体是一类重要凸集, 它是通过有限个闭半空间的交而形成的凸集, 在各种凸集中多面体是最简单也是最常见的. 本节讨论多面体, 特别是有关它的极点和极方向以及用极点和极方向表示多面体.

定义 2.5.1   集合

$$S = \{x \in \mathrm{R}^n | p_i^{\mathrm{T}} x \leqslant a_i, \ i = 1, \cdots, m\},$$

其中 $p_i \in \mathrm{R}^n$, $\alpha_i \in \mathrm{R}$, $i = 1, \cdots, m$, 称为 R^n 中的多面体 (polyhedron).

下述集合是 R^2 中的一个多面体集:

$$S = \{(x_1, x_2) \in \mathrm{R}^2 | -x_1 + x_2 \leqslant 4, x_1 \geqslant 0, x_2 \geqslant 0\}.$$

多面体是由线性不等式组表示的集合, 通常表示为下述形式:

$$S = \{x \in \mathrm{R}^n | Ax \leqslant b\}, \tag{2.5.1}$$

其中 A 为 $m \times n$ 矩阵, b 为 m 维向量. 很多时候为讨论方便, 考虑多面体的下述标准形式:

$$S = \{x \in \mathrm{R}^n | Ax = b, x \geqslant 0\}, \tag{2.5.2}$$

事实上任何一个多面体通过引入辅助变量都可转化为上述标准形式.

多面体集研究中有两个重要的概念: 极点和极方向.

定义 2.5.2 $S \subset \mathrm{R}^n$ 是非空凸集, 如果 $x_1, x_2 \in S$, $0 < \lambda < 1$, $x = \lambda x_1 + (1 - \lambda)x_2$ 必有 $x = x_1 = x_2$, 称 x 为 S 的极点 (extreme point).

对有界多面体, 集合中的任何点都可以表示为极点的凸组合, 然而对于无界情形则有所不同, 为了研究无界多面体集, 需要引进极方向的概念.

定义 2.5.3 设 $S \subset \mathrm{R}^n$ 是闭凸集, $d \in \mathrm{R}^n$, 如果对任意 $x \in S$, $\lambda \geqslant 0$, 都有 $x + \lambda d \in S$, 称 d 为 S 的一个方向; 设 d_1, d_2 为 S 中方向, 如果对任意 $\alpha > 0$, 有 $d_1 \neq \alpha d_2$, 称 d_1 和 d_2 是不同的方向, 如果 S 中的方向 d 不能表示为 S 中两个不同方向的正线性组合, 即如果 $d = \lambda_1 d_1 + \lambda_2 d_2$, $\lambda_1, \lambda_2 > 0$, 则存在 $\alpha > 0$, 使得 $d_1 = \alpha d_2$, 称 d 为 S 的极方向 (extreme direction).

所谓极方向就是不能表示为其他方向正线性组合的方向.

例 2.5.1 设

$$S = \{(x_1, x_2) \in \mathrm{R}^2 | |x_1| \leqslant x_2\}.$$

易见, S 的方向是所有与向量 $(0, 1)^\mathrm{T}$ 夹角小于等于 $45°$ 的向量, 特别 $d_1 = (1, 1)^\mathrm{T}$ 和 $d_2 = (-1, 1)^\mathrm{T}$ 是 S 的两个极方向. S 的任何其他方向都可以表示为 d_1 和 d_2 的正线性组合.

极点和极方向的一个重要应用就是凸多面体总可以表示为它的极点的凸组合和极方向的非负线性组合 (图 2.5.1). 下述定理将给出此结果, 其证明出现在许多线性规划和非线性规划书中, 这里省略.

定理 2.5.1 设 $x_1, \cdots, x_k$ 和 $d_1, \cdots, d_l$ 分别是式 (2.5.2) 给出的多面体 S 的所有极点和极方向, 则 $x \in S$ 当且仅当其可以表示为

$$x = \sum_{i=1}^{k} \lambda_i x_i + \sum_{j=1}^{l} \mu_j d_j,$$

其中 $\lambda_i \geqslant 0, i = 1, \cdots, k, \mu_j \geqslant 0, j = 1, \cdots, l, \sum_{i=1}^{k} \lambda_i = 1.$

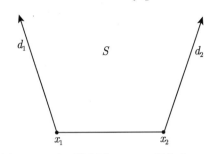

图 2.5.1 多面体极点 x_1, x_2, 极方向 d_1, d_2

2.6 相 对 内 部

存在这样一个现象, 同一个集合放在不同的空间来考虑, 它的内点会有所不同, 例如将 n 维空间中一个内部非空的集合看成 $n+1$ 维空间中的集合, 则它的内部为空集. 这说明集合内部概念依赖于其所在空间的维数, 不是一个独立概念. 为了研究凸集不依赖于所在空间维数的内部, 本节引入凸集的相对内部概念.

2.6.1 仿射集

平面中过原点和不过原点的直线有所不同, 过原点的直线是 R^2 中的子空间, 不过原点的直线则不是 R^2 中的子空间. 下面引入的仿射集概念是子空间概念的推广.

定义 2.6.1 设 $S \subset R^n$, 如果对任意 $x, y \in S$ 和常数 λ 均有 $(1-\lambda)x + \lambda y \in S$, 称 S 为仿射集 (affine set).

仿射集也称为仿射流形、仿射族等. 从定义可以看出, 经过一个仿射集中任意两点的直线仍然包含在该集合中.

不难验证, 空集、全空间、单点集、直线、超平面都是有限维空间的仿射集, 仿射集的交还是仿射集.

定理 2.6.1 在 R^n 空间中, 子空间是包含原点的仿射集, 包含原点的仿射集是子空间.

证明 每一个子空间包含原点, 且对加法和数乘运算封闭, 因而是仿射集. 另一方面, 设 S 是包含原点的仿射集, 对于任意 $x \in S$ 和常数 λ, 根据由仿射集定义有

$$\lambda x = (1 - \lambda)0 + \lambda x \in S,$$

即 S 对数乘运算封闭. 对于任意 $x, y \in S$, 有

$$\frac{1}{2}(x+y) = \frac{1}{2}x + \left(1 - \frac{1}{2}\right)y \in S,$$

故

$$x + y = 2\left(\frac{1}{2}(x+y)\right) \in S,$$

即 S 对加法运算封闭, 所以 S 是子空间. 定理得证.

定义 2.6.2　设 $S \subset \mathrm{R}^n, a \in \mathrm{R}^n$, 集合

$$S + \{a\} = \{x + a | x \in S\}$$

称为 S 的 a 平移.

设 $S \subset \mathrm{R}^n$ 为仿射集, 任取 $a \in S$, 则 $0 \in S + \{-a\}$, 根据定理 2.6.1, S 的 $-a$ 平移 $S + \{-a\}$ 是 R^n 中的一个子空间, 它的维数称为仿射集 S 的维数, 记为 $\dim S$.

定义 2.6.3　设 $x_i \in \mathrm{R}^n, i = 1, \cdots, p$, 常数 $\lambda_i, i = 1, \cdots, p$ 满足 $\sum\limits_{i=1}^{p} \lambda_i = 1$, 称 $x = \sum\limits_{i=1}^{p} \lambda_i x_i$ 为向量组 $x_i, i = 1, \cdots, p$ 的仿射组合 (affine combination).

根据定义 2.6.1 和定义 2.6.3, 类似于凸集相应结论的证明, 易得下述结论.

命题 2.6.1　设 $S \subset \mathrm{R}^n$, 则 S 为仿射集的充要条件是 S 中的任意仿射组合仍然属于 S.

定义 2.6.4　设 $S \subset \mathrm{R}^n$, 包含 S 的最小仿射集称为 S 的仿射包 (affine hull), 或称为由 S 张成的仿射集, 记为 $\mathrm{aff} S$.

显然, 仿射集的交仍是仿射集. 对于一个集合, 包含它的全体仿射集的交是包含它的最小仿射集, 因此任意集合都存在仿射包.

命题 2.6.2　设 $S \subset \mathrm{R}^n$, S 的仿射包 $\mathrm{aff} S$ 是 S 中所有仿射组合构成的集合. 命题 2.6.2 也可作为仿射包的等价定义.

定义 2.6.5　设 $x_i \in \mathrm{R}^n, i = 1, \cdots, p$, 常数 $\lambda_i, i = 1, \cdots, p$ 满足 $\sum\limits_{i=1}^{p} \lambda_i = 0$, 如果仅当 $\lambda_i = 0, i = 1, \cdots, p$ 时, 有 $\sum\limits_{i=1}^{p} \lambda_i x_i = 0$, 称向量组 $x_i, i = 1, \cdots, p$ 仿射无关, 不是仿射无关的向量组称为仿射相关.

向量组的仿射无关性等价于这个向量组的任一向量都不是其他向量的仿射组合. 如果某一个向量 x 表示成向量组 $x_i, i = 1, \cdots, p$ 的仿射组合, 即 $x = \sum\limits_{i=1}^{p} \lambda_i x_i$,

其中 $\lambda_i, i = 1, \cdots, p$ 为常数且满足 $\sum_{i=1}^{p} \lambda_i = 1$, 则当且仅当 $x_i, i = 1, \cdots, p$ 仿射无关时, 系数 $\lambda_i, i = 1, \cdots, p$ 可唯一确定.

2.6.2 相对内部的基本概念

定义 2.6.6 设 $S \subset \mathbf{R}^n$, $x \in S$, 如果存在 $\varepsilon > 0$, 使得 $x + B(0, \varepsilon) \subset S$, 称 x 是 S 的内点, S 全体内点形成的集合称为 S 的内部, 记为 int$S$.

易见, 集合的内部可以表示为

$$\text{int } S = \{x | \exists \varepsilon > 0, B(x, \varepsilon) \subset S\}.$$

对于一般的凸集, 并不能保证内部非空, 例如在 $\mathbf{R}^3$ 中, 三角形没有内点, 但将三角形放在由其张成的二维仿射包中, 它却有内点. 基于这种事实, 对 $\mathbf{R}^n$ 中的凸集, 可将其嵌入到一个低维仿射集中, 然后在这个仿射集中讨论该凸集的内点, 这就引出所谓的相对内点概念.

定理 2.6.2 设 S 是 $\mathbf{R}^n$ 中的非空凸集, 则 S 要么有内点要么包含在一个小于 n 维的仿射集之中.

证明 设 $x_0 \in S$, 选取 $r \leqslant n$ 个线性无关向量 $x_1 - x_0, \cdots, x_r - x_0$, 其中 $x_1, \cdots, x_r \in S$. 以下分别讨论 $r = n$ 和 $r < n$ 两种情形.

(1) $r = n$ 情形. n 个向量 $x_1 - x_0, \cdots, x_n - x_0$ 是线性无关的, 同时 S 的凸性保证以 $x_i, i = 0, 1, \cdots, n$ 为顶点的单纯形 co$\{x_0, x_1, \cdots, x_n\}$ 包含在 S 中. 以下证明 co$\{x_0, x_1, \cdots, x_n\}$ 有内点, 具体证明 $x = \sum_{i=0}^{n} \lambda_i x_i$ 为 co$\{x_0, x_1, \cdots, x_n\}$ 的内点, 其中 $\lambda_i > 0, i = 0, 1, \cdots, n$ 满足 $\sum_{i=0}^{n} \lambda_i = 1$. 考虑以 $\lambda_i, i = 1, \cdots, n$ 为变量的线性方程组:

$$x - x_0 = \sum_{i=1}^{n} \lambda_i (x_i - x_0). \tag{2.6.1}$$

因为 $x_i - x_0, i = 1, \cdots, n$ 线性无关, 根据线性方程组解的存在性及表达式, 方程组 (2.6.1) 具有连续依赖于 x 的唯一解, 记为 $\lambda_i(x), i = 1, \cdots, n$. 对 x 特别取值

$$\bar{x} = \bar{\lambda}_0 x_0 + \bar{\lambda}_1 x_1 + \cdots + \bar{\lambda}_n x_n,$$

则有

$$\lambda_i(\bar{x}) = \bar{\lambda}_i > 0, \quad i = 1, \cdots, n,$$
$$\lambda_0(\bar{x}) = 1 - \sum_{i=1}^{n} \bar{\lambda}_i > 0.$$

所以对 $\bar{x}$ 的某个邻域内的全体 x, 有 $\lambda_i(x) > 0$, $i = 1, \cdots, n$, 且

$$\lambda_0(x) = 1 - \sum_{i=1}^{n} \lambda_i(x) > 0,$$

故对 $\bar{x}$ 的这个邻域内的全体 x, 有

$$x = \sum_{i=0}^{n} \lambda_i(x) x_i \in \mathrm{co}\{x_0, x_1, \cdots, x_n\}. \tag{2.6.2}$$

这表明式 (2.6.2) 给出的 x 是 $\mathrm{co}\{x_0, x_1, \cdots, x_n\}$ 的内点, 故 x 也是 S 的内点, 这说明当 $r = n$ 时 S 有内点.

(2) $r < n$ 情形. 考虑由向量 $x_1 - x_0, \cdots, x_r - x_0$ 张成的子空间 X. 由 $x_1 - x_0, \cdots, x_r - x_0$ 的选取可知, 对任意的 $x \in S$, $x - x_0$ 都可表示为 $x_1 - x_0, \cdots, x_r - x_0$ 的线性组合, 于是 $S - \{x_0\} \subset X$, 即 $S \subset \{x_0\} + X$. 注意到, $\{x_0\} + X$ 是 r 维的仿射集, S 包含在一个 r 维的仿射集中, 即 S 包含在一个小于 n 维的仿射集中. 定理得证.

定义 2.6.7　设 $S \subset \mathrm{R}^n$ 是凸集, $x \in S$, 如果存在 $\varepsilon > 0$, 使得

$$(x + B(0, \varepsilon)) \bigcap \mathrm{aff} S \subset S,$$

称 x 是 S 的相对内点, S 的全体相对内点构成的集合称为 S 的相对内部 (relative interior), 记为 $\mathrm{ri} S$.

不同于内部, 相对内部独立于集合所在空间, 将一个集合放在任何空间中考虑, 其相对内部都是不变的.

定理 2.6.3　设 $S \subset \mathrm{R}^n$ 是非空凸集, 则 S 的相对内部 $\mathrm{ri} S$ 非空.

证明　设 $\dim S = r$, 则在 S 中存在 $r + 1$ 个仿射无关向量 $x_0, x_1, \cdots, x_r$. 构造 r 维单纯形 $C = \mathrm{co}\{x_0, x_1, \cdots, x_r\}$, 显然 $C \subset S$. 从定理 2.6.2 的证明可以看出, C 具有相对于 $\mathrm{aff} C$ 的非空相对内部. 又因为 $\mathrm{aff} C \subset \mathrm{aff} S$, 且 $\dim(\mathrm{aff} C) = r = \dim(\mathrm{aff} S)$, 所以 $\mathrm{aff} C = \mathrm{aff} S$. 这表示 C 具有相对于 $\mathrm{aff} S$ 的非空相对内部. 由 C 是 S 的子集可知, S 具有相对于 $\mathrm{aff} S$ 的非空相对内部, 即 $\mathrm{ri} S$ 非空. 定理得证.

例 2.6.1　设

$$S = \{(x, 0) \in \mathrm{R}^2 | a \leqslant x \leqslant b\},$$

其中 a, b 为常数. 显然, $\mathrm{int} S = \varnothing$, 但 $\mathrm{ri} S = \{(x, 0) \in \mathrm{R}^2 | a < x < b\}$ 非空.

单点集的内部显然是空集, 但它的相对内部则不是空集. 设 $S = \{s\}$, 其中 $s \in \mathrm{R}^n$, 由于 $\mathrm{aff} S = S$, 故 $\mathrm{ri} S = S$.

定理 2.6.4　设 $S \subset \mathrm{R}^n$ 是凸集, $x \in \mathrm{ri} S$, $y \in \mathrm{cl} S$, $0 \leqslant \lambda < 1$, 则

$$(1 - \lambda) x + \lambda y \in \mathrm{ri} S.$$

证明   不妨假设 $\dim S = n$, 此时 $\mathrm{ri}S = \mathrm{int}S$, 对于一般情形, 只需将 $\mathrm{aff}S$ 看成低维的欧氏空集, 即可类似地证明. 只需证明存在 $\varepsilon > 0$, 使得下式成立:

$$(1-\lambda)\{x\} + \lambda\{y\} + B(0,\varepsilon) \subset S. \tag{2.6.3}$$

对任意 $\varepsilon > 0$, 由 $y \in \mathrm{cl}S$, $y \in S + B(0,\varepsilon)$, 有

$$(1-\lambda)\{x\} + \lambda\{y\} + B(0,\varepsilon) \subset (1-\lambda)\{x\} + \lambda(S + B(0,\varepsilon)) + B(0,\varepsilon)$$
$$= (1-\lambda)(\{x\} + \varepsilon(1+\lambda)(1-\lambda)^{-1}B(0,1)) + \lambda S. \tag{2.6.4}$$

由于 $x \in \mathrm{int}S$, 当 ε 充分小时, 有

$$\{x\} + \varepsilon(1+\lambda)(1-\lambda)^{-1}B(0,1) \subset S. \tag{2.6.5}$$

结合式 (2.6.4) 和式 (2.6.5) 有

$$(1-\lambda)\{x\} + \lambda\{y\} + B(0,\varepsilon) \subset (1-\lambda)S + \lambda S = S,$$

故式 (2.6.3) 成立. 定理得证.

定理 2.6.4 是一个很有用的工具, 它在下面几个定理的证明中都起着重要作用.

定理 2.6.5   设 $S \subset \mathbf{R}^n$ 是非空凸集, 则 $z \in \mathrm{ri}S$ 的充分必要条件是对任意 $x \in S$, 存在 $\mu > 1$, 使得

$$(1-\mu)x + \mu z \in S. \tag{2.6.6}$$

证明   必要性显然成立. 设式 (2.6.6) 成立, 由于 $S \neq \varnothing$, 故 $\mathrm{ri}S \neq \varnothing$, 任取 $x \in \mathrm{ri}S$, 则存在 $\mu > 1$, 使得

$$y = (1-\mu)x + \mu z \in S,$$

令

$$z = (1-\lambda)x + \lambda y,$$
$$0 < \lambda = \mu^{-1} < 1,$$

由定理 2.6.4, 得 $z \in \mathrm{ri}S$. 定理得证.

定理 2.6.5 表明以凸集内点为端点的每一条线段都可以适当向外延长而不超出该凸集.

容易证明, 当 S 是凸集时, $\mathrm{ri}S$ 也是凸集.

对于 $\mathbf{R}^n$ 中的任意集合 S, $\mathrm{cl}(\mathrm{cl}S) = \mathrm{cl}S$, $\mathrm{ri}(\mathrm{ri}S) = \mathrm{ri}S$ 总是成立的. 如果 S 是凸集, 则下述定理成立.

定理 2.6.6　设 $S \subset \mathrm{R}^n$ 是凸集, 则有

(1) $\mathrm{cl}S = \mathrm{cl}(\mathrm{cl}S) = \mathrm{cl}(\mathrm{ri}S)$,

(2) $\mathrm{ri}S = \mathrm{ri}(\mathrm{cl}S) = \mathrm{ri}(\mathrm{ri}S)$,

(3) $\mathrm{aff}S = \mathrm{aff}(\mathrm{cl}S) = \mathrm{aff}(\mathrm{ri}S)$,

(4) $\dim S = \dim(\mathrm{cl}S) = \dim(\mathrm{ri}S)$.

第 3 章 凸 函 数

凸函数与凸集一样也是非光滑分析中最基本概念, 在最优化、博弈论、控制理论中都有重要应用, 是本书以后各章的重要基础. 本章介绍凸函数的基本性质, 如无特别说明, 本章讨论的函数在广义实数轴上取值, 即可以取值 $-\infty$ 和 $+\infty$.

3.1 基 本 性 质

3.1.1 凸函数定义与常见凸函数

定义 3.1.1 设 $S \subset \mathrm{R}^n$ 是非空凸集, $f(x)$ 为定义于 S 到 $\mathrm{R} \bigcup \{\pm\infty\}$ 上的函数, 如果 $f(x)$ 不恒等于 $+\infty$, 且对任意 $x_1, x_2 \in S, 0 \leqslant \lambda \leqslant 1$, 有

$$f(\lambda x_1 + (1 - \lambda)x_2) \leqslant \lambda f(x_1) + (1 - \lambda)f(x_2), \tag{3.1.1}$$

则称 $f(x)$ 为 S 上的凸函数 (convex function). 如果当 $x_1 \neq x_2$ 时, 式 (3.1.1) 中严格不等式成立, 则称 $f(x)$ 为 S 上的严格凸函数 (strictly convex function). 不取值 $-\infty$ 且不恒等于 $+\infty$ 的凸函数称为正常凸函数; 否则称为非正常凸函数.

如果 $-f(x)$ 是凸函数, 称 $f(x)$ 是凹函数 (concave function). 线性函数既是凸函数也是凹函数. 凸函数是最优化中应用最广的函数类, 许多常见的函数是凸函数.

例 3.1.1 考虑下面定义于 R 上的初等函数:

(1) $f_1(x) = e^x$;

(2) $f_2(x) = |x|$;

(3) $f_3(x) = \begin{cases} -\ln x, & x > 0, \\ +\infty, & x \leqslant 0. \end{cases}$

利用凸函数定义, 可以验证 $f_1(x), f_2(x), f_3(x)$ 为凸函数, $f_1(x), f_2(x)$ 为严格凸函数.

定义 3.1.2 设 $f(x)$ 为 R^n 上的凸函数, $f(x)$ 的有效域 (effective domain), 记为 dom f, 定义如下:

$$\mathrm{dom}\, f = \{x \in \mathrm{R}^n | f(x) < +\infty\}.$$

容易验证, R^n 上凸函数的有效域一定是凸集, 反过来有效域为凸集的函数不一定是凸函数.

定义于凸集 $S \subset \mathrm{R}^n$ 上的凸函数都可拓展成 R^n 上的凸函数. 例如, $f(x)$ 为 S 上的凸函数, 令

$$\tilde{f}(x) = \begin{cases} f(x), & x \in S, \\ +\infty, & x \notin S, \end{cases}$$

容易验证 $\tilde{f}(x)$ 为 R^n 上的凸函数, 且当 $x \in S$ 时 $\tilde{f}(x) = f(x)$. 因此, 一般情况下可以考虑凸函数的定义域是全空间.

定义 3.1.3 设 $f(x)$ 为 R^n 上的函数, 如果存在常数 $c > 0$, 使得对任意 $x_1, x_2 \in \mathrm{R}^n$ 和 $0 \leqslant \lambda \leqslant 1$, 有

$$f(\lambda x_1 + (1 - \lambda)x_2) \leqslant \lambda f(x_1) + (1 - \lambda)f(x_2) - \frac{1}{2}c\lambda(1 - \lambda)\|x_1 - x_2\|^2, \qquad (3.1.2)$$

称 $f(x)$ 为强凸函数 (strongly convex function) (关于常数 c).

易见, 强凸函数一定是严格凸函数, 严格凸函数一定是凸函数, 反之则不成立.

例 3.1.2 函数 $f(x_1, x_2) = x_1^2 + x_2^2$ 是 R^2 上的强凸函数.

命题 3.1.1 定义于 R^n 上的函数 $f(x)$ 是强凸函数 (关于常数 c) 的充分必要条件是 $f(x) - \frac{1}{2}c\|x\|^2$ 是凸函数.

证明 根据凸函数的定义, $f(x) - \frac{1}{2}c\|x\|^2$ 为凸函数等价于

$$f(\lambda x_1 + (1 - \lambda)x_2) - \frac{1}{2}c\|\lambda x_1 + (1 - \lambda)x_2\|^2$$

$$\leqslant \lambda f(x_1) + (1 - \lambda)f(x_1) - \frac{1}{2}c(\lambda\|x_1\|^2 + (1 - \lambda)\|x_2\|^2). \qquad (3.1.3)$$

将式 (3.1.3) 中的 $\|\lambda x_1 + (1 - \lambda)x_2\|^2$ 展开, 再经过整理可得式 (3.1.3) 与式 (3.1.2) 等价. 命题得证.

例 3.1.3 设 $S \subset \mathrm{R}^n$ 为非空凸集, 距离函数 (distance function)

$$d_S(x) = \inf_{y \in S} \|y - x\|$$

是 R^n 上凸函数. 以下给出证明. 设 $x, z \in \mathrm{R}^n$, 根据距离函数定义, 可在集合 S 中选取两组点列 $\{x_k\}_1^\infty$ 和 $\{z_k\}_1^\infty$, 使得

$$\|x_k - x\| \to d_S(x), \quad k \to +\infty,$$

$$\|z_k - z\| \to d_S(z), \quad k \to +\infty.$$

对任意 $0 \leqslant \lambda \leqslant 1$, 根据 S 的凸性, 有 $\lambda x_k + (1 - \lambda)z_k \in S$, 于是

$$d_S(\lambda x + (1 - \lambda)z) \leqslant ||\lambda x_k + (1 - \lambda)z_k - \lambda x - (1 - \lambda)z||$$

$$\leqslant \lambda||x_k - x|| + (1 - \lambda)||z_k - z||.$$

对上式右端关于 $k \to \infty$ 取极限, 得

$$d_S(\lambda x + (1 - \lambda)z) \leqslant \lambda d_S(x) + (1 - \lambda)d_S(z),$$

这就证明了 $d_S(x)$ 的凸性.

欧氏范数 $||x||$ 可以看成点 x 到原点的距离, 因此是凸函数.

定义 3.1.4 设 $f(x)$ 为 R^n 上的函数, α 为常数, 下述集合称为函数 $f(x)$ 的水平集 (level set):

$$\mathrm{Lev}_\alpha f = \{x \in \mathrm{R}^n | f(x) \leqslant \alpha\}.$$

容易验证, 凸函数的所有水平集是凸集, 反之则不成立, 事实上即使一个函数的所有水平集都为凸集, 该函数也不一定是凸函数. 所有水平集为凸集的函数称为拟凸函数, 拟凸函数是一类重要的广义凸函数, 它在最优性条件, 特别是在 Karush-Kuhn-Tucker 充分性条件的建立中起到了重要作用.

3.1.2 正齐次函数

定义 3.1.5 设 $f(x)$ 为 R^n 上函数, 如果对任意 $x \in \mathrm{R}^n$, $\lambda > 0$, 有

$$f(\lambda x) = \lambda f(x),$$

则称 $f(x)$ 为正齐次函数 (positive homogeneous function).

命题 3.1.2 设 $f(x)$ 为 R^n 上的正齐次函数, 则 $f(x)$ 是凸函数的充分必要条件为 $f(x)$ 是次可加的 (subadditive), 即对任意 $x_1, x_2 \in \mathrm{R}^n$, 有

$$f(x_1 + x_2) \leqslant f(x_1) + f(x_2). \tag{3.1.4}$$

证明 必要性. 假设 $f(x)$ 是凸函数, 根据 $f(x)$ 的正齐次和凸性, 得

$$\begin{aligned} f(x_1 + x_2) &= 2f\left(\frac{1}{2}(x_1 + x_2)\right) \\ &\leqslant 2\left(\frac{1}{2}f(x_1) + \frac{1}{2}f(x_2)\right) \\ &= f(x_1) + f(x_2), \end{aligned}$$

即式 (3.1.4) 成立.

充分性. 设式 (3.1.4) 成立, 对任意 $0 \leqslant \lambda \leqslant 1$, 由 $f(x)$ 正齐次性, 得

$$f(\lambda x_1 + (1 - \lambda)x_2) \leqslant f(\lambda x_1) + f((1 - \lambda)x_2)$$

$$= \lambda f(x_1) + (1 - \lambda)f(x_2),$$

故 $f(x)$ 是凸函数. 命题得证.

定义 3.1.6 设 $f(x)$ 为定义于 R^n 上的函数, 且满足正齐次性和次可加性, 称 $f(x)$ 为次线性函数 (sublinear function).

命题 3.1.3 设 $f(x)$ 为 R^n 上的次线性函数, $\lambda_i \geqslant 0, i = 1, \cdots, m$, 则有

$$f(\lambda_1 x_1 + \cdots + \lambda_m x_m) \leqslant \lambda_1 f(x_1) + \cdots + \lambda_m f(x_m).$$

命题 3.1.4 设 $f(x)$ 为 R^n 上的次线性函数, 则有 $-f(-x) \leqslant f(x)$.

例 3.1.4 函数 $f(x) = \|x\|$ 为 R^n 上的次线性函数.

例 3.1.5 设 $S \subset \mathrm{R}^n$ 为闭凸集, 函数

$$\mu_S(x) = \inf\{t | t \geqslant 0, \ x \in tS\}$$

称为集合 S 的规格 (gauge) 函数或 Minkowski 函数. 下面验证 $\mu_S(x)$ 是正齐次函数. 设 $\lambda > 0$, 推导得

$$\mu_S(\lambda x) = \inf\{t | t \geqslant 0, \ \lambda x \in tS\}$$

$$= \lambda \inf\left\{\frac{t}{\lambda} \left| \frac{t}{\lambda} \geqslant 0, \ x \in \frac{t}{\lambda}S \right.\right\}$$

$$= \lambda \inf\{\alpha | \alpha \geqslant 0, \ x \in \alpha S\} \quad \left(\diamondsuit \alpha = \frac{t}{\lambda}\right)$$

$$= \lambda \mu_S(x),$$

故 $\mu_S(x)$ 是正齐次函数. $\mu_S(x)$ 的凸性证明这里省略.

定义 3.1.7 设 $S \subset \mathrm{R}^n$ 为非空凸紧集, 函数

$$\delta_S^*(x) = \max_{s \in S} s^{\mathrm{T}} x, \quad x \in \mathrm{R}^n \tag{3.1.5}$$

称为 S 的支撑函数 (support function), 支撑函数也记为 $\delta^*(x | S)$.

由式 (3.1.5) 不难看出

$$\delta_S^*(\lambda x) = \lambda \max_{s \in S} s^{\mathrm{T}} x$$

$$= \lambda \delta_S^*(x), \quad \lambda \geqslant 0,$$

$\delta_S^*(x)$ 满足正齐次性; 又

$$\delta_S^*(x + y) \leqslant \max_{s \in S} s^{\mathrm{T}} x + \max_{s \in S} s^{\mathrm{T}} y$$

$$= \delta_S^*(x) + \delta_S^*(y),$$

$\delta_S^*(x)$ 满足次可加性, 故支撑函数 $\delta_S^*(x)$ 是次线性函数.

定理 3.1.1 设 $S_1, S_2 \subset \mathrm{R}^n$ 为凸紧集, 则 $\delta_{S_1}^*(x) \leqslant \delta_{S_2}^*(x)$, $\forall x \in \mathrm{R}^n$ 等价于 $S_1 \subset S_2$.

证明 设 $\delta_{S_1}^*(x) \leqslant \delta_{S_2}^*(x)$, $\forall x \in \mathrm{R}^n$. 如果 $S_1 \not\subset S_2$, 则存在 $y \in S_1, y \notin S_2$, 对点 y 和集合 S_2 利用凸集分离定理, 则存在 $p \in \mathrm{R}^n$, 使得

$$p^{\mathrm{T}} y > \max_{x \in S_2} p^{\mathrm{T}} x,$$

于是

$$\delta_{S_1}^*(y) \geqslant p^{\mathrm{T}} y > \max_{x \in S_2} p^{\mathrm{T}} x = \delta_{S_2}^*(y),$$

这与 $\delta_{S_1}^*(x) \leqslant \delta_{S_2}^*(x)$ 矛盾, 所以 $S_1 \subset S_2$. 另一方面, 根据支撑函数定义, 由 $S_1 \subset S_2$ 易见 $\delta_{S_1}^*(x) \leqslant \delta_{S_2}^*(x)$. 定理得证.

3.2 函数的保凸运算

本节讨论凸函数的一些代数运算, 主要是一些保持凸性的运算.

3.2.1 复合运算

凸函数的复合运算一般不再是凸函数, 下述定理给出一个特殊的保持凸性的复合运算.

定理 3.2.1 设 $f(x)$ 为 R^n 上的实值凸函数, $g(y)$ 是 R 上的非减凸函数, 则复合函数 $h(x) = g(f(x))$ 是 R^n 上的凸函数.

证明 对任意 $x, y \in \mathrm{R}^n$, $0 \leqslant \lambda \leqslant 1$, 根据 $f(x), g(y)$ 的凸性以及 $g(y)$ 的单调性直接计算, 得

$$h(\lambda x_1 + (1 - \lambda) x_2) = g(f(\lambda x_1 + (1 - \lambda) x_2))$$

$$\leqslant g(\lambda f(x_1) + (1-\lambda)f(x_2))$$

$$\leqslant \lambda g(f(x_1)) + (1-\lambda)g(f(x_2))$$

$$= \lambda h(x_1) + (1-\lambda)h(x_2),$$

故 $h(x)$ 是凸函数. 定理得证.

利用定理 3.2.1, 可以验证一些复合函数的凸性.

例 3.2.1   设 $f(x)$ 是 R^n 上的实值凸函数, 则 $h(x) = e^{f(x)}$ 是凸函数. 选取 $g(y) = e^y$, 易见 $g(y)$ 是 R 上的非减凸函数, 利用定理 3.2.1, 即得 $h(x)$ 的凸性.

例 3.2.2   设 $f(x)$ 是 R^n 上的非负凸函数, $p > 1$, 则 $(f(x))^p$ 是凸函数. 令

$$g(y) = \begin{cases} y^p, & y \geqslant 0, \\ 0, & y < 0, \end{cases}$$

易见 $g(y)$ 是 R 上的非减凸函数, 利用定理 3.2.1, $h(x) = g(f(x)) = (f(x))^p$ 是凸函数.

设 $f(x)$ 是 R^n 上的凸函数, $c > 0$, 则它的非负乘积 $cf(x)$ 也是凸函数. 选取 $g(y) = cy, y \in R$, 则 $g(y)$ 是非减凸函数, 由定理 3.2.1, $cf(x) = g(f(x))$ 是凸函数. 设 $f_1(x), f_2(x)$ 是凸函数, 易见 $f_1(x) + f_2(x)$ 是凸函数. 凸函数的加法运算和非负数乘运算具有保凸性, 其他四则运算不能保持凸性.

3.2.2 凸函数与上图的关系

下面引入函数上图的概念, 它在非光滑分析中应用广泛, 是研究和处理一些非光滑现象的有效工具.

定义 3.2.1   设 $f(x)$ 为定义于 R^n 上的函数, $f(x)$ 的上图 (epigraph), 记为 Epi$f$, 定义如下:

$$\text{Epi}f = \{(x,\alpha) \in R^{n+1} | f(x) \leqslant \alpha\}.$$

如果在上式中用 "<" 代替 "≤", 则 Epi$f$ 称为严格上图.

上图与函数本身可以相互确定 (图 3.2.1), 给定函数的上图, 可由下式确定函数本身:

$$f(x) = \inf \{\mu | (x,\mu) \in \text{Epi}f\},$$

此处约定 $\inf \varnothing = +\infty$.

定理 3.2.2   设 $f(x)$ 为定义于 R^n 上的函数, $f(x)$ 为凸函数的充分必要条件是它的上图为 R^{n+1} 中凸集.

证明 必要性. 假设 $f(x)$ 为凸函数. 设

$$z_1 = (x_1, y_1) \in \mathrm{Epi}f, \quad z_2 = (x_2, y_2) \in \mathrm{Epi}f,$$

其中 $x_1, x_2 \in \mathrm{R}^n$, $y_1, y_2 \in \mathrm{R}$, 对任意 $0 \leqslant \lambda \leqslant 1$, 则有

$$\lambda z_1 + (1-\lambda)z_2 = (\lambda x_1 + (1-\lambda)x_2, \ \lambda y_1 + (1-\lambda)y_2).$$

由于 $f(x)$ 为凸函数, $z_1, z_2 \in \mathrm{Epi}f$, 则有

$$f(\lambda x_1 + (1-\lambda)x_2) \leqslant \lambda f(x_1) + (1-\lambda)f(x_2)$$

$$\leqslant \lambda y_1 + (1-\lambda)y_2,$$

根据上图的定义有

$$(\lambda x_1 + (1-\lambda)x_2, \ \lambda y_1 + (1-\lambda)y_2) \in \mathrm{Epi}f,$$

即 $\lambda z_1 + (1-\lambda)z_2 \in \mathrm{Epi}f$, 于是 $\mathrm{Epi}f$ 是 R^{n+1} 上的凸集.

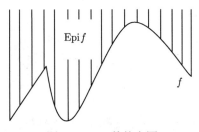

图 3.2.1 函数的上图

充分性. 假设 $\mathrm{Epi}f$ 是 R^{n+1} 中的凸集. 设 $x_1, x_2 \in \mathrm{R}^n$, $0 \leqslant \lambda \leqslant 1$, 由 $(x_1, f(x_1)) \in \mathrm{Epi}f$, $(x_2, f(x_2)) \in \mathrm{Epi}f$, 以及 $\mathrm{Epi}f$ 为凸集, 则有

$$(\lambda(x_1, f(x_1)) + (1-\lambda)(x_2, f(x_2)) \in \mathrm{Epi}f,$$

即

$$(\lambda x_1 + (1-\lambda)x_2, \ \lambda f(x_1) + (1-\lambda)f(x_2)) \in \mathrm{Epi}f.$$

根据上图定义得

$$f(\lambda x_1 + (1-\lambda)x_2) \leqslant \lambda f(x_1) + (1-\lambda)f(x_2),$$

这说明 $f(x)$ 为 R^n 上的凸函数. 定理得证.

定理 3.2.2 建立了函数凸性与其上图凸性的等价关系, 利用这一性质对凸函数可以得到一些类似于凸集的性质.

命题 3.2.1(Jensen 不等式)   设 $f(x)$ 为 R^n 上的凸函数, $x_1, \cdots, x_m \in R^n$, $\lambda_1, \cdots, \lambda_m \geqslant 0, \sum\limits_{i=1}^{m} \lambda_i = 1$, 则下述不等式成立:

$$f(\lambda_1 x_1 + \cdots + \lambda_m x_m) \leqslant \lambda_1 f(x_1) + \cdots + \lambda_m f(x_m). \tag{3.2.1}$$

证明   由于 $(x_i, f(x_i)) \in \mathrm{Epi}f, \ i = 1, \cdots, m$, 根据定理 3.2.2, $\mathrm{Epi}f$ 为 R^{n+1} 中的凸集, 所以 $(x_i, f(x_i)), \ i = 1, \cdots, m$ 的凸组合也在 $\mathrm{Epi}f$ 中, 即

$$\sum_{i=1}^{m} \lambda_i(x_i, f_i(x)) \in \mathrm{Epi}f,$$

亦

$$\left(\sum_{i=1}^{m} \lambda_i x_i, \sum_{i=1}^{m} \lambda_i f_i(x)\right) \in \mathrm{Epi}f,$$

故式 (3.2.1) 成立. 命题得证.

式 (3.2.1) 成立的充要条件是 $f(x)$ 为凸函数, 因此式 (3.2.1) 可以作为凸函数的一个等价定义.

命题 3.2.2   设 $f(x)$ 为 R^n 上的正齐次函数, 则 $f(x)$ 的上图为 R^{n+1} 中的锥.

证明   设 $\lambda > 0$, 利用 $f(x)$ 的正齐次性, 直接推导得

$$\begin{aligned}
\lambda \mathrm{Epi}f &= \lambda\{(x, \mu) \in R^{n+1} | f(x) \leqslant \mu\} \\
&= \{(\lambda x, \lambda \mu) \in R^{n+1} | f(x) \leqslant \mu\} \\
&= \left\{(\lambda x, \lambda \mu) \in R^{n+1} \ | \ f(\lambda x) \leqslant \lambda \mu\right\} \\
&= \{(y, \alpha) \in R^{n+1} | f(y) \leqslant \alpha\} \quad (\diamondsuit y = \lambda x, \alpha = \lambda \mu) \\
&= \mathrm{Epi}f,
\end{aligned}$$

这说明 $\mathrm{Epi}f$ 是锥. 命题得证.

由前面讨论可知, R^n 上的凸函数都伴随着 R^{n+1} 中的一个凸集 (它的上图), 反过来 R^{n+1} 中的凸集是否可以对应 R^n 中的一个凸函数呢? 给定 R^{n+1} 中的集合 F(不一定是凸的), 定义下述函数:

$$f(x) = \inf\{\mu | (x, \mu) \in F\}, \quad x \in R^n. \tag{3.2.2}$$

显然, $f(x)$ 为 R^n 中以 F 为上图的函数. 事实上, 式 (3.2.2) 给出了由上图导出对应函数的一种方法.

定理 3.2.3 设 $F \subset R^{n+1}$ 为凸集, 则式 (3.2.2) 给定的函数 $f(x)$ 为 R^n 上的凸函数.

证明 设 $x, y \in R^n$, 不妨假设 $f(x) \neq +\infty, f(y) \neq +\infty$, 于是存在常数 α, β, 使得 $f(x) < \alpha, f(y) < \beta$. 根据函数 $f(x)$ 的定义, 存在 $\mu, \gamma \in R$ 满足 $\mu < \alpha, \gamma < \beta$, 使得 $(x, \mu) \in F, (y, \gamma) \in F$. 根据集合 F 的凸性有

$$\lambda(x, \mu) + (1 - \lambda)(y, \gamma) = (\lambda x + (1 - \lambda)y, \lambda\mu + (1 - \lambda)\gamma) \in F,$$

于是

$$f(\lambda x + (1 - \lambda)y) \leqslant \lambda\mu + (1 - \lambda)\gamma$$

$$< \lambda\alpha + (1 - \lambda)\beta.$$

由于 α, β 为满足 $f(x) < \alpha, f(y) < \beta$ 的任意常数, 在上式中令 $\alpha \to f(x), \beta \to f(y)$, 得

$$f(\lambda x + (1 - \lambda)y) \leqslant \lambda f(x) + (1 - \lambda)f(y),$$

这说明 $f(x)$ 为 R^n 上的凸函数. 定理得证.

推论 3.2.1 设 $f(x)$ 为 R^n 上的函数, 则 $f(x)$ 为 R^n 上的凸函数当且仅当它的上图为 R^{n+1} 中的凸集.

3.2.3 卷积

给定 R^n 上的两个凸函数 $f_1(x)$ 和 $f_2(x)$, 它们上图的和 $\mathrm{Epi}f_1 + \mathrm{Epi}f_2$ 也是 R^{n+1} 中的凸集, 将其作为上图可以导出 R^n 中的一个凸函数, 这个凸函数称为函数 $f_1(x)$ 和 $f_2(x)$ 的卷积 (infimal convolution).

定义 3.2.2 设 $f_1(x)$ 和 $f_2(x)$ 为 R^n 上的凸函数, $f_1(x)$ 和 $f_2(x)$ 的卷积, 记为 $(f_1 \square f_2)(x)$, 定义如下:

$$(f_1 \square f_2)(x) = \inf\{f_1(x_1) + f_2(x_2) | x_1 + x_2 = x\}. \tag{3.2.3}$$

式 (3.2.3) 也可等价地表示为

$$(f_1 \square f_2)(x) = \inf_{y \in \mathrm{R}^n} \{f_1(y) + f_2(x - y)\}.$$

定理 3.2.4　设 $f_1(x)$ 和 $f_2(x)$ 为 R^n 上凸函数, 则它们的卷积 $(f_1 \square f_2)(x)$ 也为 R^n 上凸函数, 其上图为 $\mathrm{Epi}(f_1 \square f_2) = \mathrm{Epi} f_1 + \mathrm{Epi} f_2$.

证明　令 $F_i = \mathrm{Epi} f_i$, $i = 1, 2$, $F = F_1 + F_2$, 显然 F 是 R^{n+1} 中的凸集. 根据 F 的定义, $(x, \mu) \in F$ 当且仅当存在 $x_i \in \mathrm{R}^n, \mu_i \in \mathrm{R}, i = 1, 2$, 使得 $(x_i, \mu_i) \in F, i = 1, 2$, $x = x_1 + x_2$, $\mu = \mu_1 + \mu_2$. 在 R^n 中构造以 F 为上图的凸函数, 根据定理 3.2.3, $\inf\{\mu | (x, \mu) \in F\}$ 为 R^n 上的凸函数, 由卷积的定义得

$$\inf\{\mu | (x, \mu) \in F\} = (f_1 \square f_2)(x).$$

定理得证.

设 $f_1(x), f_2(x), f_3(x)$ 为 R^n 上凸函数, 不难验证下述结论成立:

(1) $(f_1 \square f_2)(x) = (f_2 \square f_1)(x)$;

(2) $((f_1 \square f_2) \square f_3)(x) = (f_1 \square (f_2 \square f_3))(x)$;

(3) $(f_1 \square f_3)(x) \leqslant (f_2 \square f_3)(x)$, 如果 $f_1(x) \leqslant f_2(x)$.

设 $S \subset \mathrm{R}^n$ 为凸集, 下述函数

$$\delta_S(x) = \begin{cases} 0, & x \in S, \\ +\infty, & x \notin S \end{cases}$$

称为集合 S 的指示函数 (indicator function). 不难验证, 指示函数 $\delta_S(x)$ 是凸函数.

例 3.2.3　利用定义, 求 $\|x\|$ 和 $\delta(x)$ 的卷积, 得

$$\|x\| \square \delta(x) = \inf_{y \in \mathrm{R}^n} \{\|x - y\| + \delta(y)\}$$

$$= \inf_{y \in S} \|x - y\|$$

$$= d_S(x).$$

上式说明 $\|x\|$ 和 $\delta(x)$ 的卷积为距离函数, 这一结论也说明了距离函数是凸函数. 对任意凸函数, 容易验证

$$(f \square \delta_{\{0\}})(x) = f(x).$$

例 3.2.4 设 $f_i(x) = \frac{1}{2}x^{\mathrm{T}}H_i x$, $i = 1, 2$, 其中 H_1, H_2 是 n 阶正定矩阵. 注意到

$$\inf_{y \in \mathrm{R}^n} \{y^{\mathrm{T}}H_1 y + (x - y)^{\mathrm{T}}H_2(x - y)\}$$

是二次函数的极小值函数, 通过解析计算可求得其值为 $x^{\mathrm{T}}(H_1^{-1} + H_2^{-1})^{-1}x$, 于是计算 $f_1(x)$ 和 $f_2(x)$ 的卷积, 得

$$(f_1 \square f_2)(x) = \frac{1}{2}\inf_{y \in \mathrm{R}^n} \{y^{\mathrm{T}}H_1 y + (x - y)^{\mathrm{T}}H_2(x - y)\}$$

$$= \frac{1}{2}x^{\mathrm{T}}(H_1^{-1} + H_2^{-1})^{-1}x.$$

设 $f_1(x), \cdots, f_m(x)$ 为 R^n 上的凸函数, $f_1(x), \cdots, f_m(x)$ 的卷积定义如下:

$$(f_1 \square \cdots \square f_m)(x) = \inf\{f_1(x_1) + \cdots + f_m(x_m) | x_1 + \cdots + x_m = x\}. \tag{3.2.4}$$

在式 (3.2.4) 中令 $f_1(x) = \cdots = f_m(x) = f(x)$, 得

$$(f \square \cdots \square f)(x) = \inf\{f(x_1) + \cdots + f(x_m) | x_1 + \cdots + x_m = x\},$$

因为

$$f\left(\frac{x}{m}\right) = f\left(\frac{x_1 + \cdots + x_m}{m}\right) \leqslant \frac{1}{m}(f(x_1) + \cdots + f(x_m)),$$

故

$$mf\left(\frac{x}{m}\right) \leqslant f(x_1) + \cdots + f(x_m),$$

于是得到下述有趣的结论:

$$\frac{1}{m}(f \square \cdots \square f)(x) = f\left(\frac{1}{m}x\right).$$

上式说明, 如果 $f(x)$ 是凸函数, 对任意正整数 m, $mf\left(\frac{1}{m}x\right)$ 也是凸函数. 事实上, 可以证明, 对任意正数 m, $mf\left(\frac{1}{m}x\right)$ 也是凸函数.

3.2.4 最大值函数

考虑上确界函数 (supremum function)

$$f(x) = \sup_{i \in I} f_i(x), \tag{3.2.5}$$

其中 I 为任意指标集, $f_i(x), i \in I$ 是 R^n 上的凸函数.

定理 3.2.5 式 (3.2.5) 给出的上确界函数 $f(x)$ 是凸函数.

证明 考虑函数 $f(x)$ 的上图:

$$\text{Epi}f = \{(x,\mu)|x \in \text{R}^n, \mu \in \text{R}, f(x) \leqslant \mu\}$$

$$= \{(x,\mu)|x \in \text{R}^n, \mu \in \text{R}, f_i(x) \leqslant \mu, i \in I\}$$

$$= \bigcap_{i \in I} \text{Epi}f_i,$$

由于每个 $f_i(x)$ 的上图 $\text{Epi}f_i$ 是凸集, 故它们的交 $\bigcap_{i \in I} \text{Epi}f_i$ 也是凸集, 即 $f(x)$ 的上图是凸集, 于是 $f(x)$ 是凸函数. 定理得证.

例 3.2.5 设 $S \subset \text{R}^n$ 为凸集, 支撑函数 $\delta_S^*(x) = \sup\limits_{y \in S} x^{\text{T}}y$ 是线性函数 $x^{\text{T}}y$(其中 y 固定) 逐点取上确界, 根据前面的讨论, 它是凸函数.

例 3.2.6 令

$$f(x) = \max\{x_1, \cdots, x_n|x = (x_1, \cdots, x_n) \in \text{R}^n\}.$$

函数 $f(x)$ 是线性函数 $f_i(x) = x^{\text{T}}e_i, i = 1, \cdots, n$ 的上确界函数, 其中 e_i 为 R^n 中第 i 个分量为 1 的单位向量, 所以它是凸函数.

3.2.5 函数的凸包与闭包

对于非凸函数, 将其上图的凸包作为上图得到的凸函数称为该函数的凸包 (convex hull of function).

定义 3.2.3 设 $f(x)$ 是 R^n 上的函数, $f(x)$ 的凸包, 记为 $\text{co}f(x)$, 定义如下:

$$\text{co}f(x) = \inf\{\mu|(x,\mu) \in \text{co}(\text{Epi}f)\}, \quad x \in \text{R}^n.$$

由定义 3.2.3 易见

$$\text{co}f(x) \leqslant f(x), \quad x \in \text{R}^n.$$

凸函数的凸包就是它自身; 对于非凸函数, 凸包是不大于它的最大凸函数. 函数的凸包可以用来对非凸函数进行下方凸逼近, 是非凸函数凸化的有效方法之一.

根据凸包及上图的定义, $(x,\mu) \in \text{co}(\text{Epi}f)$ 等价于存在

$$(x_i, \mu_i) \in \text{Epi}f, \quad \lambda_i \geqslant 0, i = 1, \cdots, m,$$

满足 $\sum\limits_{i=1}^m \lambda_i = 1$, 使得

$$(x,\mu) = \lambda_1(x_1, \mu_1) + \cdots + \lambda_m(x_m, \mu_m)$$

$$=(\lambda_1 x_1 + \cdots + \lambda_m x_m, \lambda_1 \mu_1 + \cdots + \lambda_m \mu_m),$$

于是

$$\text{co}f(x) = \inf\{\mu | (x, \mu) \in \text{co}(\text{Epi}f)\}$$

$$= \inf\left\{\lambda_1 \mu_1 + \cdots + \lambda_m \mu_m | x = \lambda_1 x_1 + \cdots + \lambda_1 x_1,\right.$$

$$\left. f(x_i) \leqslant \mu_i, \lambda_i \geqslant 0, i = 1, \cdots, m, \sum_{i=1}^{m} \lambda_i = 1\right\}$$

$$= \inf\left\{\lambda_1 f(x_1) + \cdots + \lambda_m f(x_m) | x = \lambda_1 x_1 + \cdots + \lambda_1 x_1,\right.$$

$$\left. \lambda_i \geqslant 0, i = 1, \cdots, m, \sum_{i=1}^{m} \lambda_i = 1\right\}.$$

函数的连续性等价于其图的闭性, 函数的下半连续性等价于其上图的闭性. 函数的下半连续性可保证极小点的存在.

对于非下半连续函数, 将其上图的闭包作为上图得到的函数称为该函数的闭包 (closure of function).

定义 3.2.4 设 $f(x)$ 是 R^n 上的函数, $f(x)$ 的闭包, 记为 $\text{cl}f(x)$, 定义如下:

$$\text{cl}f(x) = \inf\{\mu | (x, \mu) \in \text{cl}(\text{Epi}f)\}, \quad x \in \mathrm{R}^n.$$

函数的闭包是不大于该函数的最大下半连续函数, 因此有

$$\text{cl}f(x) \leqslant f(x).$$

不难验证, $f(x)$ 的闭包可等价地表述为

$$\text{cl}f(x) = \lim_{x' \to x} \inf f(x').$$

例 3.2.7 设

$$f(x) = \begin{cases} x^2, & x < 1, \\ 2, & x = 1, \\ +\infty, & x > 1, \end{cases}$$

易见

$$\text{cl}f(x) = \begin{cases} x^2, & x \leqslant 1, \\ +\infty, & x > 1, \end{cases}$$

$f(x)$ 在 $\text{dom}f$ 的边界点 $x = 1$ 非下半连续, 但 $\text{cl}f(x)$ 在点 $x = 1$ 下半连续.

3.2.6 共轭函数

给定一个凸函数, 按照一定规则可以得到一个与其对应的另外一个凸函数. 下面引进凸函数的共轭, 它是凸函数的一个对应.

定义 3.2.5 设 $f(x)$ 是 R^n 上的正常凸函数, 下述函数

$$f^*(x^*) = \sup\{x^\mathrm{T}x^* - f(x) | x \in \mathrm{R}^n\}, \quad x^* \in \mathrm{R}^n \tag{3.2.6}$$

称为 $f(x)$ 的共轭函数 (conjugate function).

命题 3.2.3 设 $f(x)$ 是 R^n 上的凸函数, 则其共轭函数 $f^*(x^*)$ 也是凸函数.

证明 对固定的 $x \in \mathrm{R}^n$, 易见 $x^\mathrm{T}x^* - f(x)$ 是仿射函数, 根据共轭函数的定义, $f^*(x^*)$ 是仿射函数 $x^\mathrm{T}x^* - f(x)$ 关于 x 的逐点上确界, 因此是凸函数. 命题得证.

命题 3.2.4(Fenchel 不等式) 设 $f(x)$ 是 R^n 上的凸函数, 则下述不等式成立:

$$f(x) + f^*(x^*) \geqslant x^\mathrm{T}x^*, \quad \forall x, x^* \in \mathrm{R}^n. \tag{3.2.7}$$

证明 由式 (3.2.6) 得

$$f^*(x^*) \geqslant x^\mathrm{T}x^* - f(x), \quad \forall x, x^* \in \mathrm{R}^n,$$

所以式 (3.2.7) 成立. 命题得证.

下面给出共轭函数的一些性质. 设 $f(x)$ 是 R^n 上的凸函数, 下述结论成立:

(1) 如果 $g(x) = f(x) + c$, 其中 c 为常数, 则 $g^*(x^*) = f^*(x^*) - c$;

(2) 如果 $g(x) = f(x + b)$, 其中 $b \in \mathrm{R}^n$ 为常向量, 则 $g^*(x^*) = f^*(x^*) - b^\mathrm{T}x^*$;

(3) 如果 $g(x) = f(ax)$, 其中常数 $a \neq 0$, 则 $g^*(x^*) = f^*\left(\dfrac{x^*}{a}\right)$;

(4) 如果 $g(x) = af(x)$, 其中常数 $a > 0$, 则 $g^*(x^*) = af^*\left(\dfrac{x^*}{a}\right)$.

例 3.2.8 设 $f(x) = e^x, x \in \mathrm{R}$. 根据共轭函数定义

$$f^*(x^*) = \sup_x\{xx^* - e^x\},$$

通过分析和计算得

$$f^*(x^*) = \begin{cases} x^* \ln x^* - x^*, & x^* > 0, \\ 0, & x^* = 0, \\ +\infty, & x^* < 0. \end{cases}$$

例 3.2.9 设 L 为 R^n 中的子空间, $\delta_L(x)$ 为 L 的指示函数. 根据指示函数和共轭函数的定义, 计算 $\delta_L(x)$ 的共轭函数

$$
\begin{aligned}
\delta_L^*(x^*) &= \sup_{x \in R^n} \{x^{\mathrm{T}} x^* - \delta_L(x)\} \\
&= \sup_{x \in L} x^{\mathrm{T}} x^* \\
&= \begin{cases} 0, & x^* \in L^\perp \\ +\infty, & x^* \in L \end{cases} \\
&= \delta_{L^\perp}(x^*),
\end{aligned}
$$

其中 $L^\perp$ 为 L 的正交补.

例 3.2.10 设 $S \subset R^n$ 是闭凸集, 根据指示函数和共轭函数的定义, 计算 $\delta_S(x)$ 的共轭函数

$$
\begin{aligned}
(\delta_S)^*(x^*) &= \sup\{x^{\mathrm{T}} x^* - \delta_S(x) | x \in R^n\} \\
&= \sup_{x \in S} x^{\mathrm{T}} x^* \\
&= \delta_S^*(x^*).
\end{aligned}
$$

上式说明凸集的指示函数的共轭函数为该凸集的支撑函数.

例 3.2.11 设 $f(x) = \dfrac{1}{2} x^{\mathrm{T}} H x + b^{\mathrm{T}} x$, 其中 H 是 n 阶正定矩阵, $b \in R^m$. 于是, 根据共轭函数定义有

$$
f^*(x^*) = \sup \left\{ x^{\mathrm{T}} x^* - \frac{1}{2} x^{\mathrm{T}} H x - b^{\mathrm{T}} x \,\middle|\, x \in R^n \right\}.
$$

对上式右端的二次函数上确界求解析表达式, 得

$$
f^*(x^*) = \frac{1}{2} (x^* - b)^{\mathrm{T}} H^{-1} (x^* - b).
$$

3.3 凸函数的连续性

本节讨论凸函数的连续性, 特别是它的 Lipschitz 连续性. 首先给出一维凸函数的两个常用不等式.

定理 3.3.1 设 $f(x)$ 为 R 上的凸函数, $x_0, x_1, x_2 \in \mathrm{dom} f$ 满足 $x_0 < x_1 < x_2$, 则下述不等式成立:

$$
\frac{f(x_1) - f(x_0)}{x_1 - x_0} \leqslant \frac{f(x_2) - f(x_0)}{x_2 - x_0}, \tag{3.3.1}
$$

$$\frac{f(x_1) - f(x_0)}{x_1 - x_0} \leqslant \frac{f(x_2) - f(x_1)}{x_2 - x_1}. \tag{3.3.2}$$

证明　令 $\lambda = \dfrac{x_1 - x_0}{x_2 - x_0}$, 易见 $0 < \lambda < 1$, $1 - \lambda = \dfrac{x_2 - x_1}{x_2 - x_0}$,

$$\lambda x_2 + (1 - \lambda)x_0 = \frac{x_1 - x_0}{x_2 - x_0}x_2 + \frac{x_2 - x_1}{x_2 - x_0}x_0$$

$$= x_1.$$

根据 $f(x)$ 的凸性, 有

$$f(x_1) = f(\lambda x_2 + (1 - \lambda)x_0)$$

$$\leqslant \frac{x_1 - x_0}{x_2 - x_0}f(x_2) + \frac{x_2 - x_1}{x_2 - x_0}f(x_0), \tag{3.3.3}$$

式 (3.3.3) 两边同时减去 $f(x_0)$, 得

$$f(x_1) - f(x_0) \leqslant \frac{x_1 - x_0}{x_2 - x_0}(f(x_2) - f(x_0)),$$

故式 (3.3.1) 成立.

另一方面, 式 (3.3.3) 可变形为

$$\frac{x_1 - x_0}{x_2 - x_0}f(x_1) + \frac{x_2 - x_1}{x_2 - x_0}f(x_1) \leqslant \frac{x_1 - x_0}{x_2 - x_0}f(x_2) + \frac{x_2 - x_1}{x_2 - x_0}f(x_0),$$

上式可等价地表示为

$$\frac{x_2 - x_1}{x_2 - x_0}(f(x_1) - f(x_0)) \leqslant \frac{x_1 - x_0}{x_2 - x_0}(f(x_2) - f(x_1)),$$

故式 (3.3.2) 成立. 定理得证.

定理 3.3.2　设 $f(x)$ 是 R^n 上的凸函数, 则 $f(x)$ 在 $\mathrm{ri}(\mathrm{dom}f)$ 的每个紧子集中有上界.

证明　设 $S \subset \mathrm{ri}(\mathrm{dom}f)$ 为紧集, 根据熟知的有限覆盖定理, S 可被顶点在 $\mathrm{dom}f$ 内的有限个单纯形覆盖, 故只需证明 $f(x)$ 在 $\mathrm{ri}(\mathrm{dom}f)$ 中的每个单纯形上有上界. 如果 $f(x)$ 是非正常凸函数, 结论自然成立, 因此假设 $f(x)$ 是正常凸函数. 以下对单纯形的维数应用数学归纳法. 注意到 R^n 上的一维单纯形为有界闭区间, 对任意一维单纯形 $[x_1, x_2]$, 其中 $x_1, x_2 \in \mathrm{R}^n$, 由函数 $f(x)$ 的凸性, 得

$$f(\lambda x_1 + (1 - \lambda)x_2) \leqslant \lambda f(x_1) + (1 - \lambda)f(x_2), \quad 0 \leqslant \lambda \leqslant 1,$$

这说明 $f(x)$ 在一维单纯形 $[x_1, x_2]$ 上有上界. 假设 $f(x)$ 在 $\mathrm{ri}(\mathrm{dom}f)$ 内任意一个 $r - 1$ 维单纯形上有上界, 记 $S^r(x_1, \cdots, x_{r+1})$ 为 $\mathrm{ri}(\mathrm{dom}f)$ 中的 r 维单纯形, 其中

$x_1, \cdots, x_{r+1} \in \mathrm{ri}(\mathrm{dom}f)$ 为单纯形的顶点. 如果 $x \in S^r(x_1, \cdots, x_{r+1})$ 且 $x \neq x_{r+1}$, 则有

$$x = \lambda_1 x_1 + \cdots + \lambda_r x_r + \lambda_{r+1} x_{r+1},$$

$$\lambda_i \geqslant 0, \quad i = 1, \cdots, r+1, \quad \sum_{r=1}^{r+1} \lambda_i = 1,$$

将上式表示成如下形式:

$$x = \mu z + \lambda_{r+1} x_{r+1},$$

其中

$$\mu = 1 - \lambda_{r+1}, \qquad z = \frac{\lambda_1 x_1 + \cdots + \lambda_r x_r}{1 - \lambda_{r+1}}.$$

由于 $x_1, \cdots, x_r$ 是仿射无关的, 所以 z 是 $\mathrm{ri}(\mathrm{dom}f)$ 中 $r-1$ 维单纯形的点. 由归纳法假设, 存在常数 N, 使得 $f(x) \leqslant N$, 故

$$f(x) \leqslant \mu f(z) + \lambda_{r+1} f(x_{r+1})$$

$$\leqslant \max\{N, f(x_{r+1})\}, \tag{3.3.4}$$

这说明 $f(x)$ 在 $S^r(x_1, \cdots, x_{r+1})$ 上有上界. 定理得证.

定理 3.3.3 设 $f(x)$ 是 R^n 上的正常凸函数, 且在 $x_0 \in \mathrm{dom}f$ 的一个邻域内有上界, 则 $f(x)$ 在点 x_0 连续.

证明 不失一般性, 假设 $x_0 = 0$, 于是存在常数 $\delta > 0$ 和常数 N, 使得

$$f(x) \leqslant N, \quad \forall x \in B(0, \delta).$$

考虑一维函数 $g(\alpha) = f(\alpha x)$, 其中 $\alpha \in \mathrm{R}$ 为变量, 根据凸函数定义不难验证, $g(\alpha)$ 为 R 上的凸函数. 取 $\alpha_0 = 0$, $\alpha_1 = \alpha, \alpha_2 = 1$, 对函数 $g(\alpha)$ 利用式 (3.3.1), 得

$$\frac{g(\alpha) - g(0)}{\alpha} \leqslant \frac{g(1) - g(0)}{1},$$

进而有

$$g(\alpha) - g(0) \leqslant \alpha(g(1) - g(0)).$$

由于

$$g(1) = f(x) \leqslant N, \quad g(0) = f(0) \leqslant N, \quad \forall x \in B(0, \delta),$$

所以

$$f(\alpha x) - f(0) \leqslant 2N\alpha, \quad \forall x \in B(0, \delta). \tag{3.3.5}$$

取 $\alpha_0 = -1$, $\alpha_1 = 0, \alpha_2 = \alpha$, 对函数 $g(\alpha)$ 利用式 (3.3.2), 得

$$\frac{g(0) - g(-1)}{0 - (-1)} \leqslant \frac{g(\alpha) - g(0)}{\alpha},$$

于是

$$\alpha(g(0) - g(-1)) \leqslant g(\alpha) - g(0).$$

再利用 $g(0), g(-1) \leqslant N, \forall x \in B(0, \delta)$, 得

$$-2N\alpha \leqslant f(\alpha x) - f(0), \quad \forall x \in B(0, \delta). \tag{3.3.6}$$

联立式 (3.3.5) 和式 (3.3.6), 得

$$|f(\alpha x) - f(0)| \leqslant 2N\alpha. \tag{3.3.7}$$

任取 $\varepsilon > 0$, 对于 $y \in B\left(0, \dfrac{\varepsilon\delta}{2N}\right)$, 则存在 $x \in B(0, \delta)$, 使得 $y = \dfrac{\varepsilon}{2N}x$, 由式 (3.3.7)
得

$$|f(y) - f(0)| = \left| f\left(\frac{\varepsilon}{2N}x\right) - f(0) \right|$$

$$\leqslant 2N\frac{\varepsilon}{2N}$$

$$= \varepsilon,$$

所以 $f(x)$ 在点 $x_0 = 0$ 连续. 定理得证.

定理 3.3.4 设 $f(x)$ 是 $\mathbb{R}^n$ 上的正常凸函数, 则 $f(x)$ 在 ri(dom$f$) 上连续.

证明 设 $x_0 \in$ ri(dom$f$), 根据相对内部的定义, 必存在单纯形 $S^k(y_0, y_1, \cdots,$
$y_k)$, 使得 x_0 为该单纯形的内点, 其中 $y_0, y_1, \cdots, y_k \in$ dom$f$, $k = \dim(\text{dom}f)$. 由定
理 3.3.2, $f(x)$ 在点 x_0 的一个邻域内有上界, 再由定理 3.3.3, $f(x)$ 在 x_0 处连续, 进
而 $f(x)$ 在 ri(dom$f$) 上连续. 定理得证.

定理 3.3.5 设 $f(x)$ 是 $\mathbb{R}^n$ 上的正常凸函数, S 是 ri(dom$f$) 中的紧子集, 则
$f(x)$ 在 S 上是 Lipschitz 连续的.

证明 不失一般性, 假设 $\dim(\text{dom}f) = n$, 则有 ri(dom$f$) = int(dom$f$). 对任
意 $\varepsilon > 0$, $S + \text{cl}B(0, \varepsilon)$ 是紧集, 由 cl$B(0, \varepsilon)$ 的闭性及 $S \subset$ int(dom$f$), 得

$$\bigcap_{\varepsilon > 0} (S + \text{cl}B(0, \varepsilon)) \bigcap (\mathbb{R}^n \backslash \text{int}(\text{dom}f)) = \varnothing, \tag{3.3.8}$$

所以存在一个 $\varepsilon > 0$, 使得

$$(S + \text{cl}B(0, \varepsilon)) \bigcap (\mathbb{R}^n \backslash \text{int}(\text{dom}f)) = \varnothing,$$

故

$$S + \mathrm{cl}B(0,\varepsilon) \subset \mathrm{int}(\mathrm{dom}\, f).$$

由定理 3.3.4, $f(x)$ 在 $S + \mathrm{cl}B(0,\varepsilon)$ 上连续, 于是 $f(x)$ 在 $S + \mathrm{cl}B(0,\varepsilon)$ 上有界, 记 N_2, N_1 分别是它的上、下界. 对于 $x, y \in S$, $x \neq y$, 令

$$z = y + \frac{\varepsilon}{||y-x||}(y-x),$$

则有

$$||z|| \leqslant ||y|| + \left(\frac{\varepsilon}{||y-x||}\right)||y-x||$$

$$= ||y|| + \varepsilon, \tag{3.3.9}$$

故 $z \in S + \mathrm{cl}B(0,\varepsilon)$. 令

$$\lambda = \frac{||y-x||}{\varepsilon + ||y-x||},$$

不难验证 $0 < \lambda < 1$, $y = (1-\lambda)x + \lambda z$, 根据 $f(x)$ 的凸性有

$$f(y) \leqslant (1-\lambda)f(x) + \lambda f(z)$$

$$= f(x) + \lambda(f(z) - f(x)),$$

故

$$f(y) - f(x) \leqslant \lambda(N_2 - N_1)$$

$$= \frac{||y-x||}{(\varepsilon + ||y-x||)}(N_2 - N_1)$$

$$< \frac{N_2 - N_1}{\varepsilon}||y-x||. \tag{3.3.10}$$

由 x, y 在 S 中的任意性, 可得 $f(x)$ 在 S 上 Lipschitz 连续. 定理得证.

推论 3.3.1 设 $f(x)$ 为 R^n 上的实值凸函数, 则 $f(x)$ 为 R^n 上的局部 Lipschitz 函数.

凸函数可以取值无穷大, 因此本节几个定理的证明利用相对内部工具, 如果仅考虑取有限值的凸函数, 则其连续性的证明也可用更初等的方法.

3.4 光滑凸函数的微分

本节介绍光滑凸函数微分的一些性质, 以及用微分来刻画函数的凸性, 当然假设函数取有限值.

定理 3.4.1 设 $f(x)$ 为 R^n 上的可微函数, $S \subset \mathrm{R}^n$ 为凸集, 则有下述结论.

(1) $f(x)$ 在 S 上是凸函数当且仅当

$$f(x) \geqslant f(x_0) + \nabla f(x_0)^{\mathrm{T}}(x - x_0), \quad \forall x_0, x \in S. \tag{3.4.1}$$

(2) $f(x)$ 在 S 上是严格凸的当且仅当对于 $x_0 \neq x$ 时, 式 (3.4.1) 中严格不等式成立.

(3) $f(x)$ 在 S 上是强凸 (关于系数 c) 的当且仅当

$$f(x) \geqslant f(x_0) + \nabla f(x_0)^{\mathrm{T}}(x - x_0) + \frac{1}{2}c\|x - x_0\|^2. \tag{3.4.2}$$

证明 (1) 假设 $f(x)$ 是 S 上的凸函数, 对任意 $x_0, x \in S, 0 < \lambda < 1$, 有

$$f((1-\lambda)x_0 + \lambda x) - f(x_0) \leqslant \lambda(f(x) - f(x_0)),$$

上式两边同时除以 λ, 然后关于 $\lambda \to 0^+$ 取极限, 注意到 $(1-\lambda)x_0 + \lambda x = x_0 + \lambda(x - x_0)$, 则左端极限为 $\nabla f(x_0)^{\mathrm{T}}(x - x_0)$, 故式 (3.4.1) 成立.

另一方面, 假设式 (3.4.1) 成立. 对任意 $x_1, x_2 \in S, 0 < \lambda < 1$, 记 $x_0 = \lambda x_1 + (1 - \lambda)x_2$, 由式 (3.4.1), 得

$$f(x_i) \geqslant f(x_0) + \nabla f(x_0)^{\mathrm{T}}(x_i - x_0), \quad i = 1, 2. \tag{3.4.3}$$

对上式两边关于系数 $\lambda, 1 - \lambda$ 取凸组合, 得

$$\lambda f(x_1) + (1-\lambda)f(x_2) \geqslant f(x_0) + \nabla f(x_0)^{\mathrm{T}}(\lambda x_1 + (1-\lambda)x_2 - x_0)$$

$$= f(x_0),$$

即

$$f(\lambda x_1 + (1-\lambda)x_2) \leqslant \lambda f(x_1) + (1-\lambda)f(x_2),$$

这说明 $f(x)$ 是凸函数.

(2) 充分性证明类似于结论 (1), 只考虑必要性. 假设对于 $x_0, x \in S, x_0 \neq x$, $0 < \lambda < 1$, 式 (3.4.1) 中严格不等式成立, 类似于结论 (1) 的证明可得

$$f(\lambda x_0 + (1-\lambda)x) < \lambda f(x_0) + (1-\lambda)f(x),$$

即 $f(x)$ 是严格凸的.

(3) 根据命题 3.1.1, $f(x)$ 是强凸的充要条件是 $f(x) - \frac{1}{2}\|x\|^2$ 是凸函数, 对函数 $f(x) - \frac{1}{2}\|x\|^2$ 利用结论 (1), 得结论 (3). 定理得证.

定理 3.4.1 说明如果 $f(x)$ 是凸函数, 则其上图总是在切平面

$$y = f(x_0) + \nabla f(x_0)^{\mathrm{T}}(x - x_0)$$

之上 (在点 $(x_0, f(x_0))$ 处相交); 当 $f(x)$ 是严格凸时, 只在点 $(x_0, f(x_0))$ 处相交; 如果 $f(x)$ 是强凸的, 则它的上图在下述二次凸函数之上:

$$x \to f(x_0) + \nabla f(x_0)^{\mathrm{T}}(x - x_0) + \frac{1}{2}c\|x - x_0\|^2.$$

上述结论刻画了凸函数最基本的几何特征, 非光滑凸函数次微分的引入就是依据这些几何特征.

下面讨论可微凸函数梯度的单调性, 其在变分不等式研究中有重要应用.

定义 3.4.1 设 $S \subset \mathrm{R}^n$, $F(x)$ 为 S 到 R^n 上的映射, x, x' 为 S 中任意两点, 如果

$$(F(x) - F(x'))^{\mathrm{T}}(x - x') \geqslant 0,$$

则称映射 $F(x)$ 在 S 上是单调的 (monotone); 如果严格不等式成立, 即

$$(F(x) - F(x'))^{\mathrm{T}}(x - x') > 0,$$

则称映射 $F(x)$ 在 S 上是严格单调的 (strictly monotone); 如果下式成立:

$$(F(x) - F(x'))^{\mathrm{T}}(x - x') \geqslant c\|x - x_0\|^2,$$

其中 $c > 0$, 则称映射 $F(x)$ 在 S 上是强单调 (关于系数 c) 的 (strongly monotone).

对于一维情形, 上述单调性退化为函数的单调增加性. 下面利用梯度的单调性来研究函数的凸性.

定理 3.4.2 设 $f(x)$ 为 R^n 上的可微函数, $S \subset \mathrm{R}^n$ 为凸集, 于是 $f(x)$ 在 S 上是凸 (严格凸, 强凸 (关于参数 c)) 的当且仅当它的梯度 $\nabla f(x)$ 作为映射在 S 上是单调 (严格单调, 强单调 (关于参数 c)) 的.

证明 必要性. 以下将凸性与强凸性证明结合在一起, 当参数 $c = 0$, 强凸性即为凸性. 假设 $f(x)$ 在集合 S 上是强凸的, 由定理 3.4.1, 对任意 $x_0, x \in S$, 有

$$f(x) \geqslant f(x_0) + \nabla f(x_0)^{\mathrm{T}}(x - x_0) + \frac{1}{2}c\|x - x_0\|^2,$$

$$f(x_0) \geqslant f(x) + \nabla f(x)^{\mathrm{T}}(x_0 - x) + \frac{1}{2}c\|x - x_0\|^2.$$

上面两式相减, 即得到 $\nabla f(x)$ 的强单调性.

充分性. 假设 $\nabla f(x)$ 是强单调的. 给定 $x_0, x_1 \in \mathrm{R}^n$, 考虑一维函数 $\varphi(t) = f(x_t)$, 其中 $x_t = x_0 + t(x_1 - x_0)$, $t \in [0, 1]$. 显然, $\varphi(t)$ 是可微的, 其导数为

$$\varphi'(t) = \nabla f(x_t)^{\mathrm{T}}(x_1 - x_0).$$

于是, 对于 $0 \leqslant t_1 < t \leqslant 1$, 有

$$\begin{aligned}
\varphi'(t) - \varphi'(t_1) &= (\nabla f(x_t) - \nabla f(x_{t_1}))^{\mathrm{T}}(x_1 - x_0) \\
&= \frac{1}{t - t_1}(\nabla f(x_t) - \nabla f(x_{t_1}))^{\mathrm{T}}(x_t - x_{t_1}).
\end{aligned} \tag{3.4.4}$$

$\nabla f(x)$ 的单调性和式 (3.4.4) 说明 $\varphi'(t)$ 是单调增加函数, 对于一维函数 $\varphi(t)$, 导数的单增性保证其是凸的.

下面讨论强凸性. 在式 (3.4.4) 中令 $t_1 = 0$, 并考虑到 $\nabla f(x)$ 的强单调性, 得

$$\begin{aligned}
\varphi'(t) - \varphi'(0) &= \frac{1}{t}(\nabla f(x_t) - \nabla f(x_0))^{\mathrm{T}}(x_t - x_0) \\
&\geqslant \frac{1}{t}c\|x_t - x_0\|^2 \\
&= tc\|x_1 - x_0\|^2.
\end{aligned}$$

注意到, 函数 $\varphi(t)$ 是自身导数的积分, 于是有

$$\begin{aligned}
\varphi(1) - \varphi(0) - \varphi'(0) &= \int_0^1 (\varphi'(t) - \varphi'(0))dt \\
&\geqslant c\|x_1 - x_0\|^2.
\end{aligned}$$

由函数 $\varphi(t)$ 的定义, 上式正是式 (3.4.2), 这说明 $f(x)$ 是强凸的. 类似地可以证明结论 (2). 定理得证.

第4章 集 值 分 析

集值分析是关于集值映射分析性质的研究, 包括集值映射的极限、连续性等, 是非光滑分析的重要内容. 所谓集值映射即为点到集合的映射, 它是实值函数和单值映射的推广. 由于非光滑函数的广义微分 (次微分) 是一个集值映射, 因此它的研究要借助集值分析的理论. 带有不确定因素以及切换策略等控制系统都可表示为微分包含的形式, 而微分包含的理论基础正是集值分析. 因此, 集值分析在最优化和控制理论中都有重要应用. 本章介绍集值分析的一些基本内容.

4.1 集合序列的极限

集合序列的极限有多种定义, 较常见的有上极限和下极限两种. 设 $S_k, k = 1, 2, \cdots$ 为度量空间 X 中子集, 集合序列 $\{S_k\}_1^\infty$ 的上极限为点列 $x_k \in S_k, k = 1, 2, \cdots$ 的聚点构成的集合, 下极限为点列 $x_k \in S_k, k = 1, 2, \cdots$ 的极限构成的集合, 严格的定义利用距离函数的上、下极限给出.

定义 4.1.1 设 X 为度量空间, $S_k \subset X, k = 1, 2, \cdots$, 集合序列 $\{S_k\}_1^\infty$ 的上极限记为 $\limsup\limits_{k \to \infty} S_k$, 下极限记为 $\liminf\limits_{k \to \infty} S_k$, 定义如下:

$$\limsup_{k \to \infty} S_k = \{x \in X | \liminf_{k \to \infty} d_{S_k}(x) = 0\},$$

$$\liminf_{k \to \infty} S_k = \{x \in X | \lim_{k \to \infty} d_{S_k}(x) = 0\}.$$

如果 $\{S_k\}_1^\infty$ 的上、下极限相等, 则称其为 $\{S_k\}_1^\infty$ 的极限, 记为 $\lim\limits_{k \to \infty} S_k$, 即

$$\lim_{k \to \infty} S_k = \limsup_{k \to \infty} S_k = \liminf_{k \to \infty} S_k.$$

在有些文献中, 集合序列上、下极限也被称为外、内极限. 注意到, 对于 $x \in X$, 如果 $\lim\limits_{k \to \infty} d_{S_k}(x) = 0$, 则一定有 $\liminf\limits_{k \to \infty} d_{S_k}(x) = 0$, 所以上、下极限之间有下述包含关系:

$$\liminf_{k \to \infty} S_k \subset \limsup_{k \to \infty} S_k.$$

由于 $d_S(x) = d_{\mathrm{cl}S}(x)$, 因此集合序列 $\{S_k\}_1^\infty$ 与集合序列 $\{\mathrm{cl}S_k\}_1^\infty$ 的上、下极限相同, 即

$$\limsup_{k \to \infty} S_k = \limsup_{k \to \infty} \mathrm{cl}S_k,$$

$$\liminf_{k\to\infty} S_k = \liminf_{k\to\infty} \mathrm{cl}S_k.$$

上述公式说明, 每个集合取闭包后对应的集合序列极限不变. 由定义不难验证, 集合的上、下极限均为闭集.

如果 $S_k = S, k = 1, 2, \cdots, \{S_k\}_1^\infty$ 称为常值集合序列, 常值集合序列 $\{S_k\}_1^\infty$ 的极限存在, 但其极限不是 S 本身, 而是 S 的闭包 $\mathrm{cl}S$, 也就是说 $\lim\limits_{k\to\infty} S = \mathrm{cl}\, S$.

从定义可以看出集合序列上、下极限也可以表示为

$$\limsup_{k\to\infty} S_k = \{x \in X | x \text{为} x_k \in X, k = 1, 2, \cdots \text{的聚点}\},$$

$$\liminf_{k\to\infty} S_k = \{x \in X | \lim_{k\to\infty} x_k = x, x_k \in S_k, k = 1, 2, \cdots\}.$$

根据上、下极限定义不难验证, 单减集合序列的极限总是存在的, 事实上如果 $S_{k+1} \subset S_k, k = 1, 2, \cdots$, 则 $\{S_k\}_1^\infty$ 的极限存在且有 $\lim\limits_{k\to\infty} S_k = \bigcap\limits_{k\geqslant 1} \mathrm{cl}S_k$.

单点集序列极限存在性等价于相应的点列极限存在性, 记单点集集合序列为 $S_k = \{x_k\}_1^\infty, k = 1, 2, \cdots$, 其中 $x_k \in X, k = 1, 2, \cdots$, 如果点列 $\{x_k\}_1^\infty$ 极限存在, 记 $\lim\limits_{k\to\infty} x_k = x$, 则集合序列 $\{S_k\}_1^\infty$ 的极限也存在且有 $\lim\limits_{k\to\infty} S_k = \{x\}$; 如果点列 $\{x_k\}_1^\infty$ 的极限不存在, 则集合序列 $\{S_k\}_1^\infty$ 的极限也不存在. 这一事实说明, 集合序列的极限确实是点列极限的推广.

例 4.1.1　考虑 R^2 上的集合序列:

$$S_k = \begin{cases} \left\{\dfrac{1}{k}\right\} \times [0,1], & k \text{为奇数}, \\[3mm] \left\{\dfrac{1}{k}\right\} \times [-1,0], & k \text{为偶数}. \end{cases}$$

根据上、下极限的定义得

$$\liminf_{k\to\infty} S_k = \{0\} \times \{0\}, \quad \limsup_{k\to\infty} S_k = \{0\} \times [-1,1].$$

例 4.1.2　设 X 为度量空间, $D_1, D_2 \subset X$ 为闭集且 $D_1 \neq D_2$, 考虑下述集合序列:

$$S_k = \begin{cases} D_1, & k \text{为奇数}, \\[2mm] D_2, & k \text{为偶数}. \end{cases}$$

根据上、下极限的定义, 可以验证

$$\liminf_{k\to\infty} S_k = D_1 \bigcap D_2, \quad \limsup_{k\to\infty} S_k = D_1 \bigcup D_2.$$

下述命题给出集合序列的交、并的上、下极限的一些性质, 其证明可由集合序列极限的定义直接得到.

命题 4.1.1 设 X 为度量空间, $P_k \subset X$, $Q_k \subset X$, $S_k^i \subset X$, $k = 1, 2, \cdots$, $i = 1, \cdots, m$, 则有

(1) $\lim\limits_{k\to\infty} \sup(P_k \bigcap Q_k) \subset (\lim\limits_{k\to\infty} \sup P_k) \bigcap (\lim\limits_{k\to\infty} \sup Q_k)$;

(2) $\lim\limits_{k\to\infty} \inf(P_k \bigcap Q_k) \subset (\lim\limits_{k\to\infty} \inf P_k) \bigcap (\lim\limits_{k\to\infty} \inf Q_k)$;

(3) $\lim\limits_{k\to\infty} \sup(P_k \bigcup Q_k) = (\lim\limits_{k\to\infty} \sup P_k) \bigcup (\lim\limits_{k\to\infty} \sup Q_k)$;

(4) $\lim\limits_{k\to\infty} \inf(P_k \bigcup Q_k) \supset (\lim\limits_{k\to\infty} \inf P_k) \bigcup (\lim\limits_{k\to\infty} \inf Q_k)$;

(5) $\lim\limits_{k\to\infty} \sup \left(\prod\limits_{i=1}^{m} S_k^i \right) \subset \prod\limits_{i=1}^{m} (\lim\limits_{k\to\infty} \sup S_k^i)$;

(6) $\lim\limits_{k\to\infty} \inf \left(\prod\limits_{i=1}^{m} S_k^i \right) = \prod\limits_{i=1}^{m} (\lim\limits_{k\to\infty} \inf S_k^i)$.

根据集合序列上、极限定义, 易得下述命题.

命题 4.1.2 设 X, Y 为度量空间, $S_k \subset X, k = 1, 2, \cdots$, $f(x)$ 为 X 到 Y 的单值连续映射, 记

$$f(S) = \{y \in Y | y = f(x), x \in S\},$$

则有

$$f(\lim\limits_{k\to\infty} \sup S_k) \subset \lim\limits_{k\to\infty} \sup f(S_k),$$

$$f(\lim\limits_{k\to\infty} \inf S_k) \subset \lim\limits_{k\to\infty} \inf f(S_k).$$

4.2 集 值 映 射

4.2.1 基本概念

集合序列 $\{S_k\}_1^\infty$ 可以看做自然数集 N 上的集值映射 $k \Rightarrow S_k$, 将定义域从自然数集 N 推广到一般的度量空间即得到集值映射的概念. 所谓集值映射就是将一个空间中的点映射到另外一个空间中的一个子集. 本节介绍集值映射及有关性质.

定义 4.2.1 设 X, Y 为度量空间, 如果对任意 $x \in X$, 存在 Y 中一个子集 $F(x)$ 与之对应, 称 $F(x)$ 为 X 到 Y 上的集值映射 (set-valued mapping), 集值映射 $F(x)$ 也记为 $x \Rightarrow F(x)$ 或 $F : X \Rightarrow Y$.

另一方面, 集值映射 $F(x)$ 也可由它在乘积空间 $X \times Y$ 中的图

$$\mathrm{Graph}(F) = \{(x, y) \in X \times Y \mid y \in F(x)\}$$

来唯一刻画, 这里的图 Graph (F) 被视为 $X \times Y$ 的子集, 不是 $X \times 2^Y$ 的子集. 如果集值映射的图非空, 即存在 $x \in X$, 使得 $F(x) \neq \varnothing$, $F(x)$ 称为非平凡的, 否则 $F(x)$ 称为平凡的.

集值映射 $F(x)$ 的域 $\mathrm{Dom}\,(F)$ 和像 $\mathrm{Im}\,(F)$ 定义如下:

$$\mathrm{Dom}\,(F) = \{\, x \in X \mid F(x) \neq \varnothing \,\},$$

$$\mathrm{Im}\,(F) = \bigcup_{x \in X} F(x).$$

设 $F(x)$ 为 X 到 Y 上的集值映射, $F(x)$ 的逆映射 $F^{-1}(y)$ 定义如下:

$$F^{-1}(y) = \{\, x \in X \mid y \in F(x) \,\}, \quad y \in Y.$$

逆映射 $F^{-1}(y)$ 为 Y 到 X 上的集值映射, 且有 $x \in F^{-1}(y)$ 等价于 $y \in F(x)$, 也等价于 $(x, y) \in \mathrm{Graph}\,(F)$.

下面讨论集值映射的一些运算.

设 $F(x), F_1(x), F_2(x)$ 为度量空间 X 到度量空间 Y 上的集值映射, λ 为常数, $F_1(x)$ 和 $F_2(x)$ 的交 $(F_1 \bigcap F_2)(x)$、并 $(F_1 \bigcup F_2)(x)$、和 $(F_1 + F_2)(x)$ 运算, 以及 $F(x)$ 的数乘 $\lambda F(x)$ 运算, 定义如下:

$$(F_1 \bigcap F_2)(x) = F_1(x) \bigcap F_2(x), \quad x \in X,$$

$$(F_1 \bigcup F_2)(x) = F_1(x) \bigcup F_2(x), \quad x \in X,$$

$$(F_1 + F_2)(x) = F_1(x) + F_2(x), \quad x \in X,$$

$$\lambda F(x) = \{\lambda y \mid y \in F(x)\}.$$

设 $F(x)$ 为度量空间 X 到度量空间 Y 上的集值映射, K 为 X 的子集, $F(x)$ 在 K 上的限制, 记为 $F|_K\,(x)$, 定义如下:

$$F|_K\,(x) = \begin{cases} F(x), & x \in K, \\ \varnothing, & x \notin K. \end{cases}$$

显然, $F|_K\,(x)$ 也是 X 到 Y 上的集值映射, 但它的域 $\mathrm{Dom}(F|_K)$ 要比 $F(x)$ 的域小, 即

$$\mathrm{Dom}(F|_K) \subset \mathrm{Dom}\,(F),$$

同时有 $\mathrm{Dom}(F|_K) \subset K$.

如果对每个 $x \in X$, 集合 $F(x)$ 是闭 (凸、有界、紧) 的, 称集值映射 $F(x)$ 为闭 (凸、有界、紧) 的.

定义 4.2.2 设 X, Y, Z 为度量空间, $F(x)$ 为 X 到 Y 上的集值映射, $G(y)$ 为 Y 到 Z 上的集值映射. 集值映射 $F(x)$ 和 $G(y)$ 的复合 $(F \circ G)(x)$(也称为简单乘积) 作为 X 到 Z 上的集值映射, 定义如下:

$$(F \circ G)(x) = \bigcup_{y \in F(x)} G(y);$$

集值映射 $F(x)$ 和 $G(y)$ 的平方积 $(F \square G)(x)$ 为 X 到 Z 上的集值映射, 定义如下:

$$(F \square G)(x) = \bigcap_{y \in F(x)} G(y).$$

例 4.2.1 设 $f_i(x), i = 1, \cdots, m$ 为 R^n 上的实函数, 则 $F(x) = (f_1(x), \cdots, f_m(x))^{\mathrm{T}}$ 为 R^n 到 R^m 上的映射, 对每一组参数向量 $u = (u_1, \cdots, u_m)^{\mathrm{T}} \in \mathrm{R}^m$, $F(x)$ 的逆映射 $F^{-1}(u)$ 是方程组:

$$f_i(x) = u_i, \quad i = 1, \cdots, m \tag{4.2.1}$$

的解集. 对于箱体集 $D = D_1 \times \cdots \times D_m \subset \mathrm{R}^m$, $F^{-1}(D)$ 为所有满足下面约束的向量:

$$f_i(x) \in D_i, \quad i = 1, \cdots, m. \tag{4.2.2}$$

式 (4.2.2) 也称为广义方程, 特别当 $D_i, i = 1, \cdots, m$ 为单点集时, 式 (4.2.2) 退化为通常的方程组 (4.2.1).

4.2.2 集值映射的半连续性

下面讨论集值映射的连续性. 一般来讲, 集值映射不再具有类似于单值映射 $f(x) \to f(x_0) \ (x \to x_0)$ 那样好的连续性质, 退一步, 作为单值映射连续性的推广, 引入上半连续和下半连续的概念.

定义 4.2.3 设 X, Y 为度量空间, $F(x)$ 为 X 到 Y 上的集值映射, $x_0 \in \mathrm{Dom}(F)$, 如果对任意 $F(x_0)$ 的邻域 U, 都存在 $\delta > 0$, 使得

$$F(x) \subset U, \quad \forall x \in B(x_0, \delta),$$

称 $F(x)$ 在点 x_0 是上半连续的 (upper-semicontinuous). 如果 $F(x)$ 在 $\mathrm{Dom}(F)$ 中每一点都是上半连续的, 称 $F(x)$ 在 X 上是上半连续的.

定义 4.2.4 设 X, Y 为度量空间, $F(x)$ 为 X 到 Y 上的集值映射, $x_0 \in \mathrm{Dom}(F)$, 如果对任意 $y_0 \in F(x_0)$ 和 $\mathrm{Dom}(F)$ 中满足 $x_k \to x_0(k \to \infty)$ 的点列 $\{x_k\}_1^\infty$, 都存在 Y 中的点列 $\{y_k\}_1^\infty$, 使得 $y_k \to y_0(k \to \infty)$, 则称 $F(x)$ 在点 x_0 是下半连续的 (lower-semicontinuous). 如果 $F(x)$ 在 $\mathrm{Dom}(F)$ 中每一点都下半连续, 则称 $F(x)$ 在 X 中下半连续.

定义 4.2.5　设 X, Y 为度量空间, 如果 X 到 Y 上的集值映射 $F(x)$ 既是上半连续的又是下半连续的, 则称 $F(x)$ 是连续的, 或称 Hausdorff 连续的.

如果 $F(x)$ 为紧集, 上半连续和下半连续可以表述: 设 X, Y 为度量空间, $F(x)$ 为 X 到 Y 上的集值映射, $x_0 \in \mathrm{Dom}(F)$, 如果对任意 $\varepsilon > 0$, 存在常数 δ, 使得

$$F(x) \subset F(x_0) + B(0, \varepsilon), \quad \forall x \in B(x_0, \delta),$$

则称集值映射 $F(x)$ 在点 x_0 是上半连续的; 如果对任意 $\varepsilon > 0$, 存在常数 δ, 使得

$$F(x_0) \subset F(x) + B(0, \varepsilon), \quad \forall x \in B(x_0, \delta),$$

则称集值映射 $F(x)$ 在点 x_0 是下半连续的.

集值映射的 Hausdorff 连续是单值映射连续性的直接推广, 但一般来讲常见的集值映射不具有 Hausdorff 连续这样好的性质. 对于单点集序列 $F(x) = \{f(x)\}$, 其中 $f(x)$ 为单值函数, 则 $F(x)$ 的 Hausdorff 连续性等价于 $f(x)$ 的连续性.

例 4.2.2　考虑 R 到 R 上的集值映射:

$$F(x) = \begin{cases} \{0\}, & x \neq 0, \\ [-1, 1], & x = 0. \end{cases}$$

不难验证, $F(x)$ 在点 $x = 0$ 是上半连续的, 但不是下半连续的.

例 4.2.3　考虑 R 到 R 上的集值映射:

$$F(x) = \begin{cases} [-1, 1], & x \neq 0, \\ \{0\}, & x = 0. \end{cases}$$

不难验证, $F(x)$ 在点 $x = 0$ 是下半连续的, 但不是上半连续的.

集值映射的 Hausdorff 连续也可通过两个集合的 Hausdorff 距离来定义. 设 X 为度量空间, $A, B \subset X$, 集合 A, B 的 Hausdorff 距离, 记为 $d_H(A, B)$, 定义如下:

$$d_H(A, B) = \max\{\sup_{a \in A} \inf_{b \in B} \|a - b\|, \inf_{b \in B} \sup_{a \in A} \|b - a\|\}.$$

Hausdorff 连续定义为: 设 X, Y 为度量空间, $F(x)$ 为 X 到 Y 上的集值映射, $x_0 \in \mathrm{Dom}(F)$, 如果对任意 $\varepsilon > 0$, 存在常数 δ, 使得

$$d_H(F(x), F(x_0)) < \varepsilon, \quad \forall x \in B(x_0, \delta),$$

称 $F(x)$ 在点 x_0 是 Hausdorff 连续的.

定义 4.2.6 设 X, Y 为度量空间, $F(x)$ 为 X 到 Y 上的集值映射, 给定 $x \in X$, 如果存在常数 L 和 x 的邻域 U, 使得

$$F(x_1) \subset F(x_2) + L \|x_1 - x_2\| B(0, 1), \quad \forall x_1, x_2 \in U,$$

则称 $F(x)$ 在点 x 附近是 Lipschitz 连续的.

由于集值映射的极限比较复杂, 前面讨论的集值映射连续性 (上半连续、下半连续) 定义中并没有直接利用集值映射极限的概念, 而是直接给出定义. 下面介绍集值映射的极限, 它是利用距离函数的极限来定义的, 分为上极限和下极限两种.

定义 4.2.7 设 X, Y 为度量空间, $F(x)$ 为 X 到 Y 上的集值映射, $F(x)$ 在点 x_0 的上极限 (limit superior), 记为 $\lim\limits_{x \to x_0} \sup F(x)$, 下极限 (limit inferior), 记为 $\lim\limits_{x \to x_0} \inf F(x)$, 定义如下:

$$\lim_{x \to x_0} \sup F(x) = \{y \in Y| \lim_{x \to x_0} \inf d_{F(x)}(y) = 0\},$$

$$\lim_{x \to x_0} \inf F(x) = \{y \in Y| \lim_{x \to x_0} d_{F(x)}(y) = 0\},$$

此处 $x \to x_0$ 的含义是 $x \in \text{Dom}(F)$ 且 x 趋向于 x_0.

显然, 集值映射的上、下极限均为闭集, 且有

$$\lim_{x \to x_0} \inf F(x) \subset \text{cl}F(x_0) \subset \lim_{x \to x_0} \sup F(x).$$

定理 4.2.1 设 X, Y 为度量空间, $U(x)$ 为 X 到 X 上的集值映射, $f(x, u)$ 为 Graph (U) 到 Y 上的连续单值映射, 定义 X 到 Y 上的集值映射

$$F(x) = \{f(x, u)|u \in U(x)\},$$

则下述结论成立:

(1) 如果集值映射 $U(x)$ 是下半连续的, 则集值映射 $F(x)$ 也是下半连续的;

(2) 如果集值映射 $U(x)$ 是上半连续的且取紧值, 则集值映射 $F(x)$ 也是上半连续的.

证明 设集值映射 $U(x)$ 在点 $x \in \text{Dom}(F)$ 是下半连续的. 考虑 $x_k \in \text{Dom}(F)$, $k = 1, 2, \cdots$, 且 $x_k \to x$, $y = f(x, u) \in F(x)$, 其中 $u \in U(x)$. 由于 $U(x)$ 在点 x 是下半连续的, 故存在 $u_k \in U(x_k), k = 1, 2, \cdots$, 使得 $u_k \to u$, 再根据 $f(x, u)$ 的连续性, 有

$$y_k = f(x_k, u_k) \to f(x, u),$$

注意到

$$y_k = f(x_k, u_k) \in F(x_k),$$

根据下半连续的定义, $F(x)$ 在点 x 也是下半连续的. 结论 (1) 得证.

设集值映射 $U(x)$ 在点 $x \in \mathrm{Dom}\,(U)$ 是上半连续的. 给定 $\varepsilon > 0$, 考虑 $F(x)$ 的邻域 $F(x) + B(0, \varepsilon)$. 注意到, 对于 $u \in U(x)$, $F(x) + B(0, \varepsilon)$ 是每一个 $f(x, u)$ 的邻域, 再考虑到 $f(x, u)$ 是连续的, 则存在 $\eta_u > 0, \delta_u > 0$, 使得

$$f(x', u') \in F(x) + B(0, \varepsilon), \quad \forall (x', u') \in \mathrm{Graph}\,(U) \bigcap (B(x, \eta_u) \times B(u, \delta_u)).$$

因为集合 $U(x)$ 是紧的, 根据有限覆盖定理, 它可被有限个 $B(x_i, \delta_{u_i}), i = 1, \cdots, p$ 所覆盖, 再由 $U(x)$ 的上半连续性, 存在 $\eta_0 > 0$, 使得

$$U(x') \in \bigcup_{i=1}^{p} B(u_i, \delta_{u_i}), \quad \forall x' \in B(x, \eta_0).$$

令 $\eta = \min\{\eta_0, \min\limits_{1 \leqslant i \leqslant p} \eta_{u_i}\}$, 显然 $\eta > 0$, 于是

$$F(x') \subset F(x) + B(0, \varepsilon), \quad \forall x' \in B(x, \eta),$$

这说明 $F(x)$ 在点 x 是上半连续的. 结论 (2) 成立. 定理得证.

下述定理建立了集值映射与上确界函数之间连续性的关系.

定理 4.2.2　设 X, Y 为度量空间, $F(x)$ 为 X 到 Y 上的集值映射, $f(x, y)$ 为 $\mathrm{Graph}\,(F)$ 到 R 上的函数, 令

$$g(x) = \sup_{y \in F(x)} f(x, y),$$

则下述结论成立:

(1) 如果 $f(x, y)$ 和 $F(x)$ 是下半连续的, 则 $g(x)$ 也是下半连续的;

(2) 如果 $f(x, y)$ 和 $F(x)$ 是上半连续的, 且 $F(x)$ 取紧值, 则 $g(x)$ 是上半连续的.

证明　设 $f(x, y)$ 和 $F(x)$ 是下半连续的. 对于 $x \in X$ 和满足 $x_k \to x$ 的点列 $\{x_k\}_1^\infty$ 及固定的常数 $\lambda < g(x)$, 选取 $y \in F(x)$ 使得 $\lambda \leqslant f(x, y)$. 根据 $F(x)$ 的下半连续性, 存在 $y_k \in F(x_k)$, 使得 $y_k \to y$. 由于 $f(x_k, y_k) \leqslant g(x_k)$, 根据函数 $f(x, y)$ 的下半连续性, 有

$$\lambda \leqslant f(x, y)$$
$$\leqslant \liminf_{k \to \infty} f(x_k, y_k)$$
$$\leqslant \liminf_{k \to \infty} g(x_k). \tag{4.2.3}$$

再根据 λ 的任意性, 令 $\lambda \to g(x)$, 由式 (4.2.3) 得

$$g(x) \leqslant \liminf_{k \to \infty} g(x_k),$$

这说明 $g(x)$ 是下半连续的. 结论 (1) 得证.

设 $f(x,y)$ 和 $F(x)$ 是上半连续的. 给定 $x \in X$ 和 $\varepsilon > 0$, 因为 $f(x,y)$ 是上半连续的, 对 $y \in F(x)$ 的任何开邻域 $V(y)$ 和 x 的开邻域 $U_y(x)$, 有

$$f(u,v) \leqslant f(x,y) + \varepsilon, \quad \forall u \in U_y(x), v \in V(y). \tag{4.2.4}$$

因为 $F(x)$ 是紧集, 根据有限覆盖定理, 它可以被有限个集合 $V(y_i), i = 1, \cdots, p$ 所覆盖, 这些 $V(y_i), i = 1, \cdots, p$ 形成 $F(x)$ 的一个邻域. 由于 $F(x)$ 是上半连续的, 所以存在邻域 $U_0(x)$, 使得

$$F(x') \subset \bigcup_{i=1}^{p} V(y_i), \quad \forall x' \in U_0(x).$$

对邻域

$$U_1(x) = U_0(x) \bigcap \left(\bigcap_{i=1}^{p} U_{y_i}(x) \right)$$

中的 u 利用式 (4.2.4), 有

$$f(u,v) \leqslant \sup_{1 \leqslant i \leqslant p} f(x,y_i) + \varepsilon \leqslant g(x) + \varepsilon, \quad \forall u \in U_1(x), v \in F(u),$$

于是有

$$g(u) \leqslant g(x) + \varepsilon, \quad \forall u \in U_1(x).$$

结论 (2) 得证. 定理得证.

推论 4.2.1 设 X, Y 为度量空间, $F(x)$ 为 X 到 Y 上的集值映射, 如果 $F(x)$ 是下半连续的, 则函数 $g(x,y) = d_{F(x)}(y)$ 是下半连续的; 如果对每个 $x \in X$, $F(x)$ 为紧集, 又集值映射 $F(x)$ 是上半连续的, 则函数

$$g(x,y) = d_{F(x)}(y)$$

是上半连续的.

推论 4.2.2 设 X, Y 为有限维空间, $F(x)$ 为 X 到 Y 上的集值映射, 如果 $F(x)$ 是上半连续的, 每个 $F(x)$ 是紧集, 则支撑函数

$$\delta_{F(x)}^*(y) = \max_{s \in F(x)} s^{\mathrm{T}} y$$

是上半连续的.

后面章节将介绍, 凸函数的方向导数是次微分的支撑函数, Lipschitz 函数的广义方向导数是广义梯度的支撑函数, 利用推论 4.2.2, 由次微分和广义梯度的上半连续性, 可得到方向导数和广义方向导数的上半连续性.

定义 4.2.8   设 X, Y 为度量空间, $F(x)$ 为 X 到 Y 上的集值映射, 如果对任意 x_1, $x_2 \in X$, 有

$$(y_2 - y_1)^{\mathrm{T}}(x_2 - x_1) \geqslant 0, \quad \forall y_1 \in F(x_1), y_2 \in F(x_2),$$

则称 $F(x)$ 在点 x 是单调的 (monotone); 如果对任意 x_1, $x_2 \in X$, 有

$$(y_2 - y_1)^{\mathrm{T}}(x_2 - x_1) > 0, \quad \forall y_1 \in F(x_1), y_2 \in F(x_2),$$

则称 $F(x)$ 在点 x 是严格单调的 (strictly monotone); 如果存在常数 $c > 0$, 使得对任意 x_1, $x_2 \in X$, 有

$$(y_2 - y_1)^{\mathrm{T}}(x_2 - x_1) \geqslant c\|x_2 - x_1\|^2, \quad \forall y_1 \in F(x_1), y_2 \in F(x_2),$$

则称 $F(x)$ 在点 x 是强单调的 (strongly monotone).

集值映射的单调性是函数单调性的推广, 以后章节介绍的凸函数次微分作为集值映射是单调的.

例 4.2.4   考虑 R 到 R 上的集值映射:

$$F_1(x) = \begin{cases} \{-1\}, & x < 0, \\ [-1, 1], & x = 0, \\ \{1\}, & x > 0, \end{cases}$$

$$F_2(x) = \begin{cases} \varnothing, & x < 0, \\ [-\infty, 0], & x = 0, \\ \{x^2\}, & x > 0, \end{cases}$$

$$F_3(x) = \begin{cases} \varnothing, & x < 0, \\ [-\infty, 0], & x = 0, \\ \{x\}, & x > 0. \end{cases}$$

根据定义 4.2.8 不难验证, $F_1(x)$ 是单调的, $F_2(x)$ 是严格单调的, $F_3(x)$ 是强单调的.

第 5 章　集合的切锥和法锥

切锥和法锥刻画集合在一点附近的几何特征, 当集合边界为光滑曲面时, 它们分别为通常的切平面和法向量. 切锥和法锥都是凸分析、非光滑分析中的基本概念, 在最优性条件的建立中发挥重要作用, 同时与各种广义微分有直接联系. 本章对切锥和法锥的基本性质做简要的介绍.

5.1　切锥的基本性质

切方向是光滑曲面切平面到非光滑曲面的推广. 对于非光滑情形, 切方向不再唯一, 所有切方向形成一个锥, 称为切锥(tangent cone). 在几何上, 切锥可用来在一点附近逼近一个集合; 在最优化理论中, 切锥用来描述和确定约束区域的可行方向.

5.1.1　Bouligand 切锥

在非光滑分析中, 有多种切锥, 本节主要介绍一种最常见的切锥, 称为 Bouligand 切锥(Bouligand tangent cone).

设 $S \subset \mathrm{R}^n$, 给定其边界上的点 $x \in S$, 如果方向 $d \in \mathrm{R}^n$ 使得射线 $x + td$, $t \geqslant 0$ 上的点当 t 较小时离集合 S 比较近, 方向 d 就是要寻找的切方向. 换句话讲, 当 t 趋向于 0 时, 距离函数 $d_S(x + td)$ 比较快地趋向于 0, 因此一个较合理的要求是 $\dfrac{1}{t} d_s(x + td)$ 趋向于 0. 一般情况下, $\dfrac{1}{t} d_s(x + td)$ 的极限不存在, 退一步考虑它的上、下极限或其他极限, 要求其趋向于 0, 从而产生了多种切方向定义.

定义 5.1.1　设 $S \subset \mathrm{R}^n$ 非空, S 在点 $x \in S$ 的切锥 $T_S(x)$ 定义如下:

$$T_S(x) = \left\{ d \in \mathrm{R}^n \,\middle|\, \lim_{t \to 0^+} \inf \frac{1}{t} d_s(x + td) = 0 \right\}, \tag{5.1.1}$$

其中 $T_S(x)$ 中的每个向量称为集合 S 在点 x 的切向量.

后面将证明式 (5.1.1) 所定义的集合 $T_S(x)$ 确实是锥, 并且是闭锥 (图 5.1.1). 上述定义的切锥也称为 Bouligand 切锥, 为与其他切锥区别, Bouligand 切锥有时也记为 $T_S^B(x)$. 当集合 S 的边界为光滑曲面时, 切锥退化为通常的切平面所形成的半空间.

当 x 为集合 S 内点时, 切锥 $T_S(x)$ 为全空间. 当然, 也存在边界点其切锥为全空间的例子. 切锥是集合的局部概念, 当两个集合在一点附近完全重合时, 它们在这一点的切锥也完全相同.

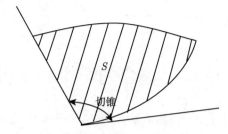

图 5.1.1   集合的切锥

定理 5.1.1   设 $S \subset \mathrm{R}^n$ 非空, 则集合 S 在点 $x \in S$ 的 Bouligand 切锥可等价地表示为下述形式:

$$T_S(x) = \{d \in \mathrm{R}^n | x + t_k d_k \in S, \ k = 1, \cdots, \ d_k \to d, \ t_k \to 0^+\}. \tag{5.1.2}$$

证明   为简单起见, 考虑 S 为闭集. 设 $d \in T_S(x)$, 由于

$$\lim_{t \to 0^+} \inf \frac{1}{t} d_s(x + td) = 0,$$

则存在 $t_k > 0, k = 1, \cdots,$ 使得

$$\lim_{t_k \to 0^+} \frac{1}{t_k} d_s(x + t_k d) = 0,$$

于是

$$d_s(x + t_k d) = o(t_k).$$

根据距离函数的定义和集合 S 的闭性, 存在 $x_k \in S, k = 1, \cdots,$ 使得

$$d_s(x + t_k d) = ||x + t_k d - x_k||, \quad k = 1, \cdots,$$

于是

$$x + t_k d - x_k = o(t_k), \quad k = 1, \cdots,$$

进而有

$$\begin{aligned} x_k &= x + t_k d + o(t_k) \\ &= x + t_k(d + o(1)), \quad k = 1, \cdots. \end{aligned}$$

记 $d_k = d + o(1), k = 1, \cdots,$ 易见

$$d_k \to d, \quad x + t_k d_k = x_k \in S, \quad k = 1, \cdots,$$

故

$$d \in \{d \in \mathrm{R}^n | x + t_k d_k \in S, \ k = 1, \cdots, \ d_k \to d, \ t_k \to 0^+\}.$$

另一方面, 设

$$d \in \{d \in \mathrm{R}^n | x + t_k d_k \in S, \ k = 1, \cdots, \ d_k \to d, \ t_k \to 0^+\},$$

将上式中的 $t_k, k = 1, \cdots$ 代入 $\frac{1}{t} d_s(x + td)$ 中, 记 $x_k = x + t_k d_k$, 注意到 $x + t_k d_k = x_k \in S$, 则有

$$\begin{aligned}
0 &\leqslant \frac{1}{t_k} d_s(x + t_k d) \\
&\leqslant \frac{1}{t_k} \|x + t_k d - x_k\| \\
&= \frac{1}{t_k} \|t_k d - t_k d_k\| \\
&= \|d - d_k\| \to 0,
\end{aligned}$$

于是

$$\lim_{t_k \to 0} \frac{1}{t_k} d_s(x + t_k d) = 0.$$

因为距离函数是非负的, 所以有

$$\begin{aligned}
0 &\leqslant \lim_{t \to 0^+} \inf \frac{1}{t} d_s(x + td) \\
&\leqslant \lim_{t_k \to 0} \frac{1}{t_k} d_s(x + t_k d) = 0,
\end{aligned}$$

这意味着

$$\lim_{t \to 0^+} \inf \frac{1}{t} d_s(x + td) = 0,$$

故 $d \in T_S(x)$. 综合以上讨论, 式 (5.1.2) 成立. 定理得证.

式 (5.1.2) 给出的表达式也可视为 Bouligand 切锥的一个等价定义, 事实上有些文献就直接利用式 (5.1.2) 作为 Bouligand 切锥的定义.

定理 5.1.2 设 $S \subset \mathrm{R}^n$ 非空, 给定点 $x \in S$, 式 (5.1.1) 定义的集合 $T_S(x)$ 是闭锥.

证明 首先证明 $T_S(x)$ 为闭集. 设

$$d_i \in T_S(x), \quad i = 1, \cdots, d_i \to d(i \to \infty),$$

只需证明 $d \in T_S(x)$. 给定 $\varepsilon > 0$, 由于 $d_i \to d(i \to \infty)$, 则存在正整数 i_0, 使得

$$\|d - d_i\| < \frac{1}{2}\varepsilon, \quad \forall i \geqslant i_0.$$

由于 $d_i \in T_S(x), i = 1, \cdots$, 根据定理 5.1.1, 对每个指标 i, 存在

$$d_{ij} \in \mathrm{R}^n, \quad j = 1, \cdots, t_{ij} > 0, j = 1, \cdots,$$

使得

$$d_{ij} \to d_i(j \to \infty), \quad t_{ij} \to 0^+(j \to \infty), \quad x + t_{ij}d_{ij} \in S, \quad j = 1, \cdots.$$

于是, 存在指标 j_i^1 和 j_i^2, 使得

$$\|d_i - d_{ij}\| < \frac{1}{2}\varepsilon, \quad \forall j \geqslant j_i^1,$$

$$|t_{ij}| < \frac{1}{i}, \quad \forall j \geqslant j_i^2,$$

令 $\tilde{j}_i = \max\{j_i^1, j_i^2\}$, 则有 $t_{i\tilde{j}_i} \to 0^+(i \to \infty)$, 且当 $i \geqslant i_0$ 时, 有

$$\|d - d_{i\tilde{j}_i}\| \leqslant \|d - d_i\| + \|d_i - d_{i\tilde{j}_i}\|$$

$$\leqslant \frac{1}{2}\varepsilon + \frac{1}{2}\varepsilon = \varepsilon. \tag{5.1.3}$$

式 (5.1.3) 说明 $d_{i\tilde{j}_i} \to d$, 又 $t_{i\tilde{j}_i} \to 0^+(i \to \infty)$, $x + t_{i\tilde{j}_i}d_{i\tilde{j}_i} \in S$, 根据定理 5.1.1, $d \in T_S(x)$, 即 $T_S(x)$ 是闭集.

设 $d \in T_S(x)$, $\lambda > 0$, 根据定义 5.1.1 有

$$0 = \lim_{t \to 0^+} \inf \frac{1}{t}d_s(x + td)$$

$$= \lim_{t \to 0^+} \inf \frac{1}{t\lambda}d_s(x + t\lambda d) \ (\diamondsuit t = t\lambda)$$

$$= \frac{1}{\lambda} \lim_{t \to 0^+} \inf \frac{1}{t}d_s(x + t\lambda d).$$

于是

$$\lim_{t \to 0^+} \inf \frac{1}{t}d_s(x + t\lambda d) = 0,$$

这说明 $\lambda d \in T_S(x)$, 故集合 $T_S(x)$ 是锥. 定理得证.

5.1.2　可行方向锥

可行方向是约束优化中的重要概念之一, 全体可行方向形成一个锥.

定义 5.1.2　设 $S \subset \mathrm{R}^n$, 给定点 $x \in S$ 和方向 $d \in \mathrm{R}^n$, 如果存在常数 $T_d > 0$(其中 T_d 依赖于 d), 使得 $x + td \in S, \forall \, 0 \leqslant t \leqslant T_d$, 则称 d 为集合 S 在点 x 的可行方向, 所有可行方向形成的集合

$$T_S^F(x) = \{d \in \mathrm{R}^n \,|\, 对每个 \, d \, 存在 T_d > 0, 使得 \, x + td \in S, \forall \, 0 \leqslant t \leqslant T_d\},$$

称为集合 S 在点 x 的可行方向锥.

不难验证 $T_S^F(x)$ 是一个锥, 同时可行方向锥包含在 Bouligand 切锥中, 即

$$T_S^F(x) \subset T_S^B(x).$$

上式说明可行方向一定是切方向, 切方向是可行方向的一种推广, 是一种广义的可行方向.

5.2 法方向与法锥

法锥的定义有两种方法: 一种方法是基于切平面与法向量垂直的几何现象, 利用极锥的概念, 将切锥的极锥定义为法锥; 另一种方法是直接定义法向量, 所有法向量形成的锥称为法锥 (normal cone).

5.2.1 极锥与法锥

利用 Bouligand 切锥, 有如下的法锥概念.

定义 5.2.1 设 $S \subset \mathrm{R}^n$ 非空, 集合 S 在点 $x \in S$ 的法锥 $N_S(x)$ 定义如下:

$$N_S(x) = \{d \in \mathrm{R}^n | d^{\mathrm{T}} y \leqslant 0, y \in T_S^B(x)\}, \tag{5.2.1}$$

法锥 $N_S(x)$ 中的每个向量称为法向量.

根据极锥的性质, 法锥是闭凸锥 (图 5.2.1). 当 S 边界为光滑曲面时, 式 (5.2.1) 定义的法锥退化为通常的法方向. 当点 x 为集合 S 的内点时, 法锥 $N_S(x)$ 为空集.

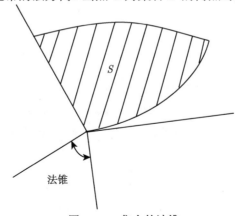

图 5.2.1 集合的法锥

定理 5.2.1 设 $S \subset \mathrm{R}^n$, $x \in S$, 则 $T_S(x) \bigcap N_S(x) = \{0\}$, 进一步存在 $\delta > 0$, 使得

$$S \bigcap \{\{x\} + N_S(x)\} \bigcap B(x, \delta) = \{x\}. \tag{5.2.2}$$

证明 设 $d \in T_S(x) \bigcap N_S(x)$, 根据法锥的定义有 $d^{\mathrm{T}} d \leqslant 0$, 于是 $d = 0$, 故 $T_S(x) \bigcap N_S(x) = \{0\}$. 下面用反证法证明式 (5.2.2). 假设式 (5.2.2) 不成立, 则存在 $d_i \in N_S(x), i = 1, \cdots,$ 满足 $x + d_i \in S, i = 1, \cdots, d_i \to 0$, 注意到 $\left\{\frac{1}{||d_i||} d_i\right\}_1^\infty$ 有界, 因此存在收敛的子列, 不妨假设为其自身, 记为 $\frac{1}{||d_i||} d_i \to \tilde{d}$. 由于 $d_i \in N_S(x), i =$

$1, \cdots$, 故

$$\frac{1}{||d_i||} d_i \in N_S(x), \quad i = 1, \cdots,$$

又 $N_S(x)$ 为闭集, 于是 $\tilde{d} \in N_S(x)$. 由于 $x + d_i \in S, i = 1, \cdots$, 所以

$$x + ||d_i|| \frac{d_i}{||d_i||} \in S, \quad i = 1, \cdots,$$

又 $||d_i|| \to 0$, $\frac{1}{||d_i||} d_i \to \tilde{d}$, 根据切锥的性质, 有 $\tilde{d} \in N_S(x)$, 这说明 $\tilde{d} \in T_S(x) \bigcap N_S(x)$, 于是 $\tilde{d} = 0$ 与 $\tilde{d}$ 为单位向量矛盾, 式 (5.2.2) 成立. 定理得证.

式 (5.2.2) 说明对于法锥中的任意非零向量 d, 当 $\delta > 0$ 充分小时, $x + \delta d \notin S$, 即 d 是在点 x 离开集合 S 的方向.

切锥和法锥可以用来刻画约束优化最优点的性质, 为简单起见, 在下述定理中限定目标函数为光滑函数.

定理 5.2.2　假设 $f(x)$ 为 R^n 上的连续可微函数, $S \subset \mathrm{R}^n$, 如果 $x \in S$ 是下述优化问题的最优点:

$$\min f(x) \tag{5.2.3}$$
$$\text{s.t. } x \in S,$$

则有

$$f'(x; d) \geqslant 0, \quad \forall d \in T_S(x), \tag{5.2.4}$$
$$-\nabla f(x) \in N_S(x). \tag{5.2.5}$$

证明　对任意 $d \in T_S(x)$, 根据切锥的性质, 存在 $t_k > 0, d_k \in \mathrm{R}^n, k = 1, \cdots$, 使得

$$x + t_k d_k \in S, \quad k = 1, \cdots, d_k \to d, \ t_k \to 0^+.$$

由于 x 是问题 (5.2.3) 的最优点, 则有

$$f(x + t_k d_k) - f(x) \geqslant 0, \quad k = 1, \cdots.$$

上式两边同时除以 t_k 并令 $t_k \to 0^+$, 根据 $f(x)$ 的连续可微性, 有 $f'(x; d) \geqslant 0$, 即式 (5.2.4) 成立.

$f(x)$ 是连续可微的, 因此式 (5.2.4) 可等价地表示为

$$\nabla f(x)^{\mathrm{T}} d \geqslant 0, \quad \forall d \in T_S(x),$$

亦

$$(-\nabla f(x))^{\mathrm{T}} d \leqslant 0, \quad \forall d \in T_S(x),$$

再根据法锥定义式 (5.2.5) 成立. 命题得证.

5.2.2 近似法锥

下面介绍近似法向量以及相应的近似法锥.

一点的法方向是该点离开集合最快的方向. 考虑集合 S 中的点 x, 为使射线 $x + td$(其中 d 为方向, $t > 0$) 离开集合尽可能得快, 注意到点 $x + td$ 与点 x 的距离为 $t||d||$, 因此点 $x + td$ 与集合 S 的距离不大于 $t||d||$. 如果要求

$$d_S(x + td) = t||d||,$$

则方向 d 符合法方向的要求. 下面利用距离函数建立近似法锥的概念.

定义 5.2.2 设 $S \subset \mathrm{R}^n$, $x \in S$, 集合 S 在点 x 的近似法锥(proximal normal cone)$N_S^p(x)$ 定义如下:

$$N_S^p(x) = \{d \in \mathrm{R}^n \,|\, \text{存在}t > 0\text{使得}d_S(x + td) = t||d||\} ,$$

$N_S^p(x)$ 中所有的向量称为近似法向量(proximal normal).

定理 5.2.3 设 $S \subset \mathrm{R}^n$, $x \in S$, 则 $d \in N_S^p(x)$ 的充要条件是存在 $\sigma = \sigma(x, d) \geqslant 0$, 使得

$$(y - x)^{\mathrm{T}} d \leqslant \sigma ||y - x||^2, \quad \forall y \in S. \tag{5.2.6}$$

5.3 切锥的计算

对于一般形式的集合, 切锥和法锥的解析表达式很难得到, 本节讨论由等式和不等式表示的集合的切锥和法锥表达式, 这些表达式可直接应用于非光滑优化最优性条件的建立.

设 $g_i(x)$, $i = 1, \cdots, m$ 是 R^n 上的连续可微函数, 考虑下述集合:

$$D = \{x \in \mathrm{R}^n | g_i(x) \leqslant 0, \ i = 1, \cdots, m\}. \tag{5.3.1}$$

定义指标集

$$I(x) = \{i \in \{1, \cdots, m\} \,|\, g_i(x) = 0\} ,$$

如果 $I(x)$ 为空集, 则 x 为 D 的内点; 如果 $I(x)$ 非空, $g_i(x) \leqslant 0$, 则 $i \in I(x)$ 为在点 x 的紧约束.

切锥 $T_D(x)$ 满足下述关系:

$$T_D(x) \subset \{d \in \mathrm{R}^n | \nabla g_i(x)^{\mathrm{T}} d \leqslant 0, \ i \in I(x)\}, \quad x \in D. \tag{5.3.2}$$

下面给出关系式 (5.3.2) 的证明. 用反证法, 给定 $x \in D$, 假设式 (5.3.2) 不成立, 则存在 $d \in T_D(x)$ 和 $i_0 \in I(x)$ 使得 $\nabla g_{i_0}(x)^{\mathrm{T}} d > 0$. 根据定理 5.1.1 给出的切锥 $T_D(x)$

的表达式, 存在 $t_k > 0, d_k, k = 1, \cdots,$ 满足

$$d_k \to d, \quad x + t_k d_k \in D, \ t_k \to 0^+.$$

注意到, $\nabla g_{i_0}(x)^{\mathrm{T}} d > 0$ 和 $g_{i_0}(x) = 0$ 表明, 当 $t_k > 0$ 充分小时, $g_{i_0}(x + t_k d) > 0$, 于是 $x + t_k d \notin D$, 这与当 $\|d - d_k\|$ 很小时 $x + t_k d_k \in D$ 矛盾, 式 (5.3.2) 得证.

一般情况下, 式 (5.3.2) 只是一种包含关系, 下述定理说明在一定假设条件下关系式 (5.3.2) 可成为等式关系, 从而给出切锥 $T_D(x)$ 的一个解析表达式.

定理 5.3.1   设 $x \in D$, 如果存在 $d_0 \in \mathrm{R}^n$, 使得 $\nabla g_i(x)^{\mathrm{T}} d_0 < 0, \ i \in I(x)$, 则式 (5.3.1) 给出的集合 D 在点 x 的切锥有下述形式:

$$T_D(x) = \{d \in \mathrm{R}^n | \nabla g_i(x)^{\mathrm{T}} d \leqslant 0, \ i \in I(x)\}. \tag{5.3.3}$$

证明   只需证明满足关系式 $\nabla g_i(x)^{\mathrm{T}} d \leqslant 0, \ i \in I(x)$ 的 d 必有 $d \in T_D(x)$. 对任意 $i \in \{1, \cdots, m\} \backslash I(x)$, 有 $g_i(x) < 0$, 于是存在 $T > 0$, 使得

$$g_i(x + \lambda d) \leqslant 0, \quad \forall i \in \{1, \cdots, m\} \backslash I(x), \lambda \in [0, T].$$

给定满足 $\nabla g_i(x)^{\mathrm{T}} d \leqslant 0, \ i \in I(x)$ 的 d. 首先考虑 $\nabla g_i(x)^{\mathrm{T}} d < 0, \ i \in I(x)$ 的情形, 这时有

$$\begin{aligned}
g_i(x + \lambda d) &= g_i(x + \lambda d) - g_i(x) \\
&= \nabla g_i(x)^{\mathrm{T}} d + o(\lambda), \quad i \in I(x),
\end{aligned}$$

于是当 $\lambda \geqslant 0$ 充分小时, $g_i(x + \lambda d) \leqslant 0, \ \forall i \in I(x)$. 进而, 当 λ 充分小时, $g_i(x + \lambda d) \leqslant 0, \ i = 1, \cdots, m$, 这说明 $d \in T_D(x)$, 即式 (5.3.3) 成立. 下面考虑一般情形 $\nabla g_i(x)^{\mathrm{T}} d \leqslant 0, \ i \in I(x)$. 对任意 $0 \leqslant c \leqslant 1$, 记 $d_c = (1 - c)d + c d_0$, 易见严格不等式 $\nabla g_i(x)^{\mathrm{T}} d_c < 0, \ i \in I(x)$ 成立, 进而 $d_c \in T_D(x)$. 由 c 的任意性及切锥的闭性, 令 $c \to 0$, 则 d_c 的极限 d 满足 $d \in T_D(x)$.

定理 5.3.1 中假设条件是约束优化中较常见的约束品性之一.

设 $h_i(x), \ i = 1, \cdots, m$ 是 R^n 上的连续可微函数, 则集合

$$D = \{x \in \mathrm{R}^n | h_i(x) = 0, \ i = 1, \cdots, m\} \tag{5.3.4}$$

在点 $x \in D$ 的切锥有下述性质:

$$T_D(x) \subset \{d \in \mathrm{R}^n | \nabla c_i(x)^{\mathrm{T}} d = 0, \ i = 1, \cdots, m\}. \tag{5.3.5}$$

事实上, 将式 (5.3.4) 给出的集合表示为不等式形式:

$$D = \{x \in \mathrm{R}^n | h_i(x) \leqslant 0, \ -h_i(x) \leqslant 0, i = 1, \cdots, m\},$$

然后应用式 (5.3.3), 并注意每个不等式都是紧约束, 即得式 (5.3.5). 进一步, 如果梯度 $\nabla h_1(x), \cdots, \nabla h_m(x)$ 是线性无关的, 则式 (5.3.5) 为等式关系, 即

$$T_D(x) = \{d \in \mathrm{R}^n | \nabla h_i(x)^{\mathrm{T}} d = 0, \ i = 1, \cdots, m\}.$$

5.4 凸集的切锥与法锥

对于凸集, 其切锥和法锥有一些特殊性质, 本节简要介绍凸集的切锥和法锥有关性质.

5.4.1 凸集的切锥

定理 5.4.1 设 $S \subset \mathrm{R}^n$ 为非空凸集, $x \in S$, 则切锥 $T_S(x)$ 是闭凸锥.

证明 定理 5.1.2 已证明了 $T_S(x)$ 是闭锥, 因此只需证明 $T_S(x)$ 的凸性. 设

$$d_1, d_2 \in T_S(x), \quad 0 \leqslant \lambda \leqslant 1,$$

以下证明 $\lambda d_1 + (1 - \lambda)d_2 \in T_S(x)$. 根据切锥性质存在

$$d_1^k, d_2^k \in \mathrm{R}^n, \quad t_1^k, t_2^k > 0, k = 1, \cdots,$$

使得

$$x + t_1^k d_1^k \in S, \quad k = 1, \cdots, d_1^k \to d_1, t_1^k \to 0^+, \tag{5.4.1}$$

$$x + t_2^k d_2^k \in S, \quad k = 1, \cdots, d_2^k \to d_2, t_2^k \to 0^+. \tag{5.4.2}$$

令

$$d^k = \lambda d_1^k + (1 - \lambda)d_2^k, \quad k = 1, \cdots,$$

$$t^k = \min\{t_1^k, t_2^k\}, \quad k = 1, \cdots,$$

根据式 (5.4.1), (5.4.2), S 的凸性及

$$0 \leqslant \frac{t^k}{t_1^k}, \frac{t^k}{t_2^k} \leqslant 1,$$

有

$$x + t^k d_1^k = \frac{t^k}{t_1^k}(x + t_1^k d_1^k) + \left(1 - \frac{t^k}{t_1^k}\right) x \in S,$$

$$x + t^k d_2^k = \frac{t^k}{t_2^k}(x + t_2^k d_2^k) + \left(1 - \frac{t^k}{t_2^k}\right) x \in S,$$

进一步根据 S 的凸性, 有

$$x + t^k d^k = \lambda(x + t^k d_1^k) + (1 - \lambda)(x + t^k d_2^k) \in S. \tag{5.4.3}$$

直接推导

$$||d^k - d|| = ||\lambda d_1^k + (1 - \lambda)d_2^k - \lambda d_1 - (1 - \lambda)d_2||$$
$$\leqslant \lambda ||d_1^k - d_1|| + (1 - \lambda)||d_2^k - d_2||,$$

易见上式右端趋向于 0, 亦 $d^k \to d$, 注意到 $t^k \to 0^+$ 及式 (5.4.3), 根据切锥的性质有 $d \in T_S(x)$, 这说明 $T_S(x)$ 是凸集. 定理得证.

下述定理说明凸集可行方向锥的闭包与 Bouligand 切锥相等.

定理 5.4.2　设 $S \subset \mathrm{R}^n$ 为非空凸集, $x \in S$, 则有

$$T_S(x) = \mathrm{cl}T_S^F(x). \tag{5.4.4}$$

证明　假设 $d \in T_S(x)$, 根据切锥性质存在 $t_k > 0, d_k, k = 1, \cdots$, 满足 $d_k \to d, x + t_k d_k \in S, t_k \to 0^+$, 又根据 S 的凸性有

$$x + td_k \in S, \quad 0 \leqslant t \leqslant t_k, k = 1, \cdots,$$

于是 $d_k \in T_S^F(x), k = 1, \cdots$, 进而 $d \in \mathrm{cl}T_S^F(x)$, 这说明 $T_S(x) \subset \mathrm{cl}T_S^F(x)$. 另一方面, 假设 $d \in \mathrm{cl}T_S^F(x)$, 则存在

$$d_k \in T_S^F(x), \quad k = 1, \cdots, d_k \to d,$$

进而存在 $t_k > 0, k = 1, \cdots$, 使得 $x + \lambda_k d_k \in S, \forall 0 \leqslant \lambda_k \leqslant t_k \ k = 1, \cdots$. 令 $\lambda_k \to 0^+$, 根据切锥性质有 $d \in T_S(x)$. 定理得证.

5.4.2　凸集的法锥

定理 5.4.3　设 $S \subset \mathrm{R}^n$ 为非空凸集, $x \in S$, 则法锥 $N_S(x)$ 是闭凸锥, 且有如下形式:

$$N_S(x) = \{d \in \mathrm{R}^n | d^\mathrm{T}(y - x) \leqslant 0, \forall y \in S\}. \tag{5.4.5}$$

证明　令

$$Z = \{z \in \mathrm{R}^n | z^\mathrm{T}(y - x) \leqslant 0, \forall y \in S\}. \tag{5.4.6}$$

设 $z \in N_S(x)$, 根据法锥定义有

$$d^\mathrm{T}z \leqslant 0, \quad \forall d \in T_S(x).$$

令 $y \in S, d = y - x, t = 1$, 则有

$$x + td = x + ty - tx = y \in S,$$

根据定理 5.4.2 和可行方向锥性质, 有

$$d \in T_S^F(x) \subset \mathrm{cl}T_S^F(x) = T_S(x),$$

由于 $z \in N_S(x)$, 则

$$z^{\mathrm{T}}(y - x) = z^{\mathrm{T}}d \leqslant 0,$$

故 $z \in Z$, 进而 $N_S(x) \subset Z$.

另一方面, 设 $z \in Z, d \in T_S(x)$, 根据切锥性质存在 $t_k > 0, d_k, k = 1, \cdots,$ 满足 $d_k \to d, x + t_k d_k \in S, t_k \to 0^+$. 记 $y_k = x + t_k d_k$, 因为 $y_k \in S$, 所以有

$$t_k z^{\mathrm{T}}d_k = z^{\mathrm{T}}(y_k - x) \leqslant 0,$$

故 $z^{\mathrm{T}}d_k \leqslant 0, k = 1, \cdots$. 推导得

$$
\begin{aligned}
z^{\mathrm{T}}d_k &= z^{\mathrm{T}}d_k + z^{\mathrm{T}}(d - d_k) \\
&\leqslant \|z\| \, \|d - d_k\|,
\end{aligned}
$$

由于 $\|d - d_k\| \to 0$, 所以有 $z^{\mathrm{T}}d \leqslant 0, \forall d \in T_S(x)$, 这说明 $z \in N_S(x)$, 故 $Z \subset N_S(x)$. 综上可知式 (5.4.5) 成立. 定理得证.

第 6 章 凸函数的次微分

在非光滑分析中, 凸函数次微分是最成熟且被广泛接受的一种广义微分. 作为可微凸函数梯度概念的推广, 本章将介绍凸函数次微分的概念及其有关性质. 在本章中假定凸函数仅取有限值.

6.1 定义及有关性质

6.1.1 凸函数的方向导数

为了引进凸函数次微分概念, 首先讨论凸函数的方向可微性及方向导数的有关性质. 注意到, 凸函数 $f(x)$ 的差商 $\dfrac{f(x+td)-f(x)}{t}$ 关于 $t>0$ 是单调增加的. 事实上, 对任意的 $0<t_1<t_2$, 取 $\lambda=1-\dfrac{t_1}{t_2}$, $y_1=x+t_1d$, $y_2=x+t_2d$, 有

$$
\begin{aligned}
f(y_1) &=f(x+t_1d)\\
&=f(x+(1-\lambda)t_2d)\\
&=f(\lambda x+(1-\lambda)(x+t_2d))\\
&\leqslant\lambda f(x)+(1-\lambda)f(x+t_2d)\\
&=\left(1-\frac{t_1}{t_2}\right)f(x)+\frac{t_1}{t_2}f(y_2),
\end{aligned}
$$

整理得

$$
\frac{f(y_1)-f(x)}{t_1}\leqslant\frac{f(y_2)-f(x)}{t_2},
$$

即

$$
\frac{f(x+t_1d)-f(x)}{t_1}\leqslant\frac{f(x+t_2d)-f(x)}{t_2},
$$

故 $\dfrac{f(x+td)-f(x)}{t}$ 关于 $t>0$ 单调递增. 另一方面凸函数是局部 Lipschitz 的, 记 L 为 $f(x)$ 在点 x 的 Lipschitz 常数, 则当 t 充分小时, 有

$$
\left|\frac{f(x+td)-f(x)}{t}\right|\leqslant L||d||, \tag{6.1.1}
$$

这说明差商 $\dfrac{f(x+td)-f(x)}{t}$ 是有界的, 所以式 (6.1.1) 左端的极限总是存在的, 亦

凸函数方向导数存在, 并且可表示为下述形式:

$$f'(x\,;d) = \inf_{t>0} \frac{f(x+td) - f(x)}{t}. \tag{6.1.2}$$

下面讨论凸函数方向导数的有关性质.

定理 6.1.1 设 $f(x)$ 为 R^n 上凸函数, 则对固定的 x, 其方向导数 $f'(x\,;d)$ 关于 d 是次线性函数.

证明 设 $d_1, d_2 \in \mathrm{R}^n$, $\lambda > 0$, 根据 $f(x)$ 的凸性, 得

$$\begin{aligned}
&f(x + t(\lambda d_1 + (1-\lambda)d_2)) - f(x) \\
=&f(\lambda(x+td_1) + (1-\lambda)(x+td_2)) - \lambda f(x) - (1-\lambda)f(x) \\
\leqslant&\lambda(f(x+td_1) - f(x)) + (1-\lambda)(f(x+td_2) - f(x)), \quad \forall t > 0,
\end{aligned}$$

上式两边同时除以 t, 并令 $t \to 0^+$, 得

$$f'(x\,;\lambda d_1 + (1-\lambda)d_2) \leqslant \lambda f'(x\,;d_1) + (1-\lambda)f'(x\,;d_2),$$

这就证明了 $f'(x\,;d)$ 关于 d 是凸的.

另一方面, 设 $\lambda > 0$, 通过推导得

$$\begin{aligned}
f'(x\,;\lambda d) &= \lim_{\tau \to 0^+} \frac{f(x+\tau\lambda d) - f(x)}{\tau} \\
&= \lim_{\tau \to 0^+} \lambda \frac{f(x+\lambda\tau d) - f(x)}{\lambda\tau} \\
&= \lambda \lim_{t \to 0^+} \frac{f(x+td) - f(x)}{t} \\
&= \lambda f'(x\,;d), \quad d \in \mathrm{R}^n,
\end{aligned}$$

这说明 $f'(x\,;d)$ 关于 d 是正齐次的, 故 $f'(x\,;\cdot)$ 是次线性函数. 定理得证.

记 L 为凸函数 $f(x)$ 在点 x 附近的 Lipschitz 常数, 则有

$$\begin{aligned}
|f'(x\,;d)| &= \left| \lim_{t \to 0^+} \frac{f(x+td) - f(x)}{t} \right| \\
&\leqslant \lim_{t \to 0^+} L\|d\| \\
&= L\|d\|, \quad \forall d \in \mathrm{R}^n. \tag{6.1.3}
\end{aligned}$$

事实上, 不难验证下述不等式成立:

$$|f'(x\,;d_1) - f'(x\,;d_2)| \leqslant L\|d_1 - d_2\|, \quad \forall d_1, d_2 \in \mathrm{R}^n. \tag{6.1.4}$$

6.1.2 次微分定义和基本性质

连续可微函数是凸函数的充要条件为其切线均在函数曲线下方 (图 6.1.1), 基于此性质可引入凸函数次微分的概念.

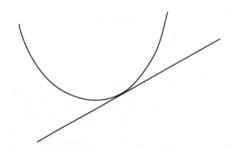

图 6.1.1 凸函数的切线

定义 6.1.1 设 $f(x)$ 为 R^n 上凸函数, $f(x)$ 在点 x 的次微分 (subdifferential), 记为 $\partial f(x)$, 定义如下:

$$\partial f(x) = \{\xi \in \mathrm{R}^n | f(y) \geqslant f(x) + \xi^{\mathrm{T}}(y - x), y \in \mathrm{R}^n\},$$

$\xi \in \partial f(x)$ 称为次微分中元素, 也简称为次微分或次梯度 (subgradient).

不等式

$$f(y) \geqslant f(x) + \xi^{\mathrm{T}}(y - x), \quad \forall y \in \mathrm{R}^n \tag{6.1.5}$$

称为次梯度不等式, 它的几何意义是仿射函数

$$h(x) = f(x_0) + \xi^{\mathrm{T}}(x - x_0)$$

总在函数 $f(x)$ 的上图 $\mathrm{Epi} f$ 下方, 且在点 $(x_0, f(x_0))$ 与 $\mathrm{Epi} f$ 相交 (图 6.1.2). 因此, $y = h(x)$ 是上图 $\mathrm{Epi} f$ 在点 $(x_0, f(x_0))$ 的一个支撑超平面.

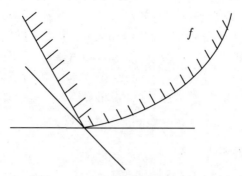

图 6.1.2 凸函数支撑超平面

下述定理建立了次微分与方向导数的关系.

定理 6.1.2 设 $f(x)$ 为 R^n 上凸函数, 则 $\xi \in \partial f(x)$ 的充要条件是

$$f'(x\,; d) \geqslant \xi^{\mathrm{T}} d, \quad \forall d \in \mathrm{R}^n. \tag{6.1.6}$$

证明 必要性. 设 $\xi \in \partial f(x)$, 由次梯度不等式 (6.1.5), 得

$$\frac{f(x+td) - f(x)}{t} \geqslant \xi^{\mathrm{T}} d, \quad \forall d \in \mathrm{R}^n, t > 0.$$

在上式中令 $t \to 0^+$, 即得式 (6.1.6).

充分性. 假设式 (6.1.6) 成立, 根据式 (6.1.2) 有

$$\begin{aligned}\frac{f(x+td) - f(x)}{t} &\geqslant f'(x\,;d) \\ &\geqslant \xi^{\mathrm{T}} d, \quad \forall d \in \mathrm{R}^n, t > 0. \end{aligned} \tag{6.1.7}$$

任意 $y \in \mathrm{R}^n$ 都可表示为 $y = x + td$, 将 $y = x + td$ 代入式 (6.1.7), 得式 (6.1.5), 这说明 $\xi \in \partial f(x)$. 定理得证.

定理 6.1.3 设 $f(x)$ 为 R^n 上的凸函数, 则其次微分 $\partial f(x)$ 为 R^n 中的凸紧集.

证明 根据定义容易验证 $\partial f(x)$ 是闭凸集, 为证明紧性只需证明 $\partial f(x)$ 的有界性. 假设 $\partial f(x)$ 是无界的, 记 L 为 $f(x)$ 在点 x 附近的 Lipschitz 常数, 则存在 $\xi \in \partial f(x)$, 使得 $\|\xi\| > L$. 根据定理 6.1.2 和式 (6.1.3), 得

$$\xi^{\mathrm{T}} d \leqslant f'(x\,;d) \leqslant |f'(x\,;d)| \leqslant L\|d\|, \quad \forall d \in \mathrm{R}^n.$$

在上式中选取 $d = \xi$, 则有 $\|\xi\|^2 = \xi^{\mathrm{T}}\xi \leqslant L\|\xi\|$, 故 $\|\xi\| \leqslant L$, 这与 $\|\xi\| > L$ 矛盾, 所以集合 $\partial f(x)$ 是有界的, 进而是凸紧集. 集合 $\partial f(x)$ 的非空性可在下面的定理 6.1.4 的证明中看到. 定理得证.

从定理 6.1.3 的证明中可以看出下述推论成立.

推论 6.1.1 设 $f(x)$ 为 R^n 上的凸函数, L 为 $f(x)$ 在 x 点附近的 Lipschitz 常数, 则对任意 $\xi \in \partial f(x)$, 有 $\|\xi\| \leqslant L$.

6.1.3 次微分与方向导数的关系

下述定理是凸函数微分学中的重要结论之一, 它建立了方向导数与次微分之间的关系.

定理 6.1.4 设 $f(x)$ 为 R^n 上的凸函数, 则有

$$f'(x\,;d) = \max_{\xi \in \partial f(x)} \xi^{\mathrm{T}} d, \quad \forall d \in \mathrm{R}^n. \tag{6.1.8}$$

证明 根据定理 6.1.3, $\partial f(x)$ 是紧集, 因此式 (6.1.8) 右端 $\max\limits_{\xi \in \partial f(x)} \xi^{\mathrm{T}} d$ 是有意义的. 由定理 6.1.2, 可得

$$f'(x\,;d) \geqslant \max_{\xi \in \partial f(x)} \xi^{\mathrm{T}} d, \quad \forall d \in \mathrm{R}^n. \tag{6.1.9}$$

以下证明

$$f'(x\,;d) \leqslant \max_{\xi \in \partial f(x)} \xi^{\mathrm{T}} d, \quad \forall d \in \mathrm{R}^n. \tag{6.1.10}$$

对于给定的 $x, d \in \mathrm{R}^n$, 考虑 R^{n+1} 中如下子集和半超平面:

$$S_1 = \{(z, w) \in \mathrm{R}^{n+1} | f(z) < w\},$$

$$S_2 = \{(z, w) \in \mathrm{R}^{n+1} | z = x + \alpha d, w = f(x) + \alpha f'(x; d), \alpha \geqslant 0\}.$$

首先说明 S_1 和 S_2 是不相交的, 如果 S_1 和 S_2 相交, 则存在 $\alpha \geqslant 0, (z, w) \in \mathrm{R}^{n+1}$, 使得

$$f(x + \alpha d) < f(x) + \alpha f'(x; d),$$

亦

$$\frac{f(x + \alpha d) - f(x)}{\alpha} < f'(x; d),$$

这与下式矛盾:

$$\inf_{\alpha \geqslant 0} \frac{f(x + \alpha d) - f(x)}{\alpha} = f'(x; d).$$

显然, S_1 和 S_2 是非空的, 根据凸集分离定理, 存在非零向量 $(\mu, \gamma) \in \mathrm{R}^{n+1}$, 使得

$$\gamma(f(x) + \alpha f'(x; d)) + \mu^{\mathrm{T}}(x + \alpha d) \leqslant \gamma w + \mu^{\mathrm{T}} z, \quad \forall \alpha \geqslant 0, z \in \mathrm{R}^n, w > f(z). \quad (6.1.11)$$

式 (6.1.11) 中的 γ 不能小于零, 否则该式右端当 w 充分大时可任意小, 不等式不能成立; γ 也不可能为零, 否则由 $\mu^{\mathrm{T}}(x + \alpha d) \leqslant \mu^{\mathrm{T}} z$ 必有 $\mu = 0$, 这与 (μ, γ) 非零相矛盾, 因此必有 $\gamma > 0$. 不妨假设 $\gamma = 1$(当然也可对式 (6.1.11) 两端同除以 γ), 此时式 (6.1.11) 可等价地表示为

$$f(x) + \alpha f'(x; d) + \alpha \mu^{\mathrm{T}} d \leqslant w + \mu^{\mathrm{T}}(z - x), \quad \forall \alpha \geqslant 0, z \in \mathrm{R}^n, w > f(z). \quad (6.1.12)$$

在上式中令 $\alpha = 0$, 并关于 $w \to f(z)$ 取极限, 得

$$f(x) + (-\mu)^{\mathrm{T}}(z - x) \leqslant f(z), \quad \forall z \in \mathrm{R}^n,$$

这意味着 $-\mu \in \partial f(x)$. 在式 (6.1.12) 中令 $z = x, \alpha = 1$ 并取极限 $w \to f(x)$, 则有 $f'(x; d) \leqslant (-\mu)^{\mathrm{T}} d$, 这说明式 (6.1.10) 成立. 联立式 (6.1.9) 和式 (6.1.10) 得式 (6.1.8). 定理得证.

定理 6.1.4 说明方向导数是次微分的支撑函数, 凸集与其支撑函数是一一对应的, 这样凸函数的次微分与其方向导数相互唯一确定.

6.1.4 次微分与上图的法锥的关系

定理 6.1.5 设 $f(x)$ 为 R^n 上凸函数, 则下述结论成立.

(1) $\xi \in \partial f(x)$ 的充要条件是 $(\xi, -1)$ 是 $f(x)$ 的上图 $\mathrm{Epi} f$ 在点 $(x, f(x))$ 的法向量, 即 $\mathrm{Epi} f$ 在点 $(x, f(x))$ 的法锥有下述形式:

$$N_{\mathrm{Epi} f}(x, f(x)) = \{(\lambda \xi, -\lambda) | \xi \in \partial f(x), \lambda \geqslant 0\}. \quad (6.1.13)$$

(2) $f(x)$ 的上图 Epi$f$ 在点 $(x, f(x))$ 的切锥是方向导数函数 $d \to f'(x; d)$(固定 x) 的上图, 即

$$T_{\text{Epi}f}(x, f(x)) = \{(d, r) \in \mathbb{R}^{n+1} | f'(x; d) \leqslant r\}.$$

证明 (1) 根据凸集法锥的性质和上图的定义, $(\xi, -1) \in N_{\text{Epi}f}(x, f(x))$ 等价于

$$\xi^{\mathrm{T}}(y - x) + (-1)(r - f(x)) \leqslant 0, \quad \forall y \in \mathbb{R}^n, \ f(y) \leqslant r,$$

也等价于

$$r \geqslant f(x) + \xi^{\mathrm{T}}(y - x), \quad \forall y \in \mathbb{R}^n, \ f(y) \leqslant r.$$

显然, 上式与次梯度不等式 (6.1.5) 等价, 也就是与 $\xi \in \partial f(x)$ 等价. 再根据锥的定义, 式 (6.1.13) 成立. 结论 (1) 成立.

(2) Epi$f$ 在点 $(x, f(x))$ 的切锥是由式 (6.1.13) 给出的锥的极锥, 即由满足下述条件的向量 $(d, r) \in \mathbb{R}^n \times \mathbb{R}$ 形成的集合:

$$\lambda \xi^{\mathrm{T}} d + (-\lambda) r \leqslant 0, \quad \forall \xi \in \partial f(x), \ \lambda \geqslant 0.$$

不妨考虑 $\lambda > 0$ 情形, 上式两边同时除以 λ, 得 $r \geqslant \xi^{\mathrm{T}} d, \ \forall \xi \in \partial f(x)$, 此式等价于

$$r \geqslant \max_{\xi \in \partial f(x)} \xi^{\mathrm{T}} d = f'(x; d),$$

结论 (2) 成立. 定理得证.

定理 6.1.5 建立了凸函数次微分与其上图法锥的关系, 下一章介绍的 Clarke 广义梯度也与相应的法锥有类似的关系.

6.1.5 光滑凸函数的次微分

定理 6.1.6 设 $f(x)$ 为 $\mathbb{R}^n$ 上的凸函数, 则 $f(x)$ 在点 x 可微的充要条件是其次微分为单点集. 进一步, 如果 $\partial f(x)$ 为单点集, 则必有 $\partial f(x) = \{\nabla f(x)\}$.

证明 必要性. 假设 $f(x)$ 在点 x 可微, 给定 $\xi \in \partial f(x)$, 令

$$x_k = x + \frac{1}{k}(\xi - \nabla f(x)),$$

由 $f(x)$ 在点 x 的可微性, 得

$$f(x_k) = f(x) + \nabla f(x)^{\mathrm{T}}(x_k - x) + o(\|x_k - x\|), \tag{6.1.14}$$

由 $\xi \in \partial f(x)$ 及次微分定义, 得

$$-f(x_k) \leqslant -f(x) - \xi^{\mathrm{T}}(x_k - x). \tag{6.1.15}$$

将式 (6.1.14) 与式 (6.1.15) 相加, 得

$$0 \leqslant (\nabla f(x) - \xi)^{\mathrm{T}}(x_k - x) + o(\|x_k - x\|)$$
$$= -\frac{1}{k}\|\xi - \nabla f(x)\|^2 + o\left(\frac{1}{k}\|\xi - \nabla f(x)\|\right),$$

进一步得

$$\|\xi - \nabla f(x)\|^2 \leqslant o(\|\xi - \nabla f(x)\|),$$

这说明 $\|\xi - \nabla f(x)\| = 0$, 即次微分为单点集, 且有 $\partial f(x) = \{\nabla f(x)\}$.

充分性. 假设 $\partial f(x)$ 为单点集, 记 $\partial f(x) = \{\xi\}$, 于是

$$f'(x\,;d) = \max_{\xi \in \partial f(x)} \xi^{\mathrm{T}} d$$
$$= \xi^{\mathrm{T}} d,$$

而 $f'(x\,;d) = \xi^{\mathrm{T}} d$ 说明 $f(x)$ 是可微的, 其梯度为 $\nabla f(x) = \xi$. 定理得证.

定理 6.1.6 说明在可微点次微分为梯度的单点集, 对于不可微点次微分一定不是单点集, 这也进一步说明了次微分确实是可微凸函数梯度概念的推广.

6.2   极值条件与中值定理

本节介绍用次微分给出的凸函数极值条件和中值定理, 所给的结论是光滑函数相应结论的推广.

6.2.1   极值条件

首先讨论一维函数.

命题 6.2.1   设 $f(x)$ 为 R 上凸函数, 则有

$$\partial f(x) = [-f'(x;-1), f'(x;1)]$$
$$= [f'_-(x), f'_+(x)],$$

其中 $f'_-(x)$ 和 $f'_+(x)$ 分别为 $f(x)$ 在点 x 的左、右导数.

证明   对于一维函数只有两个方向 ± 1, 因此由定理 6.1.2, $\xi \in \partial f(x)$ 的充要条件是

$$f'(x;1) \geqslant \xi, \quad f'(x;-1) \geqslant -\xi,$$

所以 $\partial f(x) = [-f'(x;-1), f'(x;1)]$. 注意到, $f'_-(x) = -f'(x;-1)$, $f'_+(x) = f'(x;1)$, 结论成立. 命题得证.

命题 6.2.1 表明一维凸函数的次微分可以用方向导数或左、右导数来表示. 利用此结论可以得到绝对值函数 $f(x) = |x|$ 在点 $x = 0$ 的次微分 $\partial f(0) = [-1, 1]$.

定理 6.2.1   设 $f(x)$ 为 R^n 上的凸函数, 则 x^* 为 $f(x)$ 最小值点的充分必要条件是 $0 \in \partial f(x^*)$.

证明 设 $0 \in \partial f(x^*)$, 根据次微分定义, 对任意 $x \in \mathrm{R}^n$, 有

$$f(x) - f(x^*) \geqslant 0^{\mathrm{T}}(x - x^*),$$

于是 $f(x) \geqslant f(x^*), \forall x \in \mathrm{R}^n$, x^* 是 $f(x)$ 的最小值点. 另一方面, 设 x^* 为 $f(x)$ 的最小值点, 则有 $f(x) \geqslant f(x^*), \forall x \in \mathrm{R}^n$, 亦

$$f(x) \geqslant f(x^*) + 0^{\mathrm{T}}(x - x^*),$$

根据次微分定义, $0 \in \partial f(x^*)$. 定理得证.

定理 6.2.1 是可微情形最优性条件的推广, 当 $f(x)$ 可微时 $\partial f(x) = \{\nabla f(x)\}$, 此时 $0 \in \partial f(x)$ 即为 $\nabla f(x) = 0$.

6.2.2 中值定理

所谓凸函数的中值定理就是对任意两点 $x, y \in \mathrm{R}^n$ 利用次微分给出差 $f(y) - f(x)$ 的一种估计. 类似于光滑函数的中值定理证明, 借用下述一维函数:

$$\varphi(t) = f(ty + (1-t)x), \quad t \in [0,1]. \tag{6.2.1}$$

本质上 $\varphi(t)$ 是 $f(x)$ 在区间 $[x, y]$ 上的限制, 不难验证它是一维凸函数.

引理 6.2.1 设 $f(x)$ 为 R^n 上的凸函数, 则式 (6.2.1) 给出的凸函数 $\varphi(t)$ 的次微分有下述形式:

$$\partial \varphi(t) = \{\xi^{\mathrm{T}}(y - x) | \xi \in \partial f(x_t)\}, \tag{6.2.2}$$

其中 $x_t = ty + (1-t)x$.

证明 计算 $\varphi(t)$ 的左、右导数, 得

$$
\begin{aligned}
\varphi'_-(t) &= \lim_{\tau \to 0^+} \frac{\varphi(t - \tau) - \varphi(t)}{-\tau} \\
&= -\lim_{\tau \to 0^+} \frac{f((t-\tau)y + (1-t+\tau)x) - f(x_t)}{\tau} \\
&= -\lim_{\tau \to 0^+} \frac{f(x_t - \tau(y-x)) - f(x_t)}{\tau} \\
&= -f'(x_t; -(y-x)), \\
\varphi'_+(t) &= \lim_{\tau \to 0^+} \frac{\varphi(t + \tau) - \varphi(t)}{\tau} \\
&= \lim_{\tau \to 0^+} \frac{f((t+\tau)y + (1-t-\tau)x) - f(x_t)}{\tau} \\
&= \lim_{\tau \to 0^+} \frac{f(x_t + \tau(y-x)) - f(x_t)}{\tau} \\
&= f'(x_t; y - x).
\end{aligned}
$$

考虑到

$$f'(x_t; y - x) = \max_{\xi \in \partial f(x_t)} \xi^{\mathrm{T}}(y - x),$$

$$-f'(x_t; -(y - x)) = -\max_{\xi \in \partial f(x_t)} \xi^{\mathrm{T}}(-y + x)$$

$$= \min_{\xi \in \partial f(x_t)} \xi^{\mathrm{T}}(y - x),$$

于是

$$\partial \varphi(t) = [\varphi'_-(t), \varphi'_+(t)]$$

$$= [\min_{\xi \in \partial f(x_t)} \xi^{\mathrm{T}}(y - x), \max_{\xi \in \partial f(x_t)} \xi^{\mathrm{T}}(y - x)]$$

$$= \{\xi^{\mathrm{T}}(y - x) | \xi \in \partial f(x_t)\}.$$

引理得证.

定理 6.2.2 (中值定理, mean value theorem)　设 $f(x)$ 为 R^n 上的凸函数, 给定 $x, y \in \mathrm{R}^n$, 且 $x \neq y$, 则存在 $t \in (0, 1)$ 和 $\xi \in \partial f(x_t)$, 其中 $x_t = ty + (1 - t)x$, 使得

$$f(y) - f(x) = \xi^{\mathrm{T}}(y - x), \tag{6.2.3}$$

或等价地表示为

$$f(y) - f(x) \in \bigcup_{0 < t < 1} \{\xi^{\mathrm{T}}(y - x) | \xi \in \partial f(x_t)\}.$$

证明　对式 (6.2.1) 给出的一维函数 $\varphi(t)$, 引入下述辅助函数:

$$\psi(t) = \varphi(t) - \varphi(0) - t(\varphi(1) - \varphi(0)).$$

显然, $\psi(t)$ 是凸函数. 计算 $\psi(t)$ 的左、右导数, 得

$$\psi'_-(t) = \varphi'_-(t) - (\varphi(1) - \varphi(0)),$$

$$\psi'_+(t) = \varphi'_+(t) - (\varphi(1) - \varphi(0)).$$

根据命题 6.2.1 利用左、右导数表示次微分, 得

$$\partial \psi(t) = \partial \varphi(t) - \{\varphi(1) - \varphi(0)\}. \tag{6.2.4}$$

注意到, $\psi(0) = \psi(1) = 0$, 又 $\psi(t)$ 是连续的, 于是它在某一点 $t \in (0, 1)$ 达到极小值, 根据定理 6.2.1, $0 \in \partial \psi(t)$, 由式 (6.2.4) 得

$$\varphi(1) - \varphi(0) \in \partial \varphi(t).$$

根据引理 6.2.1, 存在 $\xi \in \partial f(x_t)$, 使得

$$\xi^{\mathrm{T}}(y - x) = \varphi(1) - \varphi(0)$$

$$= f(y) - f(x).$$

定理得证.

当 $f(x)$ 是光滑凸函数时, 定理 6.2.2 给出的中值定理正是微积分中著名的 Lagrange 中值定理.

6.3 一些凸函数的次微分

对于一般的凸函数, 其次微分很难具体计算, 特别是其解析表达式更难得到, 本节对一些特殊的凸函数, 给出它们次微分的解析表达式.

6.3.1 支撑函数的次微分

设 S 为 R^n 中非空凸紧集, 考虑集合 S 的支撑函数 $\delta_S^*(x) = \max\limits_{s \in S} s^{\mathrm{T}} x$. 支撑函数是凸函数, 一般来讲是非光滑函数. 以下证明支撑函数 $\delta_S^*(x)$ 在点 $x = 0$ 的次微分为集合 S 本身, 即 $\partial \delta_S^*(0) = S$. 因为 $\delta_S^*(0) = 0$, 易见

$$\delta_S^*(x) \geqslant \delta_S^*(0) + \xi^{\mathrm{T}}(x - 0), \quad \forall x \in \mathrm{R}^n \tag{6.3.1}$$

等价于

$$\max_{s \in S} s^{\mathrm{T}} x \geqslant \xi^{\mathrm{T}} x, \quad \forall x \in \mathrm{R}^n. \tag{6.3.2}$$

如果 $\xi \in S$, 则式 (6.3.2) 成立, 进而式 (6.3.1) 成立, 于是根据次微分定义, $\xi \in \partial \delta_S^*(0)$, 这说明 $S \subset \partial \delta_S^*(0)$. 另一方面, 设 $\xi \in \partial \delta_S^*(0)$, 则式 (6.3.1) 成立, 进而式 (6.3.2) 成立. 注意到, 式 (6.3.2) 右端可看成单点集 $\{\xi\}$ 的支撑函数, 根据凸紧集与支撑函数的关系, 由式 (6.3.2) 得 $\xi \in S$, 这说明 $\partial \delta_S^*(0) \subset S$, 于是 $\partial \delta_S^*(0) = S$.

6.3.2 距离函数的次微分

设 S 为 R^n 中闭凸集, 点 x 到 S 的距离函数 $d_S(x) = \min\limits_{y \in S} \|y - x\|$ 是凸函数. $d_S(x)$ 的次微分可表示为下述形式:

$$\partial d_S(x) = \begin{cases} N_S(x) \bigcap \mathrm{cl}B(0, 1), & x \in S, \\ \left\{ \dfrac{x - p_S(x)}{\|x - p_S(x)\|} \right\}, & x \notin S, \end{cases} \tag{6.3.3}$$

其中 $p_S(x)$ 为点 x 到集合 S 的投影. 为证明公式 (6.3.3), 分 $x \in S$ 和 $x \notin S$ 两种情况讨论. 首先考虑 $x \notin S$ 情形, 此时 $d_S(x) > 0$. 如果 $d_s^2(x)$ 在点 x 可微, 利用链锁法则知 $d_S(x)$ 也是可微的, 且有

$$\nabla d_S(x) = \nabla \sqrt{d_s^2(x)} = \frac{\nabla d_s^2(x)}{2d_S(x)},$$

注意到,

$$d_S(x) = ||x - p_S(x)||,$$

于是只需证明

$$\nabla d_s^2(x) = 2(x - p_S(x)).$$

记

$$\Delta = d_s^2(x + h) - d_s^2(x),$$

由于

$$d_s^2(x) \leqslant ||x - p_S(x + h)||^2, \quad h \in \mathrm{R}^n,$$

$$d_s^2(x + h) = ||x + h - p_S(x + h)||^2, \quad h \in \mathrm{R}^n,$$

则有

$$\begin{aligned}
\Delta \geqslant & ||x + h - p_S(x + h)||^2 - ||x - p_S(x + h)||^2 \\
= & ||h||^2 + 2h^{\mathrm{T}}(x - p_S(x + h)).
\end{aligned} \tag{6.3.4}$$

又由于

$$d_s^2(x + h) \leqslant ||x + h - p_S(x)||^2,$$

$$d_s^2(x) = ||x - p_S(x)||^2,$$

则有

$$\begin{aligned}
\Delta \leqslant & ||x + h - p_S(x)||^2 - ||x - p_S(x)||^2 \\
= & ||h||^2 + 2h^{\mathrm{T}}(x - p_S(x)), \quad h \in \mathrm{R}^n.
\end{aligned} \tag{6.3.5}$$

根据第 2 章中式 (2.3.7), 函数 $p_S(x)$ 是非膨胀的, 即

$$||p_S(x + h) - p_S(x)|| \leqslant ||h||, \quad h \in \mathrm{R}^n,$$

则有

$$p_S(x + h) = p_S(x) + O(||h||),$$

将上式代入式 (6.3.4), 得

$$\begin{aligned}
\Delta \geqslant & ||h||^2 + 2h^{\mathrm{T}}(x - p_S(x)) + 2h^{\mathrm{T}}O(||h||) \\
= & ||h||^2 + 2h^{\mathrm{T}}(x - p_S(x)) + o(||h||),
\end{aligned}$$

将上式与式 (6.3.5) 联立, 得

$$\Delta = 2h^{\mathrm{T}}(x - p_S(x)) + o(\|h\|),$$

这说明 $d_s^2(x)$ 在点 x 是可微的, 其梯度为 $\nabla d_s^2(x) = 2(x - p_S(x))$.

下面考虑 $x \in S$ 的情形. 假设 $\xi \in \partial d_S(x)$, 则有

$$
\begin{aligned}
d_S(y) &\geqslant d_S(x) + \xi^{\mathrm{T}}(y - x) \\
&= \xi^{\mathrm{T}}(y - x), \quad \forall y \in \mathrm{R}^n,
\end{aligned}
\tag{6.3.6}
$$

由于当 $y \in S$ 时, $d_S(y) = 0$, 这意味着 $\xi^{\mathrm{T}}(y - x) \leqslant 0$, $\forall y \in S$, 于是 $\xi \in N_S(x)$. 在式 (6.3.6) 中选取 $y = x + \xi$, 有

$$
\begin{aligned}
\|\xi\|^2 &\leqslant d_S(x + \xi) \\
&\leqslant \|x + \xi - x\| \\
&= \|\xi\|,
\end{aligned}
$$

这表明 $\|\xi\| \leqslant 1$, 进一步有 $\xi \in N_S(x) \bigcap \mathrm{cl}B(0, 1)$. 另一方面, 假设 $\xi \in N_S(x) \bigcap \mathrm{cl}B(0, 1)$, 考虑下式:

$$\xi^{\mathrm{T}}(y - x) = \xi^{\mathrm{T}}(y - p_S(y)) + \xi^{\mathrm{T}}(p_S(y) - x), \quad y \in \mathrm{R}^n.$$

由于 $\xi \in N_S(x)$, 则

$$\xi^{\mathrm{T}}(p_S(y) - x) \leqslant 0,$$

根据 Cauchy-Schwarz 不等式及 $\|\xi\| \leqslant 1$, 得

$$
\begin{aligned}
\xi^{\mathrm{T}}(y - p_S(y)) &\leqslant \|y - p_S(y)\| \\
&= d_S(y),
\end{aligned}
$$

于是

$$
\begin{aligned}
\xi^{\mathrm{T}}(y - x) + d_S(x) &= \xi^{\mathrm{T}}(y - x) \\
&\leqslant d_S(y),
\end{aligned}
$$

根据次微分定义, $\xi \in \partial d_S(x)$. 这就证明了 $x \in S$ 时, $\partial d_S(x) = N_S(x) \bigcap \mathrm{cl}B(0, 1)$. 式 (6.3.3) 得证.

从式 (6.3.3) 的证明可以看出, 函数 $d_S(x)$ 在集合 S 以外的点是可微的, 在 S 的内点 $N_S(x) = \{0\}$, 此时 $\partial d_S(x) = \{0\}$, 故 $d_S(x)$ 是可微的, 其梯度为 0. 这说明距离函数 $d_S(x)$ 只在 S 的边界点是非光滑的.

6.3.3　复合函数的次微分

首先讨论凸函数的非负组合和非负数乘的次微分运算公式.

定理 6.3.1　设 $f_1(x)$ 和 $f_2(x)$ 为 R^n 上的凸函数, $\lambda_1,\ \lambda_2 \geqslant 0$, 则有

$$\partial(\lambda_1 f_1(x) + \lambda_2 f_2(x)) = \lambda_1 \partial f_1(x) + \lambda_2 \partial f_2(x).$$

证明　利用支撑函数的性质, 直接计算 $\lambda_1 f_1(x) + \lambda_2 f_2(x)$ 的方向导数, 得

$$
\begin{aligned}
(\lambda_1 f_1 + \lambda_2 f_2)'(x\,;d) &= \lambda_1 f_1'(x\,;d) + \lambda_2 f_2'(x\,;d) \\
&= \lambda_1 \max_{\xi \in \partial f_1(x)} \xi^{\mathrm{T}} d + \lambda_2 \max_{\xi \in \partial f_2(x)} \xi^{\mathrm{T}} d \\
&= \max\{\xi^{\mathrm{T}} d | \xi \in \lambda_1 \partial f_1(x) + \lambda_2 \partial f_2(x)\}, \quad d \in \mathrm{R}^n. \quad (6.3.7)
\end{aligned}
$$

式 (6.3.7) 说明函数 $\lambda_1 f_1(x) + \lambda_2 f_2(x)$ 的方向导数为 $\lambda_1 \partial f_1(x) + \lambda_2 \partial f_2(x)$ 的支撑函数, 于是它的次微分为 $\lambda_1 \partial f_1(x) + \lambda_2 \partial f_2(x)$. 定理得证.

由定理 6.3.1 易见, 如果 $f(x)$ 为 R^n 上的凸函数, 则有

$$\partial(\lambda f(x)) = \lambda \partial f(x), \quad \lambda \geqslant 0.$$

定理 6.3.1 是次微分形式下的链锁法则, 由于凸性只对加法和非负数乘封闭, 所以对于次微分没有乘、除以及复合运算等一般形式的运算法则. 下述定理讨论一类特殊的复合函数, R^n 到 R^m 上的仿射映射与一般凸函数复合的链锁法则.

定理 6.3.2　设 $A(x) = Hx + b$, 其中 $x \in \mathrm{R}^n$, $b \in \mathrm{R}^m$, H 为 $m \times n$ 矩阵, $g(y)$ 是 R^m 上的凸函数, 则复合函数 $(g \circ A)(x) = g(Hx + b)$ 是凸函数, 其次微分有下述形式:

$$\partial(g \circ A)(x) = H^{\mathrm{T}} \partial g(A(x)), \quad x \in \mathrm{R}^n. \quad (6.3.8)$$

证明　容易验证复合函数 $(g \circ A)(x)$ 是凸函数. 由定义计算复合函数 $(g \circ A)(x)$ 的方向导数, 得

$$
\begin{aligned}
(g \circ A)'(x\,;d) &= \lim_{t \to 0^+} \frac{(g \circ A)(x + td) - (g \circ A)(x)}{t} \\
&= \lim_{t \to 0^+} \frac{g(A(x) + tHd) - g(A(x))}{t} \\
&= g'(A(x)\,;Hd), \quad \forall d \in \mathrm{R}^n. \quad (6.3.9)
\end{aligned}
$$

上式右端可表示为

$$
\begin{aligned}
g'(A(x)\,;Hd) &= \max\{\xi^{\mathrm{T}} Hd | \xi \in \partial g(A(x))\} \\
&= \max\{\xi^{\mathrm{T}} d | \xi \in H^{\mathrm{T}} \partial g(A(x))\}. \quad (6.3.10)
\end{aligned}
$$

联立式 (6.3.9) 和式 (6.3.10), 得 $(g \circ A)(x)$ 的方向导数为 $H^{\mathrm{T}} \partial g(A(x))$ 的支撑函数, 于是它的次微分为 $H^{\mathrm{T}} \partial g(A(x))$. 定理得证.

6.3.4 极大值函数的次微分

考虑上确界函数 (supremum function)

$$f(x) = \sup\{f_i(x) | i \in I\}, \tag{6.3.11}$$

其中 I 为指标集, $f_i(x), i \in I$ 为 R^n 上的凸函数, 假设 $f(x)$ 取有限值. 式 (6.3.11) 给出的函数 $f(x)$ 是凸函数, 当指标集 I 为有限个元素的集合时, 式 (6.3.11) 中 sup 可由 max 代替.

命题 6.3.1 式 (6.3.11) 给出的凸函数 $f(x)$ 在点 $x \in \mathrm{R}^n$ 的次微分满足下述关系式:

$$\mathrm{cl\ co} \bigcup_{i \in I(x)} \partial f_i(x) \subset \partial f(x), \tag{6.3.12}$$

其中 $I(x) = \{i \in I | f_i(x) = f(x)\}$.

证明 给定 $i \in I(x)$ 和 $\xi \in \partial f_i(x)$, 根据次微分定义有

$$f(y) \geqslant f_i(y) \geqslant f_i(x) + \xi^{\mathrm{T}}(y - x)$$
$$= f(x) + \xi^{\mathrm{T}}(y - x), \quad \forall y \in \mathrm{R}^n.$$

上式说明 $\xi \in \partial f(x)$, 于是

$$\partial f_i(x) \subset \partial f(x), \quad i \in I(x),$$

再由 $\partial f(x)$ 的闭凸性, $\partial f(x)$ 包含 $\partial f_i(x)$ 的并及闭凸包, 故式 (6.3.11) 成立. 命题得证.

式 (6.3.11) 给出的上确界函数的次微分仅仅是一种包含关系, 一般情况下等式关系不成立, 下述定理说明在一定条件下等式关系成立.

定理 6.3.3 假设 $f(x)$ 由式 (6.3.11) 给出, 指标集 I 为某一度量空间中的紧集, 且对每一固定 $x \in \mathrm{R}^n$, 函数 $i \to f_i(x)$ 是上半连续的, 则有

$$\partial f(x) = \mathrm{co} \bigcup_{i \in I(x)} \partial f_i(x). \tag{6.3.13}$$

证明 $f(x)$ 取有限值, I 的紧性以及 $i \to f_i(x)$ 的上半连续性保证 $I(x)$ 是非空紧集. 令

$$\Omega = \bigcup_{i \in I(x)} \partial f_i(x),$$

首先讨论 Ω 的闭性. 设 $\{s_k\}_1^\infty$ 为 Ω 中的收敛点列, 记其极限为 s, 于是对每一个 s_k, 存在指标 $i_k \in I(x)$, 使得 $s_k \in \partial f_{i_k}(x)$, 根据次微分定义有

$$f_{i_k}(y) \geqslant f_{i_k}(x) + s_k^{\mathrm{T}}(y - x), \quad \forall y \in \mathrm{R}^n.$$

选取 $\{i_k\}_1^\infty$ 中一个收敛子列, 不妨记为 $\{i_k\}_1^\infty$ 本身, 令 $k \to +\infty$, 根据 $I(x)$ 的紧性, 得 $i_k \to i \in I(x)$, 这时有 $f_{i_k}(x) = f(x) = f_i(x)$. 再由函数 $f_{(\cdot)}(y)$ 的上半连续性, 得

$$
\begin{aligned}
f_i(y) &\geqslant \lim_{k \to \infty} \sup f_{i_k}(y) \\
&\geqslant \lim_{k \to \infty} \sup(f_{i_k}(x) + s_k^{\mathrm{T}}(y - x)) \\
&= f_i(x) + s^{\mathrm{T}}(y - x), \quad \forall y \in \mathrm{R}^n,
\end{aligned}
$$

于是 $s \in \partial f_i(x) \subset \Omega$, 这就证明了 Ω 的闭性. 根据式 (6.3.12), Ω 是有界的, 于是 Ω 是紧集. Ω 的紧性说明它的凸包也是紧的, 即 $\mathrm{co} \bigcup_{i \in I(x)} \partial f_i(x)$ 是紧集. 以下证明:

$$
\partial f(x) \subset \mathrm{co} \bigcup_{i \in I(x)} \partial f_i(x). \tag{6.3.14}
$$

为此, 只需证明下述不等式 (其中等式部分由支撑函数得到):

$$
\begin{aligned}
f'(x\,;d) &\leqslant \delta_\Omega^*(d) \\
&= \sup\{f_i'(x\,;d) | i \in I(x)\}.
\end{aligned} \tag{6.3.15}
$$

根据凸函数的差商与方向导数的关系, 对于 $\varepsilon > 0$, 有

$$
\frac{f(x + td) - f(x)}{t} > f'(x\,;d) - \varepsilon, \quad \forall t > 0. \tag{6.3.16}
$$

对于 $t > 0$, 定义下述指标集:

$$
I_t = \left\{ i \in I \,\middle|\, \frac{f_i(x + td) - f(x)}{t} \geqslant f'(x\,;d) - \varepsilon \right\}, \tag{6.3.17}
$$

显然 I_t 是非空集. 再由 I 的紧性以及对固定的 $x + td$ 函数 $f_{(\cdot)}(x + td)$ 的上半连续性质, 可知 I_t 为紧集. 注意到,

$$
\frac{f_i(x + td) - f(x)}{t} = \frac{f_i(x + td) - f_i(x)}{t} + \frac{f_i(x) - f(x)}{t}.
$$

上式中第一项为凸函数的差商, 是单增的, 第二项分子非正, 也是单增的, 因此 $\dfrac{f_i(x + td) - f(x)}{t}$ 关于 $t > 0$ 是单增的, 于是对于 $0 < t_1 \leqslant t_2$, 有 $I_{t_1} \subset I_{t_2}$. 对每一个 $\tau \in (0, t)$, 选取 $i_\tau \in I_\tau \subset I_t$, 选取 $\{i_\tau\}$ 关于 $\tau \to 0^+$ 的聚点, 记为 $i_\tau \to i^*$, I_t 的紧性保证 $i^* \in I_t$, 进而有 $i^* \in \bigcap_{t>0} I_t$, 根据 (6.3.17), 有

$$
f_i^*(x + td) - f(x) \geqslant t(f'(x\,;d) - \varepsilon), \quad \forall t > 0, \tag{6.3.18}
$$

根据凸函数 $f_i^*(x)$ 的连续性, 在式 (6.3.18) 中令 $t \to 0^+$, 得 $f_i^*(x) \geqslant f(x)$, 因此 $i^* \in I(x)$. 在式 (6.3.18) 中用 $f_i^*(x)$ 代替 $f(x)$, 两边同时除以 t, 再关于 $t \to 0^+$ 取极限, 得

$$\delta_\Omega^*(d) \geqslant f_i^{*\prime}(x\,;d)$$

$$\geqslant f'(x\,;d) - \varepsilon,$$

由 $d \in \mathrm{R}^n$ 和 $\varepsilon > 0$ 的任意性, 式 (6.3.15) 成立. 定理得证.

推论 6.3.1 设 $Y \subset \mathrm{R}^p$ 为紧集, $g(x,y)$ 为定义于 $\mathrm{R}^n \times Y$ 上的函数且满足下述条件:

(1) 对固定的 $x \in \mathrm{R}^n$, $g(x,\cdot)$ 是上半连续函数;

(2) 对固定的 $y \in Y$, $g(\cdot,y)$ 是可微凸函数;

(3) 函数 $f(x) = \max\limits_{y \in Y} g(x,y)$ 存在.

记

$$Y(x) = \{y \in \mathrm{R}^n | g(x,y) = \max\limits_{y \in Y} g(x,y)\},$$

则有

$$\partial f(x) = \mathrm{co}\{\nabla_x g(x,y) | y \in Y(x)\}.$$

推论 6.3.2 设 $f_i(x)$, $i \in I$ 为 R^n 上的可微凸函数, I 为有限指标集, 则极大值函数 $f(x) = \max\limits_{i \in I} f_i(x)$ 的次微分有下述形式:

$$\partial f(x) = \mathrm{co}\{\nabla f_i(x) | i \in I(x)\}, \tag{6.3.19}$$

其中 $I(x) = \{i \in I | f_i(x) = f(x)\}$.

证明 对固定的 x, 函数 $i \to f_i(x)$ 的变量只取离散值, 因此一定是上半连续的, 根据定理 6.3.3, 式 (6.3.19) 成立. 推论得证.

推论 6.3.2 中讨论的有限个可微凸函数的极大值函数是一种最常见的非光滑凸函数.

例 6.3.1 考虑极大值函数:

$$f(x) = \max\{x_1 + x_2, -x_1 + x_2^2, x_1\},$$

以下计算 $f(x)$ 在点 $(1,2)^{\mathrm{T}}$ 的次微分. 令

$$f_1(x) = x_1 + x_2, \quad f_2(x) = -x_1 + x_2^2, \quad f_3(x) = x_1,$$

显然 $f_1(x)$, $f_2(x)$, $f_3(x)$ 都是凸函数, 通过计算得 $f_1(1,2) = f_2(1,2) = f(1,2) = 3$, $f_3(1,2) = 1 < f(1,2)$, 于是 $I(1,2) = \{1,2\}$, 根据推论 6.3.2 得

$$\partial f(1,2) = \mathrm{co}\{\nabla f_1(1,2), \nabla f_2(1,2)\} = \mathrm{co}\{(1,1)^{\mathrm{T}}, (-1,4)^{\mathrm{T}}\}.$$

6.4 次微分的单调性和连续性

本节将凸函数次微分作为集值映射, 讨论其单调性和上半连续性, 这些性质在凸优化算法的收敛性以及变分不等式解的存在性中有重要应用.

6.4.1 单调性

定理 6.4.1   设 $f(x)$ 为 R^n 上的凸函数, 则次微分映射 $x \to \partial f(x)$ 是单调的, 即对任意 $x_1, x_2 \in R^n$, 有

$$(\xi_2 - \xi_1)^{\mathrm{T}}(x_2 - x_1) \geqslant 0, \quad \forall \xi_1 \in \partial f(x_1), \xi_2 \in \partial f(x_2). \tag{6.4.1}$$

证明   考虑次梯度不等式

$$f(x_2) \geqslant f(x_1) + \xi_1^{\mathrm{T}}(x_2 - x_1), \quad \forall \xi_1 \in \partial f(x_1),$$

$$f(x_1) \geqslant f(x_2) + \xi_2^{\mathrm{T}}(x_1 - x_2), \quad \forall \xi_2 \in \partial f(x_2),$$

将以上两式相加, 即得式 (6.4.1). 定理得证.

式 (6.4.1) 说明集值映射 $x \to \partial f(x)$ 是单调的.

定理 6.4.2   设 $f(x)$ 为 R^n 上的凸函数, 则 $f(x)$ 是强凸 (关于常数 c) 的充要条件是对任意 $x_1, x_2 \in R^n$, 有

$$f(x_2) \geqslant f(x_1) + \xi^{\mathrm{T}}(x_2 - x_1) + \frac{1}{2}c\|x_2 - x_1\|^2, \quad \forall \xi \in \partial f(x_1) \tag{6.4.2}$$

或等价地有

$$(\xi_2 - \xi_1)^{\mathrm{T}}(x_2 - x_1) \geqslant c\|x_2 - x_1\|^2, \quad \forall \xi_i \in \partial f(x_i), \quad i = 1, 2. \tag{6.4.3}$$

证明   充分性. 给定 $x_1, x_2 \in R^n$, $\lambda \in (0, 1)$, 记

$$\begin{aligned} x_\lambda &= \lambda x_2 + (1 - \lambda)x_1 \\ &= x_1 + \lambda(x_2 - x_1). \end{aligned}$$

假设式 (6.4.2) 成立, 则对任意 $\xi \in \partial f(x_\lambda)$, 有

$$\begin{aligned} f(x_2) \geqslant{}& f(x_\lambda) + \xi^{\mathrm{T}}(x_2 - x_\lambda) + \frac{1}{2}c\|x_2 - x_\lambda\|^2 \\ ={}& f(x_\lambda) + (1 - \lambda)\xi^{\mathrm{T}}(x_2 - x_1) + \frac{1}{2}c(1 - \lambda)^2\|x_2 - x_1\|^2, \end{aligned}$$

$$f(x_1) \geqslant f(x_\lambda) + \xi^{\mathrm{T}}(x_1 - x_\lambda) + \frac{1}{2}c\|x_1 - x_\lambda\|^2$$

$$=f(x_\lambda) + \lambda \xi^{\mathrm{T}}(x_1 - x_2) + \frac{1}{2}c\lambda^2 \|x_1 - x_2\|^2,$$

以上两式分别乘以 λ 和 $(1 - \lambda)$, 然后相加得

$$\lambda f(x_2) + (1 - \lambda)f(x_1) \geqslant f(x_\lambda) + \frac{1}{2}c\|x_2 - x_1\|^2(\lambda(1 - \lambda)^2 + (1 - \lambda)\lambda^2). \quad (6.4.4)$$

注意到, $\lambda(1 - \lambda)^2 + (1 - \lambda)\lambda^2$ 有界且不为零, 式 (6.4.4) 说明 $f(x)$ 是强凸的.

必要性. 假设 $f(x)$ 是强凸的, 即对任意 $x_1, x_2 \in \mathrm{R}^n, \lambda \in (0, 1)$, 有

$$\begin{aligned} f(x_\lambda) &= f(\lambda x_2 + (1 - \lambda)x_1) \\ &\leqslant \lambda f(x_2) + (1 - \lambda)f(x_1) - \frac{1}{2}c\|x_2 - x_1\|^2 \\ &\leqslant \lambda f(x_2) + (1 - \lambda)f(x_1) - \frac{1}{2}c\lambda(1 - \lambda)\|x_2 - x_1\|^2, \end{aligned}$$

上式可等价地表示为

$$\frac{f(x_\lambda) - f(x_1)}{\lambda} + \frac{1}{2}c(1 - \lambda)\|x_2 - x_1\|^2 \leqslant f(x_2) - f(x_1).$$

在上式中令 $\lambda \to 0^+$, 得

$$f'(x_1; x_2 - x_1) + \frac{1}{2}c\|x_2 - x_1\|^2 \leqslant f(x_2) - f(x_1),$$

再由方向导数与次微分的关系 $f'(x_1; x_2 - x_1) \geqslant \xi^{\mathrm{T}}(x_2 - x_1), \xi \in \partial f(x_1)$, 得式 (6.4.2). 以上证明了式 (6.4.2) 与 $f(x)$ 强凸的等价性. 关于式 (6.4.2) 与式 (6.4.2) 的等价性需要用到次微分积分的知识, 这里从略. 定理得证.

类似定理 6.4.2 可以得到下述定理.

定理 6.4.3 设 $f(x)$ 为 R^n 上的凸函数, 则 $f(x)$ 是严格凸的充要条件是对任意 $x_1, x_2 \in \mathrm{R}^n$ 且 $x_1 \neq x_2$, 有

$$f(x_2) > f(x_1) + \xi^{\mathrm{T}}(x_2 - x_1), \quad \forall \xi \in \partial f(x_1)$$

或等价地, 有

$$(\xi_2 - \xi_1)^{\mathrm{T}}(x_2 - x_1) > 0, \quad \forall \xi_i \in \partial f(x_i), \quad i = 1, 2.$$

6.4.2 次微分的上半连续性

定理 6.4.4 设 $f(x)$ 为 R^n 上的凸函数, 则集值映射 $x \to \partial f(x)$ 是上半连续的.

证明 只要证明对给定的 $x \in \mathrm{R}^n$, 对任意 $\varepsilon > 0$, 存在 $\delta > 0$, 使得

$$\partial f(y) \subset \partial f(x) + B(0, \varepsilon), \quad \forall y \in B(x, \delta). \quad (6.4.5)$$

用反证法, 假设式 (6.4.5) 不成立, 则存在 $\varepsilon > 0$, $x_k \in \mathrm{R}^n$, $\xi_k \in \partial f(x_k)$, $k = 1, 2, \cdots$, $x_k \to x \ (k \to \infty)$, 使得

$$\xi_k \notin \partial f(x) + B(0, \varepsilon), \quad k = 1, 2, \cdots. \tag{6.4.6}$$

根据次微分定义有

$$f(y) \geqslant f(x_k) + \xi_k^{\mathrm{T}}(y - x_k), \quad y \in \mathrm{R}^n. \tag{6.4.7}$$

由次微分的局部有界性, $\{\xi_k\}_1^\infty$ 存在收敛子列, 不妨假设为 $\{\xi_k\}_1^\infty$ 本身, 设 $\xi_k \to \xi$, 在式 (6.4.7) 中关于 $k \to \infty$ 取极限, 得

$$f(y) \geqslant f(x) + \xi^{\mathrm{T}}(y - x), y \in \mathrm{R}^n$$

这说明 $\xi \in \partial f(x)$, 与式 (6.4.6) 矛盾. 定理得证.

次微分的上半连续性是非光滑凸优化各种算法收敛性证明中必须具备的条件之一.

例 6.4.1 考虑 R 上凸函数 $f(x) = |x|$, $f(x)$ 的次微分为

$$\partial f(x) = \begin{cases} \{1\}, & x > 0, \\ [-1, 1], & x = 0, \\ \{-1\}, & x < 0. \end{cases}$$

不难验证, R 到 R 中子集上的集值映射 $x \to \partial f(x)$ 是单调和上半连续的.

6.5　近似次微分和近似方向导数

本节引入近似次微分和近似方向导数的概念, 并介绍一些基本性质.

6.5.1　近似次微分

定义 6.5.1 设 $f(x)$ 为 R^n 上凸函数, $\varepsilon > 0$, $f(x)$ 在点 x 的近似次微分 (approximate subdifferential), 也称为 ε 次微分 (ε subdifferential), 记为 $\partial_\varepsilon f(x)$, 定义如下:

$$\partial_\varepsilon f(x) = \{\xi \in \mathrm{R}^n | f(y) \geqslant f(x) + \xi^{\mathrm{T}}(y - x) - \varepsilon, \forall y \in \mathrm{R}^n\}, \tag{6.5.1}$$

$\xi \in \partial_\varepsilon f(x)$ 称为 ε 次微分中的元素, 也简称为 ε 次微分或 ε 次梯度.

从近似次微分定义不难看出, $\partial f(x) \subset \partial_\varepsilon f(x)$.

定理 6.5.1 设 $f(x)$ 为 R^n 上的凸函数, 则 ε 次微分 $\partial_\varepsilon f(x)$ 是 R^n 中非空凸紧集.

证明 因为 $\varepsilon > 0$, 于是点 $(x, f(x) - \varepsilon)$ 与上图 $\mathrm{Epi} f$ 的交为空集, 根据凸集的分离定理, 存在超平面严格分离点 $(x, f(x) - \varepsilon)$ 与凸集 $\mathrm{Epi} f$. 记

$$\mathrm{Epi} f = \{(y, z) \in \mathrm{R}^{n+1} | f(y) \leqslant z\},$$

于是存在常数 α 和 $s \in \mathrm{R}^n$, 使得

$$s^{\mathrm{T}} x + \alpha(f(x) - \varepsilon) < s^{\mathrm{T}} y + \alpha z, \quad f(y) \leqslant z, \quad y \in \mathrm{R}^n. \tag{6.5.2}$$

在式 (6.5.2) 中取 $y = x, z = f(x)$, 则有

$$\alpha(f(x) - \varepsilon) < \alpha f(x),$$

这说明 $\alpha > 0$. 在式 (6.5.2) 中取 $z = f(y)$, 经过整理得

$$f(y) \geqslant f(x) - \frac{1}{\alpha} s^{\mathrm{T}}(y - x) - \varepsilon,$$

根据 ε 次微分定义, $s' = -\dfrac{1}{\alpha} s \in \partial_\varepsilon f(x)$, 故 $\partial_\varepsilon f(x)$ 是非空的. $\partial_\varepsilon f(x)$ 的闭性和凸性可从定义中直接得到, 以下证明它的有界性. $f(x)$ 是凸函数, 因此是局部 Lipschitz 的, 设 L 是 $f(x)$ 在 $B(x, \delta)$ 内的 Lipschitz 常数, 其中 $\delta > 0$. 对于 $\xi \in \partial_\varepsilon f(x)$ 且 $\xi \neq 0$, 选取 $y = x + \dfrac{\delta}{\|\xi\|} \xi$, 根据 ε 次微分的定义和 $f(x)$ 的 Lipschitz 性质, 则有

$$\begin{aligned}
f(x) + L\delta &\geqslant f(y) \\
&\geqslant f(x) + \xi^{\mathrm{T}}(y - x) - \varepsilon \\
&= f(x) + \frac{\delta}{\|\xi\|} \xi^{\mathrm{T}} \xi - \varepsilon,
\end{aligned}$$

进而有 $\|\xi\| \leqslant L + \dfrac{\varepsilon}{\delta}$, 这说明 $\partial_\varepsilon f(x)$ 是有界的. 定理得证.

例 6.5.1 设 $f(x) = |x|, x \in \mathrm{R}$. $f(x)$ 在点 x 的 ε 次微分有下述形式:

$$\partial_\varepsilon f(x) = \begin{cases} \left[-1, -1 - \dfrac{\varepsilon}{x} \right], & x < -\dfrac{\varepsilon}{2}, \\[2mm] [-1, 1], & -\dfrac{\varepsilon}{2} \leqslant x \leqslant \dfrac{\varepsilon}{2}, \\[2mm] \left[1 - \dfrac{\varepsilon}{x}, 1 \right], & x > \dfrac{\varepsilon}{2}. \end{cases}$$

由 ε 次微分定义易见下述关系式成立:

$$\partial_{\varepsilon_1} f(x) \subset \partial_{\varepsilon_2} f(x), \quad \varepsilon_1 \leqslant \varepsilon_2,$$

$$\partial f(x) = \partial_0 f(x) = \bigcap_{\varepsilon > 0} \partial_\varepsilon f(x),$$

$$\partial_{\lambda \varepsilon_1 + (1-\lambda)\varepsilon_2} f(x) \supset \lambda \partial_{\varepsilon_1} f(x) + (1-\lambda) \partial_{\varepsilon_2} f(x), \quad 0 < \lambda < 1.$$

利用 ε 次微分定义可直接得到: $0 \in \partial_\varepsilon f(x^*)$ 当且仅当

$$f(x^*) \leqslant f(x) + \varepsilon, \quad \forall x \in \mathrm{R}^n. \tag{6.5.3}$$

式 (6.5.3) 说明 $0 \in \partial_\varepsilon f(x^*)$ 是凸函数 ε 最优解的充要条件.

根据定义可以得到 ε 次微分的一些运算性质.

定理 6.5.2　设 $f(x)$ 为 R^n 上的凸函数, 下述结论成立:

(1) 设 $g(x) = f(x) + c$, 其中 c 为常数, 则有 $\partial_\varepsilon g(x) = \partial_\varepsilon f(x)$;

(2) 设 $g(x) = \lambda f(x)$, 其中 $\lambda > 0$, 则 $\partial_\varepsilon g(x) = \lambda \partial_{\frac{\varepsilon}{\lambda}} f(x)$;

(3) 设 $g(x) = f(\lambda x)$, 其中 $\lambda \neq 0$, 则 $\partial_\varepsilon g(x) = \lambda \partial_\varepsilon f(\lambda x)$;

(4) 设 $g(x) = f(x - x_0)$, 其中 $x_0 \in \mathrm{R}^n$, 则 $\partial_\varepsilon g(x + x_0) = \partial_\varepsilon f(x)$;

(5) 设 $g(x) = f(x) + a^\mathrm{T} x$, 其中 $a \in \mathrm{R}^n$, 则 $\partial_\varepsilon g(x) = \partial_\varepsilon f(x) + \{a\}$;

(6) 如果 $f_1(x) \leqslant f_2(x)$, $\forall x \in \mathrm{R}^n$, $f_1(x_0) = f_2(x_0)$, 其中 $x_0 \in \mathrm{R}^n$, 则有 $\partial_\varepsilon f_1(x_0) \subset \partial_\varepsilon f_2(x_0)$.

6.5.2　近似方向导数

定义 6.5.2　设 $f(x)$ 为 R^n 上凸函数, $\varepsilon > 0$, ε 次微分的支撑函数, 称为 ε 方向导数 (ε directional derivative), 记为

$$f'_\varepsilon(x; d) = \max_{\xi \in \partial_\varepsilon f(x)} \xi^\mathrm{T} d, \quad \forall d \in \mathrm{R}^n. \tag{6.5.4}$$

定理 6.5.3　设 $f(x)$ 为 R^n 上凸函数, $f(x)$ 的 ε 方向导数有下述形式:

$$f'_\varepsilon(x; d) = \inf_{t > 0} \frac{f(x + td) - f(x) + \varepsilon}{t}$$

亦

$$\inf_{t > 0} \frac{f(x + td) - f(x) + \varepsilon}{t} = \max_{\xi \in \partial_\varepsilon f(x)} \xi^\mathrm{T} d. \tag{6.5.5}$$

证明　根据 ε 次微分定义, 易见 $\xi \in \partial_\varepsilon f(x)$ 当且仅当

$$\inf_{t > 0} \frac{f(x + td) - f(x) + \varepsilon}{t} \geqslant \xi^\mathrm{T} d, \quad \forall d \in \mathrm{R}^n,$$

或等价地,

$$\inf_{t > 0} \frac{f(x + td) - f(x) + \varepsilon}{t} \geqslant \max_{\xi \in \partial_\varepsilon f(x)} \xi^\mathrm{T} d, \quad \forall d \in \mathrm{R}^n. \tag{6.5.6}$$

对于给定的 $x, d \in \mathrm{R}^n$, 考虑 R^{n+1} 中如下子集和半超平面:

$$S_1 = \{(z, w) \in \mathrm{R}^{n+1} | f(z) < w\},$$

$$S_2 = \left\{ (z, w) \in \mathrm{R}^{n+1} \,\middle|\, z = x + \alpha d, w = f(x) - \varepsilon + \alpha \inf_{t > 0} \frac{f(x + td) - f(x) + \varepsilon}{t}, \alpha \geqslant 0 \right\}.$$

显然, S_1 和 S_2 都是非空的. 对任意 $(z, w) \in S_2$, 有

$$
\begin{aligned}
w &= f(x) - \varepsilon + \alpha \inf_{t>0} \frac{f(x+td) - f(x) + \varepsilon}{t} \\
&\leqslant f(x) - \varepsilon + \alpha \frac{f(x+\alpha d) - f(x) + \varepsilon}{\alpha} \\
&= f(x + \alpha d) \\
&= f(z),
\end{aligned}
$$

因此 S_1 和 S_2 不相交. 根据凸集分离定理, 存在非零向量 $(\mu, \gamma) \in \mathrm{R}^{n+1}$, 使得

$$
\gamma \left(f(x) - \varepsilon + \alpha \inf_{t>0} \frac{f(x+td) - f(x) + \varepsilon}{t} \right) + \mu^{\mathrm{T}}(x + \alpha d) \leqslant \gamma w + \mu^{\mathrm{T}} z,
$$

$$
\forall \alpha \geqslant 0, \quad z \in \mathrm{R}^n, \quad f(z) < w. \tag{6.5.7}
$$

式 (6.5.7) 中的 γ 不能小于零, 否则该式右端当 w 充分大时可任意小, 不等式不能成立; γ 也不可能为零, 否则由 $\mu^{\mathrm{T}}(x + \alpha d) \leqslant \mu^{\mathrm{T}} z$ 必有 $\mu = 0$, 这与 (μ, γ) 非零相矛盾, 因此必有 $\gamma > 0$. 不妨假设 $\gamma = 1$(当然也可对式 (6.5.7) 两端同除以 γ), 此时由式 (6.5.7) 得

$$
f(x) - \varepsilon + \alpha \inf_{t>0} \frac{f(x+td) - f(x) + \varepsilon}{t} + \alpha \mu^{\mathrm{T}} d \leqslant w + \mu^{\mathrm{T}}(z - x),
$$

$$
\forall \alpha \geqslant 0, \quad z \in \mathrm{R}^n, \quad f(z) < w. \tag{6.5.8}
$$

在式 (6.5.8) 中令 $\alpha = 0$, 并取极限 $w \to f(z)$, 得

$$
f(x) - \varepsilon + (-\mu)^{\mathrm{T}}(z - x) \leqslant f(z), \quad \forall z \in \mathrm{R}^n,
$$

于是 $-\mu \in \partial_\varepsilon f(x)$. 在式 (6.5.8) 中令 $z = x$, 并取极限 $w \to f(x)$, 再两边同时除以 α, 得

$$
-\frac{\varepsilon}{\alpha} + \inf_{t>0} \frac{f(x+td) - f(x) + \varepsilon}{t} \leqslant (-\mu)^{\mathrm{T}} d, \quad \forall d \in \mathrm{R}^n,
$$

由于 α 可任意大, 所以有

$$
\inf_{t>0} \frac{f(x+td) - f(x) + \varepsilon}{t} \leqslant (-\mu)^{\mathrm{T}} d, \quad \forall d \in \mathrm{R}^n,
$$

又 $-\mu \in \partial_\varepsilon f(x)$, 则有

$$
\inf_{t>0} \frac{f(x+td) - f(x) + \varepsilon}{t} \leqslant \max_{\xi \in \partial_\varepsilon f(x)} \xi^{\mathrm{T}} d, \quad \forall d \in \mathrm{R}^n. \tag{6.5.9}
$$

联立式 (6.5.6) 和式 (6.5.9), 得式 (6.5.5). 定理得证.

例 6.5.2　考虑 $\mathbb{R}^n$ 上的二次函数

$$f(x) = \frac{1}{2}x^{\mathrm{T}}Hx + b^{\mathrm{T}}x,$$

其中 H 为 n 阶正定矩阵, $b \in \mathbb{R}^n$. 求 $f(x)$ 的 ε 方向导数可转化为求解下述一维优化问题:

$$\inf_{t>0} \frac{\dfrac{1}{2}d^{\mathrm{T}}Hdt^2 + \nabla f(x)^{\mathrm{T}}dt + \varepsilon}{t},$$

经过计算得

$$f_{\varepsilon}'(x;d) = \nabla f(x)^{\mathrm{T}}d + \sqrt{2\varepsilon d^{\mathrm{T}}Hd}.$$

第7章　局部 Lipschitz 函数的广义梯度

广义梯度是可微函数经典梯度到局部 Lipschitz 函数的推广, 它是目前为止关于非凸函数各种广义微分中最有影响的一种, 在非光滑分析中占有重要位置, 在最优化和控制理论中被广泛应用. 本章介绍广义梯度基本概念及有关分析性质.

7.1　广义梯度基本性质

7.1.1　广义方向导数

一般说来, 局部 Lipschitz 函数的经典方向导数不一定存在, 为此首先引入广义方向导数概念.

定义 7.1.1　设 $f(x)$ 为开集 $S \subset \mathrm{R}^n$ 上的局部 Lipschitz 函数, $f(x)$ 在点 x 关于方向 $d \in \mathrm{R}^n$ 的广义方向导数 (generalized directional derivative), 记为 $f^\circ(x\,;d)$, 定义如下:

$$f^\circ(x\,;d) = \lim_{\substack{y \to x \\ t \to 0^+}} \sup \frac{f(y+td) - f(y)}{t}. \tag{7.1.1}$$

由 $f(x)$ 的局部 Lipschitz 性质, 式 (7.1.1) 右端差商总是有界的, 因此其上极限一定存在, 所以广义方向导数对于局部 Lipschitz 函数总是存在的. 在广义方向导数定义中, 同时要求 $y \to x$ 和 $t \to 0^+$, 如果在式 (7.1.1) 右端极限中取 $y = x$, 则该极限为 Dini 上导数.

定理 7.1.1　设 $f(x)$ 为 R^n 上的局部 Lipschitz 函数, 在点 x 附近的 Lipschitz 常数为 L, 则有下述结论:

(1) 对固定的 x, 函数 $d \to f^\circ(x;d)$ 是次线性的, 且有

$$|f^\circ(x;d)| \leqslant L\|d\|, \quad \forall d \in \mathrm{R}^n;$$

(2) $f^\circ(x;d)$ 作为 $(x,\,d) \in \mathrm{R}^{2n}$ 上的函数是上半连续的, 固定 $x \in \mathrm{R}^n$, $f^\circ(x;d)$ 作为 d 的函数是局部 Lipschitz 的;

(3) $f^\circ(x;-d) = (-f)^\circ(x;d), \forall d \in \mathrm{R}^n$.

证明　(1) 根据 Lipschitz 条件, 式 (7.1.1) 右端差商当 y 充分接近 x 和 t 充分小时是有界的, 且 $L\|d\|$ 为其上界, 于是 $L\|d\|$ 也是 $f^\circ(x;d)$ 的一个上界, 即

$|f°(x;d)| \leqslant L\|d\|$. 下面考虑函数 $d \to f°(x;d)$ 的次可加性. 通过计算得

$$f°(x;d_1+d_2) = \lim_{\substack{y \to x \\ t \to 0^+}} \sup \frac{f(y+td_1+td_2) - f(y)}{t}$$

$$\leqslant \lim_{\substack{y \to x \\ t \to 0^+}} \sup \frac{f(y+td_1+td_2) - f(y+td_2)}{t} + \lim_{\substack{y \to x \\ t \to 0^+}} \sup \frac{f(y+td_2) - f(y)}{t}.$$

上式右端第二项为 $f°(x;d_2)$; 对于第一项, 考虑 $y+td_2 \to x(y \to x, t \to 0^+)$, 则有

$$\lim_{\substack{y \to x \\ t \to 0^+}} \sup \frac{f(y+td_1+td_2) - f(y+td_2)}{t} \leqslant \lim_{\substack{z \to x \\ t \to 0^+}} \sup \frac{f(z+td_1) - f(z)}{t}$$

$$= f°(x;d_1),$$

于是

$$f°(x;d_1+d_2) \leqslant f°(x;d_1) + f°(x;d_2),$$

这说明函数 $d \to f°(x;d)$ 是次可加的. 根据广义方向导数的定义, 易见

$$f°(x;\lambda d) = \lambda f°(x;d), \quad \forall \lambda \geqslant 0,$$

这说明 $d \to f°(x;d)$ 是正齐次的, 故 $d \to f°(x;d)$ 是次线性的, 结论 (1) 成立.

(2) 设 $\{x_i\}_1^\infty$ 和 $\{d_i\}_1^\infty$ 为分别收敛于 x 和 d 的点列, 对每个固定 i, 根据上极限定义存在 $y_i \in \mathrm{R}^n$ 和 $t_i > 0$, 使得

$$\|y_i - x_i\| + t_i < \frac{1}{i},$$

$$f°(x_i;d_i) - \frac{1}{i} \leqslant \frac{f(y_i+t_id_i) - f(y_i)}{t_i}$$

$$= \frac{f(y_i+t_id) - f(y_i)}{t_i} + \frac{f(y_i+t_id_i) - f(y_i+t_id)}{t_i}. \tag{7.1.2}$$

由 $f(x)$ 的 Lipschitz 性质, 式 (7.1.2) 中第二项不超过 $L\|d_i - d\|$, 第一项的上极限不超过 $f°(x;d)$, 对其关于 $i \to \infty$ 取上极限, 得

$$\limsup_{i \to \infty} f°(x_i;d_i) \leqslant f°(x;d),$$

故 $f°(x;d)$ 是上半连续的. 根据 $f(x)$ 的 Lipschitz 性质, 当 y 充分接近 x 以及 $t > 0$ 充分小时, 有

$$f(y+td_1) - f(y) \leqslant f(y+td_2) - f(y) + L\|d_1 - d_2\|t.$$

上式两边同时除以 t, 然后关于 $y \to x$ 和 $t \to 0^+$ 取上极限, 得

$$f°(x;d_1) \leqslant f°(x;d_2) + L\|d_1 - d_2\|. \tag{7.1.3}$$

进一步, 在式 (7.1.3) 中 d_1 和 d_2 互换位置, 得

$$f^\circ(x;d_2) \leqslant f^\circ(x;d_1) + L\|d_1 - d_2\|. \tag{7.1.4}$$

联立式 (7.1.3) 和式 (7.1.4), 即得函数 $f^\circ(x;d)$ 关于 d 的局部 Lipschitz 性质, 结论 (2) 成立.

(3) 令 $y = x' - td$, 直接推导得

$$
\begin{aligned}
f^\circ(x;-d) &= \lim_{\substack{x'\to x \\ t\to 0^+}} \sup \frac{f(x'-td) - f(x')}{t} \\
&= \lim_{\substack{y\to x \\ t\to 0^+}} \sup \frac{(-f)(y+td) - (-f)(y)}{t} \\
&= (-f)^\circ(x;d),
\end{aligned}
$$

结论 (3) 成立. 定理得证.

7.1.2　广义梯度定义和性质

定理 7.1.1 说明局部 Lipschitz 函数的广义方向导数关于方向是次线性的, 根据 Hahn-Banach 定理, 它可作为一个闭凸集的支撑函数, 这个闭凸集称为广义梯度.

定义 7.1.2　设 $f(x)$ 为 R^n 上的局部 Lipschitz 函数, $f(x)$ 的广义梯度 (generalized gradient), 记为 $\partial f(x)$, 定义如下:

$$\partial f(x) = \{\xi \in \mathrm{R}^n | f^\circ(x;d) \geqslant \xi^\mathrm{T} d, \forall d \in \mathrm{R}^n\}. \tag{7.1.5}$$

为区别起见, 广义方向导数和广义梯度也分别称为 Clarke 广义方向导数和 Clarke 广义梯度 (或 Clarke 次微分), 广义梯度也可记为 $\partial_{\mathrm{Cl}}f(x)$ 或 $\partial_{\mathrm{C}}f(x)$.

定理 7.1.2　设 $f(x)$ 为 R^n 上的局部 Lipschitz 函数, $f(x)$ 在点 x 附近的 Lipschitz 常数为 L, 则下述结论成立:

(1) $\partial f(x)$ 为 R^n 上的凸紧集, 且有 $\|\xi\| \leqslant L$, $\forall \xi \in \partial f(x)$, 亦即 $\partial f(x) \subset \mathrm{cl}B(0,L)$;

(2) $f^\circ(x;d) = \max\{\xi^\mathrm{T}d | \xi \in \partial f(x)\}$, $\forall d \in \mathrm{R}^n$; \hfill (7.1.6)

(3) $\xi \in \partial f(x)$ 当且仅当 $f^\circ(x;d) \geqslant \xi^\mathrm{T}d$, $\forall d \in \mathrm{R}^n$;

(4) 集值映射 $x \to \partial f(x)$ 是上半连续的.

证明　结论 (2) 和结论 (3) 由广义梯度定义即可看出, 以下只需证明结论 (1) 和结论 (4).

结论 (1) 的证明. 根据广义梯度定义和定理 7.1.1, 对任意 $\xi \in \partial f(x)$, 有

$$\xi^\mathrm{T}d \leqslant f^\circ(x;d) \leqslant L\|d\|, \quad \forall d \in \mathrm{R}^n. \tag{7.1.7}$$

若存在 $\xi \in \partial f(x)$ 满足 $\|\xi\| > L$, 在式 (7.1.7) 中选取 $d = \xi$, 得到矛盾, 故 $\|\xi\| \leqslant L$, $\forall \xi \in \partial f(x)$. 另一方面, 由广义梯度定义易见 $\partial f(x)$ 为闭凸集, 再由 $\partial f(x)$ 的有界性, $\partial f(x)$ 为凸紧集. 结论 (1) 成立.

结论 (4) 的证明. 以下证明: 给定 $\varepsilon > 0$, 存在 $\delta > 0$, 使得

$$\partial f(y) \subset \partial f(x) + B(0, \varepsilon), \quad \|y - x\| < \delta. \tag{7.1.8}$$

用反证法, 如果式 (7.1.8) 不成立, 则存在点列 $\{y_i\}_1^\infty$ 满足 $y_i \to x$, $\xi_i \in \partial f(y_i), i = 1, \cdots$, 使得 $\xi_i \notin \partial f(x) + B(0, \varepsilon), i = 1, \cdots$. 对点 ξ_i 和集合 $\partial f(x) + B(0, \varepsilon)$ 利用凸集分离定理, 存在 $d_i \neq 0$, 使得

$$\xi_i^{\mathrm{T}} d_i \geqslant \xi^{\mathrm{T}} d_i, \quad \forall \xi \in \partial f(x) + B(0, \varepsilon), \quad i = 1, \cdots,$$

于是有

$$\begin{aligned} \xi_i^{\mathrm{T}} d_i &\geqslant \sup\{\xi^{\mathrm{T}} d_i | \xi \in \partial f(x) + B(0, \varepsilon)\} \\ &= f^\circ(x; d_i) + \varepsilon \|d_i\|, \quad i = 1, \cdots. \end{aligned} \tag{7.1.9}$$

对固定的 x, 函数 $f^\circ(x; \cdot)$ 是正齐次的, 因此只需考虑 d_i 为单位向量, 即 $\|d_i\| = 1$. 选取 $\{\xi_i\}_1^\infty$ 和 $\{d_i\}_1^\infty$ 的收敛子列, 不妨设为 $\{\xi_i\}_1^\infty$ 和 $\{d_i\}_1^\infty$ 本身, 对式 (7.1.9) 关于 $\xi_i \to \xi$, $d_i \to d$ 取上极限, 得

$$\xi^{\mathrm{T}} d \geqslant f^\circ(x; d) + \varepsilon. \tag{7.1.10}$$

另一方面, 因为 $\xi_i \in \partial f(y_i)$, 所以 $f^\circ(y_i; d) \geqslant \xi_i^{\mathrm{T}} d$, 关于 $i \to \infty$ 取上极限, 利用 $f^\circ(x; d)$ 的上半连续性, 得 $f^\circ(x; d) \geqslant \xi^{\mathrm{T}} d$, 这与式 (7.1.8) 矛盾, 结论 (4) 成立. 定理得证.

定理 7.1.2 中结论 (2) 说明, 广义方向导数是广义梯度的支撑函数, 因此广义方向导数与广义梯度之间是相互唯一确定的, 这一点在形式上类似于凸函数的方向导数与次微分之间的关系.

定理 7.1.3   设 $f(x)$, $g(x)$ 为 R^n 上的局部 Lipschitz 函数, c 为常数, 则有

(1) $\partial(cf(x)) = c\partial f(x)$;

(2) $\partial(f(x) + g(x)) \subset \partial f(x) + \partial g(x)$.

证明   (1) 当 $c \geqslant 0$ 时, 有 $(cf)^\circ(x; \cdot) = c f^\circ(x; \cdot)$, 根据式 (7.1.1) 给出的广义梯度表达式以及凸紧集与其支撑函数的关系, 得结论 (1). 对于 $c < 0$ 情况, 只需考虑 $c = -1$. 因为 $\xi \in \partial(-f(x))$ 当且仅当 $(-f)^\circ(x; d) \geqslant \xi^{\mathrm{T}} d, \forall d \in \mathrm{R}^n$, 由定理 7.1.1 中结论 (3), $(-f)^\circ(x; d) = f^\circ(x; -d)$, 于是 $\xi \in \partial(-f(x))$ 当且仅当 $f^\circ(x; -d) \geqslant \xi^{\mathrm{T}} d, \forall d \in \mathrm{R}^n$, 亦 $f^\circ(x; -d) \geqslant (-\xi^{\mathrm{T}})(-d), \forall d \in \mathrm{R}^n$, 这等价于 $-\xi \in \partial f(x)$, 结论 (1) 成立.

(2) 根据广义方向导数定义, 直接计算得

$$(f + g)^\circ(x; d) = \lim_{\substack{y \to x \\ t \to 0^+}} \sup \frac{f(y + td) + g(y + td) - f(y) - g(y)}{t}$$

$$
\begin{aligned}
&\leqslant \lim_{\substack{y \to x \\ t \to 0^+}} \sup \frac{f(y+td)-f(y)}{t} + \lim_{\substack{y \to x \\ t \to 0^+}} \sup \frac{g(y+td)-g(y)}{t} \\
&= f^\circ(x;d) + g^\circ(x;d), \quad \forall d \in \mathrm{R}^n,
\end{aligned}
$$

在上式中用广义梯度表示广义方向导数, 得

$$
\begin{aligned}
\max_{\xi \in \partial(f(x)+g(x))} \xi^{\mathrm{T}}d &\leqslant \max_{\xi \in \partial f(x)} \xi^{\mathrm{T}}d + \max_{\xi \in \partial g(x)} \xi^{\mathrm{T}}d \\
&= \max_{\xi \in \partial f(x)+\partial g(x)} \xi^{\mathrm{T}}d, \quad \forall d \in \mathrm{R}^n.
\end{aligned}
$$

根据凸紧集与其支撑函数的关系, 即得结论 (2). 定理得证.

定理 7.1.3 结论 (2) 只是一种包含关系, 这一点与凸函数的次微分不同. 定理 7.1.3 可以推广到一般形式, 设 $f_i(x), i = 1, \cdots, m$ 是 R^n 上的局部 Lipschitz 函数, $c_i, i = 1, \cdots, m$ 为常数, 则有

$$
\partial \left(\sum_{i=1}^m c_i f_i(x) \right) \subset \sum_{i=1}^m c_i \partial f_i(x). \tag{7.1.11}
$$

7.2 可微性与正则性

广义方向导数与经典方向导数相等的局部 Lipschitz 函数是一类重要的非光滑函数, 此时广义梯度具有许多好的性质, 本节将介绍这些性质, 同时讨论在各种可微性下, 梯度与广义梯度的关系.

7.2.1 可微性

定理 7.2.1 设 $f(x)$ 为 R^n 上的局部 Lipschitz 函数, 且在点 x 是 Gâteaux (Hadamard, Fréchet, 严格) 可微的, 则有 $\nabla f(x) \in \partial f(x)$.

证明 由于 $f(x)$ 是可微的, 故其方向导数存在, 且有 $f'(x;d) = \nabla f(x)^{\mathrm{T}}d$, 于是

$$
\begin{aligned}
\nabla f(x)^{\mathrm{T}}d &= f'(x;d) \\
&\leqslant f^\circ(x;d), \quad d \in \mathrm{R}^n,
\end{aligned}
$$

再根据支撑函数与凸紧集的关系, 有 $\nabla f(x) \in \partial f(x)$. 命题得证.

定理 7.2.2 设 $f(x)$ 为 R^n 上的局部 Lipschitz 函数, 如果 $f(x)$ 在点 x 是严格可微的, $\nabla f(x)$ 为其梯度, 则有 $\partial f(x) = \{\nabla f(x)\}$; 反过来, 如果 $\partial f(x)$ 是单点集, 记 $\partial f(x) = \{\xi\}$, 则 $f(x)$ 在点 x 是严格可微的, 且有 $\nabla f(x) = \xi$.

证明　假设 $f(x)$ 在点 x 是严格可微的, 根据严格可微及广义方向导数的定义, 易见 $f^\circ(x; d) = \nabla f(x)^{\mathrm{T}} d$, $\forall d \in \mathrm{R}^n$, 故 $\partial f(x) = \{\nabla f(x)\}$.

假设 $\partial f(x)$ 是单点集, 记 $\partial f(x) = \{\xi\}$, 于是 $f^\circ(x; d) = \xi^{\mathrm{T}} d$, $\forall d \in \mathrm{R}^n$. 经推导得

$$
\begin{aligned}
\lim_{\substack{y \to x \\ t \to 0^+}} \inf \frac{f(y + td) - f(y)}{t} &= - \lim_{\substack{y \to x \\ t \to 0^+}} \sup \frac{f(y) - f(y + td)}{t} \\
&= - \lim_{\substack{y \to x \\ t \to 0^+}} \sup \frac{f(y + td - td) - f(y + td)}{t} \\
&\geqslant - \lim_{\substack{z \to x \\ t \to 0^+}} \sup \frac{f(z - td) - f(z)}{t} \quad (\diamondsuit = y + td) \\
&= - f^\circ(x; -d) = -\xi^{\mathrm{T}}(-d) = f^\circ(x; d) \\
&= \lim_{\substack{y \to x \\ t \to 0^+}} \sup \frac{f(y + td) - f(y)}{t}.
\end{aligned} \tag{7.2.1}
$$

由式 (7.2.1) 知, 下述极限存在:

$$
\lim_{\substack{y \to x \\ t \to 0^+}} \frac{f(y + td) - f(y)}{t},
$$

且有

$$
\lim_{\substack{y \to x \\ t \to 0^+}} \frac{f(y + td) - f(y)}{t} = \xi^{\mathrm{T}} d, \quad \forall d \in \mathrm{R}^n.
$$

根据定义, $f(x)$ 是严格可微的, 其梯度为 $\nabla f(x) = \xi$. 定理得证.

定理 7.2.3　设 $f(x)$ 为 R^n 上的局部 Lipschitz 函数, $\partial f(x)$ 在点 x 的一个邻域内每一点均为单点集的充分必要条件是 $f(x)$ 在这个邻域内是连续可微的.

证明　充分性. 假设 $f(x)$ 是连续可微的, 因而是严格可微的, 根据定理 7.2.2, $\partial f(x)$ 为单点集.

必要性. 假设 $\partial f(x)$ 在点 x 的一个邻域内都是单点集, 由定理 7.2.2, $f(x)$ 是可微的, 且有 $\partial f(x) = \{\nabla f(x)\}$. 注意到, 对于单点集, 集值映射 $x \to \partial f(x)$ 的上半连续性等价于 $\nabla f(x)$ 的连续性, 于是 $\nabla f(x)$ 是连续的. 定理得证.

上述定理说明, 对于光滑函数广义梯度为梯度的单点集, 对于可微而非光滑函数其梯度为广义梯度中的元素. 因此, 广义梯度不能视为可微函数梯度的推广, 而应视为连续可微函数梯度的推广.

例 7.2.1　设

$$
f(x) = \begin{cases} x^2 \sin \dfrac{1}{x}, & x \neq 0, \\ 0, & x = 0. \end{cases}
$$

不难验证, 函数 $f(x)$ 是 R 上的可微函数, 也是局部 Lipschitz 函数. 根据广义方向导数和经典方向导数的定义, 直接计算得

$$f^\circ(0; \pm 1) = 1, \quad f'(0; \pm 1) = 0, \quad \nabla f(0) = 0,$$

于是 $\partial f(0) = [-1, 1]$. 方向导数和广义方向导数在点 $x = 0$ 不相等, 广义梯度不是梯度形成的单点集, 产生这一现象的原因是 $f(x)$ 在点 $x = 0$ 仅仅是可微的, 但不是连续可微的, 即可微而非光滑.

7.2.2 正则性

对于存在方向导数的局部 Lipschitz 函数, 方向导数与广义方向导数一般情况下并不相等, 广义方向导数具有上半连续性质, 方向导数不具有上半连续性质, 但可直接用于确定函数的下降方向, 两者各有优势.

定义 7.2.1 设 $f(x)$ 为 R^n 上的局部 Lipschitz 函数, 如果 $f(x)$ 在点 x 是方向可微的且广义方向导数与经典方向导数相等, 即

$$f'(x; d) = f^\circ(x; d), \quad \forall d \in R^n,$$

称 $f(x)$ 在点 x 是正则的.

定理 7.2.4 设 $f(x)$ 为 R^n 上的局部 Lipschitz 函数, 则有下述结论:

(1) 如果 $f(x)$ 在点 x 是严格可微的, 则 $f(x)$ 在点 x 是正则的;

(2) 如果 $f(x)$ 是凸函数, 则 $f(x)$ 是正则的;

(3) 如果 $f(x)$ 在点 x 是 Gâteaux 可微且正则的, 则 $\partial f(x) = \{\nabla f(x)\}$.

证明 (1)$f(x)$ 是严格可微的, 根据定理 7.2.1, $\partial f(x) = \{\nabla f(x)\}$, 于是

$$
\begin{aligned}
f^\circ(x; d) &= \max_{\xi \in \{\nabla f(x)\}} \xi^T d \\
&= \nabla f(x)^T d \\
&= f'(x; d), \quad \forall d \in R^n,
\end{aligned}
$$

故 $f(x)$ 是正则的.

(2) 由定义不难看出, 广义方向导数可以表示为下述形式:

$$f^\circ(x; d) = \lim_{\varepsilon \to 0^+} \sup_{||y-x|| \leqslant \varepsilon \delta} \sup_{0 < t < \varepsilon} \frac{f(y + td) - f(y)}{t},$$

其中 $\delta > 0$ 为一固定常数. 根据凸函数性质, 下述一维函数:

$$q(t) = \frac{f(y + td) - f(y)}{t}$$

对于 $t > 0$ 是非减的, 于是

$$f^\circ(x; d) = \lim_{\varepsilon \to 0^+} \sup_{\|y-x\| \leqslant \varepsilon\delta} \frac{f(y + \varepsilon d) - f(y)}{\varepsilon}. \tag{7.2.2}$$

根据 $f(x)$ 的 Lipschitz 性质, 对任意 $y \in \{x\} + B(0, \varepsilon\delta)$, 有

$$\left| \frac{f(y + \varepsilon d) - f(y)}{\varepsilon} - \frac{f(x + \varepsilon d) - f(x)}{\varepsilon} \right| \leqslant 2\delta L, \tag{7.2.3}$$

其中 L 为 $f(x)$ 的 Lipschitz 常数. 联立式 (7.2.2) 和式 (7.2.3), 得

$$\begin{aligned} f^\circ(x; d) &\leqslant \lim_{\varepsilon \to 0^+} \frac{f(x + \varepsilon d) - f(x)}{\varepsilon} + 2\delta L \\ &= f'(x; d) + 2\delta L. \end{aligned}$$

注意到 δ 的任意性, 由上式得 $f^\circ(x; d) \leqslant f'(x; d)$. 又由于 $f'(x; d) \leqslant f^\circ(x; d)$, 故 $f^\circ(x; d) = f'(x; d)$, 即 $f(x)$ 是正则的.

(3) 由假设条件得

$$\begin{aligned} f^\circ(x; d) &= f'(x; d) \\ &= \nabla f(x)^{\mathrm{T}} d, \quad \forall d \in \mathrm{R}^n, \end{aligned}$$

再根据支撑函数性质, 得 $\partial f(x) = \{\nabla f(x)\}$. 定理得证.

推论 7.2.1　设 $f(x)$ 为 R^n 上的凸函数, 则广义梯度与凸函数的次微分相同.

证明　根据定理 7.2.4, $f(x)$ 是正则的, 故有

$$\begin{aligned} \max_{\xi \in \partial_{\mathrm{Cl}} f(x)} \xi^{\mathrm{T}} d &= f^\circ(x; d) \\ &= f'(x; d) \\ &= \max_{\xi \in \partial f(x)} \xi^{\mathrm{T}} d, \quad \forall d \in \mathrm{R}^n, \end{aligned} \tag{7.2.4}$$

上式右端 $\partial f(x)$ 代表凸函数的次微分. 根据凸集与其支撑函数的关系, 由式 (7.2.4) 得 $\partial_{\mathrm{Cl}} f(x) = \partial f(x)$. 推论得证.

定理 7.2.5　设 $f_i(x), i = 1, \cdots, m$ 为 R^n 上的局部 Lipschitz 函数, $c_i \geqslant 0, i = 1, \cdots, m$, 如果 $f_i(x), i = 1, \cdots, m$ 是正则的, 那么 $\sum\limits_{i=1}^{m} c_i f_i(x)$ 也是正则的.

证明　利用已知条件及广义方向导数性质, 推导得

$$\left(\sum_{i=1}^{m} c_i f_i \right)'(x; d) = \sum_{i=1}^{m} c_i f_i'(x; d)$$

$$= \sum_{i=1}^{m} c_i f_i^{\circ}(x; d)$$

$$= \sum_{i=1}^{m} (c_i f_i)^{\circ}(x; d) \quad (因为 c_i \geqslant 0)$$

$$\geqslant \left(\sum_{i=1}^{m} c_i f_i \right)^{\circ}(x; d)$$

(和函数的广义方向导数小于广义方向导数的和)

$$\geqslant \left(\sum_{i=1}^{m} c_i f_i \right)^{\prime}(x; d),$$

故

$$\left(\sum_{i=1}^{m} c_i f_i \right)^{\prime}(x; d) = \left(\sum_{i=1}^{m} c_i f_i \right)^{\circ}(x; d),$$

即函数 $\sum_{i=1}^{m} c_i f_i(x)$ 是正则的. 定理得证.

定理 7.2.6 如果 $f_i(x), i = 1, \cdots, m$ 为 $\mathbf{R}^n$ 上的正则局部 Lipschitz 函数, $c_i \geqslant 0, i = 1, \cdots, m$, 则有

$$\partial \left(\sum_{i=1}^{m} c_i f_i(x) \right) = \sum_{i=1}^{m} c_i \partial f_i(x). \tag{7.2.5}$$

证明 根据定理 7.2.5 函数 $\sum_{i=1}^{m} c_i f_i(x)$ 是正则的, 于是

$$\left(\sum_{i=1}^{m} c_i f_i \right)^{\circ}(x; d) = \left(\sum_{i=1}^{m} c_i f_i \right)^{\prime}(x; d)$$

$$= \sum_{i=1}^{m} c_i f_i^{\prime}(x; d)$$

$$= \sum_{i=1}^{m} c_i f_i^{\circ}(x; d)$$

$$= \sum_{i=1}^{m} c_i \max_{\xi_i \in \partial f_i(x)} \xi_i^{\mathrm{T}} d$$

$$= \max_{\xi \in \sum_{i=1}^{m} c_i \partial f_i(x)} \xi^{\mathrm{T}} d,$$

由广义梯度定义知式 (7.2.5) 成立. 定理得证.

7.3　中值定理与链锁法则

本节首先给出利用广义梯度表示的中值定理, 与凸函数次微分表示的中值定理一样, 这一中值定理也是一种包含关系而非等式关系; 然后讨论复合函数广义梯度的链锁法则, 当然链锁法则也是包含关系.

7.3.1　极值条件

定理 7.3.1　设 $f(x)$ 为 R^n 上的局部 Lipschitz 函数, 如果 x^* 为 $f(x)$ 的极大 (小) 值点, 则有 $0 \in \partial f(x^*)$.

证明　注意到, $\partial(-f(x)) = -\partial f(x)$, 因此只需考虑极小值情况. 由于 x^* 为 $f(x)$ 的极小值点, 推导得

$$\begin{aligned}
f^{\circ}(x^*; d) &= \lim_{\substack{y \to x^* \\ t \to 0^+}} \sup \frac{f(y + td) - f(y)}{t} \\
&\geqslant \lim_{t \to 0^+} \sup \frac{f(x^* + td) - f(x^*)}{t} \\
&\geqslant 0, \quad \forall d \in \mathrm{R}^n,
\end{aligned}$$

于是 $f^{\circ}(x^*; d) \geqslant 0, \forall d \in \mathrm{R}^n$, 根据支撑函数的性质有 $0 \in \partial f(x^*)$. 定理得证.

满足 $0 \in \partial f(x)$ 的点 x 称为 $f(x)$ 广义梯度形式下的稳定点 (stationary point), 或简称稳定点. 当 $f(x)$ 为光滑函数时, $\partial f(x) = \{\nabla f(x)\}$, 此时 $0 \in \partial f(x)$ 等价于 $\nabla f(x) = 0$.

7.3.2　中值定理

定理 7.3.2 (中值定理)　设 $f(x)$ 为 R^n 上的局部 Lipschitz 函数, 给定 $x, y \in \mathrm{R}^n$, 则存在 x, y 连线中的点 z 及 $\xi \in \partial f(z)$, 使得

$$f(y) - f(x) = \xi^{\mathrm{T}}(y - x), \tag{7.3.1}$$

或等价地表述为

$$f(y) - f(x) \in \bigcup_{0 < t < 1} \{\xi^{\mathrm{T}}(y - x) \,|\, \xi \in \partial f(x + t(y - x))\}. \tag{7.3.2}$$

证明　考虑下述一维函数:

$$g(t) = f(x + t(y - x)), t \in \mathrm{R},$$

显然 $g(t)$ 是 R 上的局部 Lipschitz 函数. 首先证明下式:

$$\partial g(t) \subset \partial f(x + t(y - x))^{\mathrm{T}}(y - x). \tag{7.3.3}$$

式 (7.3.3) 左、右两端均为 R 上的凸紧集 (实际上是闭区间), 分别考虑它们的支撑函数, 为此只需考虑方向 $d = \pm 1$, 即证明:

$$\max\{\xi d|\xi \in \partial g(t)\} \leqslant \max\{\xi d(y-x)|\xi \in \partial f(x+t(y-x))\}, \quad d = \pm 1. \tag{7.3.4}$$

式 (7.3.4) 左端为广义方向导数 $g°(t;d)$, 经推导得

$$
\begin{aligned}
g°(t;d) &= \lim_{\substack{s \to t \\ \lambda \to 0^+}} \sup \frac{g(s+\lambda d) - g(s)}{\lambda} \\
&= \lim_{\substack{s \to t \\ \lambda \to 0^+}} \sup \frac{f(x+(s+\lambda d)(y-x)) - f(x+s(y-x))}{\lambda} \\
&\leqslant \lim_{\substack{y' \to x+t(y-x) \\ \lambda \to 0^+}} \sup \frac{f(y'+\lambda d(y-x)) - f(y')}{\lambda} \\
&= f°(x+t(y-x); d(y-x)) \\
&= \max\{\xi^{\mathrm{T}} d(y-x)|\xi \in \partial f(x+t(y-x))\}, \quad d = \pm 1,
\end{aligned}
$$

故式 (7.3.4) 成立, 根据凸紧集与其支撑函数的关系, 即得式 (7.3.3).

下面证明式 (7.3.1), 定义一维函数:

$$\theta(t) = f(x+t(y-x)) + t(f(x) - f(y)), \quad t \in [0,1].$$

注意到, $\theta(0) = \theta(1) = f(x)$, 由 $\theta(t)$ 的连续性知, 存在 $t \in (0,1)$, 使得 $\theta(t)$ 在点 t 达到极大 (小) 值, 再根据定理 7.3.1, 有 $0 \in \partial\theta(t)$. 计算 $\theta(t)$ 的广义梯度, 得

$$\partial\theta(t) = f(x) - f(y) + \partial f(x+t(y-x))^{\mathrm{T}}(y-x),$$

于是由 $0 \in \partial\theta(t)$ 及上式得式 (7.3.2). 定理得证.

当 $f(x)$ 是光滑函数时, 定理 7.2.2 给出的中值定理就是微积分中的 Lagrange 中值定理; 当 $f(x)$ 是凸函数时, 定理 7.2.2 给出的中值定理是凸函数次微分表示的中值定理.

7.3.3 链锁法则

定理 7.3.3 (链锁法则, chain rule) 设 $g(z)$ 为 R^m 上的局部 Lipschitz 函数, $F(x)$ 为 R^n 到 R^m 上的局部 Lipschitz 函数, 则复合函数 $f(x) = g(F(x))$ 的广义梯度满足下述关系式:

$$\partial f(x) \subset \mathrm{co}\{\partial(\gamma^{\mathrm{T}} F(x))|\gamma \in \partial g(z)|_{z=F(x)}\}. \tag{7.3.5}$$

证明 为证明式 (7.3.5), 只需证明式 (7.3.5) 右端集合的支撑函数大于 $f(x)$ 的广义方向导数, 为此只需证明对于给定的 $d \in \mathrm{R}^n$, 存在 $\gamma \in \partial g(z)|_{z=F(x)}$(或简记为 $\gamma \in \partial g(F(x))$) 和 $\xi \in \partial(\gamma^{\mathrm{T}} F(x))$, 使得 $f°(x;d) \leqslant \xi^{\mathrm{T}} d$. 根据广义方向导数定义, 存在 $y_k \to x, t_k \to 0^+$, 使得

$$\lim_{k \to \infty} \frac{f(y_k + t_k d) - f(y_k)}{t_k} = f°(x;d), \tag{7.3.6}$$

再根据定理 7.3.2 给出的广义梯度形式中值定理, 对每个 k, 存在 $F(y_k)$ 和 $F(y_k + t_k d)$ 连线上的点 z_k 和 $\gamma_k \in \partial g(z_k)$, 使得

$$
\begin{aligned}
\frac{f(y_k + t_k d) - f(y_k)}{t_k} &= \frac{g(F(y_k + t_k d)) - g(F(y_k))}{t_k} \\
&= \gamma_k^{\mathrm{T}} \frac{F(y_k + t_k d) - F(y_k)}{t_k}.
\end{aligned}
\tag{7.3.7}
$$

注意到, $z_k \to F(x)$, 则存在 $\{\gamma_k\}_1^\infty$ 的子序列, 不妨设为 $\{\gamma_k\}_1^\infty$ 本身, 使得 $\gamma_k \to \gamma \in \partial g(F(x))$, 此 γ 正为所求.

　　下面证明 ξ 的存在性. 根据广义梯度形式中值定理, 存在 y_k 与 $y_k + t_k d$ 连线上的 w_k, $\xi_k \in \partial(\gamma^{\mathrm{T}} F(x))|_{x=w_k}$, 使得

$$
\gamma^{\mathrm{T}} \frac{F(y_k + t_k d) - F(y_k)}{t_k} = \xi_k^{\mathrm{T}} d.
\tag{7.3.8}
$$

由于 $w_k \to x$, 而点列 $\{\xi_k\}_1^\infty$ 是有界的, 于是存在收敛子列, 不妨记为 $\{\xi_k\}_1^\infty$ 本身, 记 $\xi_k \to \xi$, 这样 $\xi_k^{\mathrm{T}} d \to \xi^{\mathrm{T}} d$, 根据广义梯度的上半连续性, $\xi \in \partial(\gamma^{\mathrm{T}} F(x))$. 综合式 (7.3.7) 和式 (7.3.8), 得

$$
\begin{aligned}
\frac{f(y_k + t_k d) - f(y_k)}{t_k} &= ((\gamma_k - \gamma) + \gamma)^{\mathrm{T}} \frac{F(y_k + t_k d) - F(y_k)}{t_k} \\
&= (\gamma_k - \gamma)^{\mathrm{T}} \frac{F(y_k + t_k d) - F(y_k)}{t_k} + \xi_k^{\mathrm{T}} d.
\end{aligned}
\tag{7.3.9}
$$

由于 $F(x)$ 是 Lipschitz 连续的, 所以

$$
\frac{F(y_k + t_k d) - F(y_k)}{t_k}
$$

有界, 又 $\gamma_k \to \gamma$, 对式 (7.3.9) 关于 $k \to \infty$ 取极限并注意到式 (7.3.6), 得

$$
\begin{aligned}
f^\circ(x; d) &= \lim_{k \to \infty} \frac{f(y_k + t_k d) - f(y_k)}{t_k} \\
&= \xi^{\mathrm{T}} d,
\end{aligned}
$$

上式的 ξ 正为所求. 定理得证.

　　注记 7.3.1　　如果在定理 7.3.3 中记 $F(x) = (f_1(x), \cdots, f_m(x))^{\mathrm{T}}$, 则式 (7.3.5) 可表示为

$$
\partial f(x) \subset \mathrm{co} \left\{ \sum_{i=1}^n \gamma_i \xi_i \,\middle|\, \xi_i \in \partial f_i(x), (\gamma_1, \cdots, \gamma_m)^{\mathrm{T}} \in \partial g(F(x)) \right\}.
$$

利用定理 7.3.3, 可以得到两个局部 Lipschitz 函数乘积的广义梯度性质, 设 $f(x)$ 和 $g(x)$ 为 R^n 上的局部 Lipschitz 函数, 则有

$$\partial(f(x)g(x)) \subset f(x)\partial g(x) + g(x)\partial f(x),$$
$$\partial\left(\frac{f(x)}{g(x)}\right) \subset \frac{g(x)\partial f(x) - f(x)\partial g(x)}{g^2(x)}.$$

考虑极大值函数

$$f(x) = \max_{1 \leqslant i \leqslant m} f_i(x), \tag{7.3.10}$$

其中 $f_i(x), i = 1, \cdots, m$ 为 R^n 上的局部 Lipschitz 函数. 函数 $f(x)$ 也是局部 Lipschitz 的, 以下讨论 $f(x)$ 的广义梯度. 定义 R^m 上的函数 $g(z)$ 如下:

$$\begin{aligned} g(z) &= g(z_1, \cdots, z_m) \\ &= \max\{z_i | i = 1, \cdots, m\}, \end{aligned}$$

记

$$F(x) = (f_1(x), \cdots, f_m(x))^{\mathrm{T}},$$

将式 (7.3.10) 所给出的函数 $f(x)$ 表示为复合函数 $f(x) = g(F(x))$. 注意到, $g(z)$ 为线性函数的极大值函数, 因此是凸函数, 根据凸函数极大值函数次微分公式得

$$\partial g(z) = \left\{(\lambda_1, \cdots, \lambda_m)^{\mathrm{T}} | \lambda_i \geqslant 0, \sum_{i=1}^{m} \lambda_i = 1, \text{如果} i \notin I(z), \text{则} \lambda_i = 0\right\},$$

其中 $I(z) = \{i \in \{1, \cdots, m\} | z_i = \max\limits_{1 \leqslant k \leqslant m} z_k\}$. 由于凸函数广义梯度即为凸函数的次微分, 对函数 $f(x) = g(F(x))$ 利用广义梯度形式的链锁法则, 得

$$\begin{aligned} \partial f(x) &\subset \left\{\sum_{i=1}^{m} \lambda_i \xi_i | \xi_i \in \partial f_i(x), \ \lambda_i \geqslant 0, \sum_{i=1}^{m} \lambda_i = 1, \text{如果} i \notin I(z), \lambda_i = 0\right\} \\ &= \mathrm{co}\{\partial f_i(x) | i \in I(x)\}, \end{aligned}$$

其中 $I(x) = \{i \in \{1, \cdots, m\} | f_i(x) = f(x)\}$.

下述定理在正则性条件下给出广义梯度等式关系的链锁法则.

定理 7.3.4 设 $g(z)$ 为 R^m 上的局部 Lipschitz 函数, $F(x)$ 为 R^n 到 R^m 上的局部 Lipschitz 函数, $F(x)$ 的每个分量在点 x 是正则的, $g(z)$ 在点 $z = F(x)$ 是正则的, $\gamma \in \partial g(z)|_{z=F(x)}$ 的每个分量都是非负的, 则复合函数 $f(x) = g(F(x))$ 在点 x 是正则的, 其广义梯度有下述形式:

$$\partial f(x) = \mathrm{co}\{\partial(\gamma^{\mathrm{T}} F(x)) | \gamma \in \partial g(z)|_{z=F(x)}\}. \tag{7.3.11}$$

证明　根据定理 7.3.3, 为证明式 (7.3.11), 只需证明

$$\text{co}\{\partial(\gamma^{\mathrm{T}}F(x))|\gamma \in \partial g(z)|_{z=F(x)}\} \subset \partial f(x). \tag{7.3.12}$$

记 $F(x) = (f_1(x), \cdots, f_m(x))^{\mathrm{T}}$, $F'(x; d) = (f_1'(x; d), \cdots, f_m'(x; d))^{\mathrm{T}}$, 利用方向导数定义直接验证有

$$f'(x; d) = g(F(x); F'(x; d)), \quad \forall d \in \mathrm{R}^n. \tag{7.3.13}$$

取集合

$$\text{co}\{\partial(\gamma^{\mathrm{T}}F(x))|\gamma \in \partial g(z)|_{z=F(x)}\}$$

的支撑函数并推导, 得

$$\begin{aligned}
&\delta^*(d|\text{co}\{\partial(\gamma^{\mathrm{T}}F(x))|\gamma \in \partial g(z)|_{z=F(x)}\})\\
&=\max\{(\gamma^{\mathrm{T}}\xi)^{\mathrm{T}}d|\xi \in \partial F(x), \gamma \in \partial g(z)|_{z=F(x)}\}\\
&=\max\{(\gamma^{\mathrm{T}}F)^{\circ}(x; d)|\gamma \in \partial g(z)|_{z=F(x)}\}\\
&=\max\{(\gamma^{\mathrm{T}}F)'(x; d)|\gamma \in \partial g(z)|_{z=F(x)}\}\\
&\quad (\gamma \geqslant 0, \gamma^{\mathrm{T}}F(x)\text{是正则的})\\
&=g^{\circ}(F(x); F'(x; d))\\
&=g'(F(x); F'(x; d)) \quad (g(z)\text{在}z = F(x)\text{正则})\\
&=f'(x; d) \quad (\text{根据式 (7.3.13)})\\
&\leqslant f^{\circ}(x; d)\\
&=\delta^*(d|\partial f(x)), \quad \forall d \in \mathrm{R}^n. \tag{7.3.14}
\end{aligned}$$

根据凸紧集与其支撑函数的关系, 由式 (7.3.14) 得式 (7.3.12). 由定理 7.3.4 得

$$f^{\circ}(x; d) \leqslant \delta^*(d|\text{co}\{\partial(\gamma^{\mathrm{T}}F(x))|\gamma \in \partial g(z)|_{z=F(x)}\}), \quad \forall d \in \mathrm{R}^n, \tag{7.3.15}$$

联立式 (7.3.14) 和式 (7.3.15), 得 $f^{\circ}(x; d) = f'(x; d)$. 定理得证.

考虑光滑函数的极大值函数 $f(x) = \max_{i \in I} f_i(x)$, 其中 I 为有限指标集, $f_i(x), i \in I$, 为 R^n 上的光滑函数. 令 $g(z) = \max\{z_i|i = 1, \cdots, m\}$, $F(x) = (f_1(x), \cdots, f_m(x))^{\mathrm{T}}$, 显然 $g(z), F(x)$ 满足定理 7.3.4 的条件, 记 $I(x) = \{i \in I|f_i(x) = f(x)\}$, 于是根据式 (7.3.16), $f(x)$ 的广义梯度有下述形式:

$$\partial f(x) = \text{co}\{\nabla f_i(x)|i \in I(x)\}. \tag{7.3.16}$$

例 7.3.1　考虑光滑函数的极大值函数:

$$f(x) = \max\{\sin x_1 + \cos x_2, -x_1 + e^{x_2}, \sin x_2\}.$$

以下计算 $f(x)$ 在点 $(0,0)^{\mathrm{T}}$ 的广义梯度, 令

$$f_1(x) = \sin x_1 + \cos x_2, \quad f_2(x) = -x_1 + e^{x_2}, \quad f_3(x) = \sin x_2,$$

显然 $f_1(x), f_2(x), f_3(x)$ 都是光滑函数, 通过计算得

$$f_1(0,0) = f_2(0,0) = f(0,0) = 1, \quad f_3(0,0) = 0 < f(0,0),$$

于是 $I(0,0) = \{1,2\}$, 根据式 (7.3.16) 得

$$\begin{aligned}\partial f(0,0) &= \mathrm{co}\{\nabla f_1(0,0), \nabla f_2(0,0)\} \\ &= \mathrm{co}\{(1,0)^{\mathrm{T}}, (-1,1)^{\mathrm{T}}\}.\end{aligned}$$

7.4 广义梯度公式及广义雅可比

前面利用广义方向导数定义广义梯度, 与凸函数类似, 建立了广义方向导数与广义梯度的对偶关系, 即广义方向导数是广义梯度的支撑函数, 按此定义的广义梯度, 不易直接计算. 本节基于局部 Lipschitz 函数的几乎处处可微 (Rademacher 定理, 即去掉一个测度为零的集合以外全是可微的) 性质, 给出广义梯度的另外一种表达式.

7.4.1 广义梯度公式

定理 7.4.1 (广义梯度公式) 设 $f(x)$ 为 R^n 上的局部 Lipschitz 函数, 集合 $\Omega \subset \mathrm{R}^n$ 测度为零, 记 Ω_f 为 R^n 中 $f(x)$ 所有不可微点组成的集合, 则广义梯度有下述表达式:

$$\partial f(x) = \mathrm{co}\{\lim_{i \to \infty} \nabla f(x_i)|\ x_i \to x,\ x_i \notin \Omega \bigcup \Omega_f\}. \tag{7.4.1}$$

证明 式 (7.4.1) 右端的含义为: 对于点列 $\{x_i\}_1^\infty$, 其中每个 x_i 不属于 $\Omega \bigcup \Omega_f$, 而 x_i 收敛于 x, $\nabla f(x_i)$ 极限也存在. $f(x)$ 为局部 Lipschitz 函数, 因此几乎处处可微, 于是 $\Omega \bigcup \Omega_f$ 是测度为零的集合. 另一方面, $f(x)$ 的 Lipschitz 性质保证在点 x 附近 $\nabla f(x_i)$ 有界, 因此存在使 $\{\nabla f(x_i)\}_1^\infty$ 收敛的点 x_i, 故式 (7.4.1) 右端是有意义的, 并且是非空的. 根据广义梯度的上半连续性及 $\nabla f(x_i) \in \partial f(x_i)$, 可知 $\lim\limits_{x_i \to x} \nabla f(x_i) \in \partial f(x_i)$, 于是

$$\{\lim \nabla f(x_i)|\ x_i \to x,\ x_i \notin \Omega \bigcup \Omega_f\} \subset \partial f(x).$$

再根据 $\partial f(x)$ 的凸性, 得

$$\mathrm{co}\{\lim \nabla f(x_i)|\ x_i \to x,\ x_i \notin \Omega \bigcup \Omega_f\} \subset \partial f(x).$$

因此, 为证明式 (7.4.1) 只需证明

$$\partial f(x) \subset \text{co}\{\lim \nabla f(x_i) | \ x_i \to x, \ x_i \notin \Omega \bigcup \Omega_f\}$$

或等价地证明 $f^\circ(x; d)$ 小于式 (7.4.1) 右端集合的支撑函数, 因此只需证明:

$$f^\circ(x; d) \leqslant \limsup\{\nabla f(y)^{\mathrm{T}} d | \ y \to x, y \notin \Omega \bigcup \Omega_f\}, \quad \forall d \in \mathrm{R}^n. \tag{7.4.2}$$

以下证明, 对任意 $d \in \mathrm{R}^n$, 且 $d \neq 0$ 和任意的 $\varepsilon > 0$, 有

$$f^\circ(x; d) - \varepsilon \leqslant \limsup\{\nabla f(y)^{\mathrm{T}} d | \ y \to x, y \notin \Omega \bigcup \Omega_f\}. \tag{7.4.3}$$

记式 (7.4.3) 左端项为 α, 根据广义梯度的上半连续性及 $\nabla f(y) \in \partial f(y)$, 可选取 $\delta > 0$, 使得当 $y \in x + B(0, \delta)$, $y \notin \Omega \bigcup \Omega_f$, 有

$$\nabla f(y)^{\mathrm{T}} d \leqslant \alpha + \varepsilon.$$

考虑如下线段:

$$L_y = \left\{ y + td | \ y \in \mathrm{R}^n, 0 < t < \frac{\delta}{2\|d\|} \right\},$$

因为 $\Omega \bigcup \Omega_f$ 测度为零, 根据 Fubini 定理, 几乎对所有的 $y \in x + B\left(0, \dfrac{\delta}{2}\right)$, L_y 与 $\Omega \bigcup \Omega_f$ 相交于一个一维零测度集. 设 y 是具有此特征且在 $\{x\} + B\left(0, \dfrac{\delta}{2}\right)$ 内的点, 令 $t \in \left(0, \dfrac{\delta}{2\|d\|}\right)$, 由于 $\nabla f(y)$ 在 L_y 上几乎处处可微, 则有

$$f(y + td) - f(y) = \int_0^t \nabla f(y + sd)^{\mathrm{T}} d \, ds.$$

因为 $\|y + sd - x\| < \delta, \forall 0 < s < t$, 于是

$$\nabla f(y + sd)^{\mathrm{T}} d \leqslant \alpha + \varepsilon,$$

进而有,

$$f(y + td) - f(y) \leqslant t(\alpha + \varepsilon). \tag{7.4.4}$$

注意到式 (7.4.4) 对几乎所有的 $y \in \{x\} + B\left(0, \dfrac{\delta}{2}\right)$ 和所有的 $t \in \left(0, \dfrac{\delta}{2\|d\|}\right)$ 都成立, 又 $f(x)$ 是连续的, 故式 (7.4.4) 对所有的 $y \in \{x\} + B\left(0, \dfrac{\delta}{2}\right)$ 和所有的 $t \in \left(0, \dfrac{\delta}{2\|d\|}\right)$ 都成立. 根据广义方向导数定义, 由式 (7.4.4) 得 $f^\circ(x; d) \leqslant \alpha + \varepsilon$, 即

式 (7.4.3) 成立. 定理得证.

公式 (7.4.1) 也可作为广义梯度的等价定义, 它较定义 7.1.2 更为直观, 并且可应用于广义梯度的具体计算. 无限维空间中则不同, 没有式 (7.4.1) 形式的广义梯度表达式. 在定理 7.4.1 中取 Ω 为空集, 则广义梯度可表示为

$$\partial f(x) = \text{co}\{\lim_{i \to \infty} \nabla f(x_i)|\, x_i \to x,\ x_i \notin \Omega_f\}.$$

推论 7.4.1 设 $f(x)$ 为 R^n 上局部 Lipschitz 函数, 则有

$$f^\circ(x; d) = \lim_{y \to x} \sup\{\nabla f(y)^{\text{T}} d|y \notin \Omega \bigcup \Omega_f\},$$

其中 Ω, Ω_f 的定义同定理 7.4.1.

例 7.4.1 设

$$f(x, y) = \max\{\min\{\, x, -y\}, y - x\}.$$

记

$$S_1 = \{(x, y)|\, y \leqslant 2x,\ y \leqslant -x\},$$
$$S_2 = \left\{(x, y)|\, y \leqslant \frac{1}{2}x,\ y \geqslant -x\right\},$$
$$S_3 = \left\{(x, y)|\, y \geqslant 2x\text{或} \geqslant \frac{1}{2}x\right\},$$

易见 $S_1 \bigcup S_2 \bigcup S_3 = \text{R}^2$, 且 $f(x, y)$ 可表示为

$$f(x, y) = \begin{cases} x, & (x, y) \in S_1, \\ -y, & (x, y) \in S_2, \\ y - x, & (x, y) \in S_3. \end{cases}$$

注意到集合 S_1, S_2, S_3 的边界组成的集合 Ω 测度为零, 而当 $(x, y) \notin \Omega$ 时 $f(x, y)$ 是可微的, 其梯度分别是 $(1, 0)^{\text{T}}, (0, -1)^{\text{T}}, (-1, 1)^{\text{T}}$, 根据定理 7.4.1, 得

$$\partial f(0, 0) = \text{co}\left\{(1, 0)^{\text{T}},\ (0, -1)^{\text{T}},\ (-1, 1)^{\text{T}}\right\}.$$

7.4.2 广义雅可比

设 $F(x)$ 为 R^n 到 R^m 上函数, 记为 $F(x) = (f_1(x), \cdots, f_m(x))^{\text{T}}$, 如果每个 $f_i(x)$ 为局部 Lipschitz 函数, 则称 $F(x)$ 为局部 Lipschitz 函数. 根据 Rademacher 定理, 每个 $f_i(x)$ 是几乎处处可微的, 因此 $F(x)$ 也是几乎处处可微的, 即雅可比 $JF(x)$ 几乎处处存在. 借用这一事实, 可将广义梯度概念推广到向量值函数, 采用的是本节定理 7.4.1 给出的广义梯度公式, 而不是利用广义方向导数.

定义 7.4.1　设 $F(x)$ 为 $\mathbf{R}^n$ 到 $\mathbf{R}^m$ 上的局部 Lipschitz 函数, Ω_F 为 $F(x)$ 不可微点形成的集合, $F(x)$ 的广义雅可比 (generalized Jacobian), 记为 $\partial F(x)$, 定义如下:

$$\partial F(x) = \mathrm{co}\{\lim JF(x_i)|x_i \to x, x_i \notin \Omega_F\}.$$

为区别起见, 广义雅可比也称为 Clarke 广义雅可比, 也记为 $\partial_{\mathrm{Cl}} F(x)$ 或 $\partial_{\mathrm{C}} F(x)$. 从定义可以看出, 向量值函数广义雅可比不是每个分量广义梯度的直积, 但要较广义梯度直积小. 下述定理给出了广义雅可比的一些性质.

在广义雅可比中将凸包去掉, 相应的雅可比称为 B 微分, 记为 $\partial_{\mathrm{B}} F(x)$, 即

$$\partial_{\mathrm{B}} F(x) = \{\lim JF(x_i)|x_i \to x, x_i \notin \Omega_F\}.$$

显然, B 微分不再是凸集, 但仍然具有上半连续性质, 且有

$$\partial_{\mathrm{B}} F(x) \subset \partial_{\mathrm{Cl}} F(x).$$

定理 7.4.2　设 $F(x)$ 为 $\mathbf{R}^n$ 到 $\mathbf{R}^m$ 上的局部 Lipschitz 函数, 记 $F(x) = (f_1(x), \cdots, f_m(x))^{\mathrm{T}}$, 则有

(1) $\partial F(x)$ 是 $\mathbf{R}^{m \times n}$ 中的凸紧集;

(2) 集值映射 $x \to \partial F(x)$ 是上半连续的;

(3) 记 L_i 为 $f_i(x)$ 在点 x 附近的 Lipschitz 常数, 则 $L = \|(L_1, \cdots, L_m)^{\mathrm{T}}\|$ 为 $F(x)$ 在点 x 附近的 Lipschitz 常数, 且有 $\partial F(x) \subset LB_{m \times n}(0, 1)$;

(4) $\partial F(x) \subset \partial f_1(x) \times \cdots \times \partial f_m(x)$.

证明　证明类似于广义梯度相应的结论, 故从略.

7.5　极大值函数广义雅可比的计算

广义梯度可以用来刻画最优解的性质及构造优化算法, 然而对一般非光滑函数, 广义梯度是无法计算的. 事实上, 在非光滑优化算法以及非光滑方程组牛顿法中分别需要计算到广义梯度和广义雅可比中的一个元素. 本节给出计算有限个光滑函数极大值的广义雅可比的方法.

7.5.1　极大值函数

考虑向量形式的极大值函数:

$$F(x) = (\max_{j \in J_1} f_{1j}(x), \cdots, \max_{j \in J_m} f_{mj}(x))^{\mathrm{T}}, \tag{7.5.1}$$

其中 $J_i, i = 1, \cdots, m$ 是有限指标集, $f_{ij}(x)$, $j \in J_i$, $i = 1, \cdots, m$ 是 R^n 上连续可微函数. 以下讨论计算函数 $F(x)$ 在一点 x 的 B 微分和 Clarke 广义雅可比中的一个元素. 为此, 假设 $f_{ij}(x)$ 及 $\nabla f_{ij}(x)$, $j \in J_i$, $i = 1, \cdots, m$ 的值是可计算的.

引理 7.5.1   令 $h(x) = \max\limits_{i \in I} h_i(x)$, 其中 I 是有限指标集, $h_i(x), i \in I$ 是 R^n 上的连续可微函数. 记 $I(x) = \{i \in I | h_i(x) = h(x)\}$, 那么 $h(x)$ 在点 x 可微的充要条件是 $\nabla h_i(x) = \nabla h_j(x)$, $\forall i, j \in I(x)$. 特别地, 如果 $I(x)$ 只包含一个元素, 记 $I(x) = \{i_0\}$, 则 $h(x)$ 在点 x 可微且有 $\nabla h(x) = \nabla h_{i_0}(x)$.

引理 7.5.2   设 A 是 $m \times n$ 矩阵, 那么线性不等式系统 $Ay < 0, y \in R^n$ 的解集是 R^n 中的一个开凸锥.

引理 7.5.3   假设 $a_i \in R^n$, $i \in I$, I 是有限指标集且满足 $a_j \neq a_k, \forall j, k \in I, j \neq k$, 如果令 $i_0 \in I$ 满足 $\|a_{i_0}\| = \max\limits_{i \in I} \|a_i\|$, 则下式成立:

$$a_i^{\mathrm{T}} a_{i_0} < a_{i_0}^{\mathrm{T}} a_{i_0}, \quad \forall i \in I \backslash \{i_0\}.$$

记

$$f_i(x) = \max_{j \in J_i} f_{ij}(x), \quad i = 1, \cdots, m, \tag{7.5.2a}$$

$$J_i(x) = \{j \in J_i | f_{ij}(x) = f_i(x)\}, \quad i = 1, \cdots, m, \tag{7.5.2b}$$

显然 $f_i(x)$ 是方向可微的, 其方向导数为

$$f_i'(x; y) = \max_{j \in J_i(x)} f_{ij}'(x; y), \quad \forall y \in R^n, i = 1, \cdots, m. \tag{7.5.3}$$

基于指标集 $J_i(x)$, 引入指标集 $\bar{J}_i(x)$, $i = 1, \cdots, m$, 其满足下述条件:

$$\bar{J}_i(x) \subset J_i(x), \quad i = 1, \cdots, m; \tag{7.5.4a}$$

$$\nabla f_{ij}(x) \neq \nabla f_{ik}(x), \quad \forall j, k \in \bar{J}_i(x), j \neq k, i = 1, \cdots, m; \tag{7.5.4b}$$

对任意 $t_i \in J_i(x)$, 存在 $k_i \in \bar{J}_i(x)$, 使得

$$\nabla f_{it_i}(x) = \nabla f_{ik_i}(x), \quad i = 1, \cdots, m. \tag{7.5.4c}$$

显然, 指标集 $\bar{J}_i(x)$ 是 $J_i(x)$ 的一个子集, 事实上可以通过删除指标集 $J_i(x)$ 中相应满足 $\nabla f_{ij}(x) = \nabla f_{ik}(x)$ 的多余指标而得到. 易见, $f_i'(x; y)$ 可以表示为

$$f_i'(x; y) = \max_{j \in \bar{J}_i(x)} \nabla f_{ij}(x)^{\mathrm{T}} y, \quad \forall y \in R^n, i = 1, \cdots, m. \tag{7.5.5}$$

显然, 对于固定点 $x \in \mathrm{R}^n$, $f_i'(x; \cdot)$ 是分片光滑函数, 特别的是分片仿射函数, 因此也是局部 Lipschitz 函数. 根据有关文献分片光滑函数 B 微分有下述性质:

$$\partial_{\mathrm{B}} F'(x; y)|_{y=0} \subset \partial_{\mathrm{B}} F(x), \tag{7.5.6}$$

其中

$$F'(x; y) = (f_1'(x; y), \cdots, f_m'(x; y))^{\mathrm{T}}.$$

给出指标集 $j_i \in \bar{J}_i(x), i = 1, \cdots, m$, 构造下列线性不等式系统:

$$\mathrm{L}_{j_1 \cdots j_m}(x) \quad (\nabla f_{ik_i}(x) - \nabla f_{ij_i}(x))^{\mathrm{T}} y < 0, \quad y \in \mathrm{R}^n, \forall k_i \in \bar{J}_i(x) \backslash \{j_i\}, i = 1, \cdots, m,$$

或记为

$$\mathrm{L}_{j_1 \cdots j_m}(x) \quad (\nabla f_{1k_1}(x) - \nabla f_{1j_1}(x))^{\mathrm{T}} y < 0, \quad y \in \mathrm{R}^n, \forall k_1 \in \bar{J}_1(x) \backslash \{j_1\}$$
$$(\nabla f_{2k_2}(x) - \nabla f_{2j_2}(x))^{\mathrm{T}} y < 0, \quad y \in \mathrm{R}^n, \forall k_2 \in \bar{J}_2(x) \backslash \{j_2\}$$
$$\cdots\cdots$$
$$(\nabla f_{mk_m}(x) - \nabla f_{mj_m}(x))^{\mathrm{T}} y < 0, \quad y \in \mathrm{R}^n, \forall k_m \in \bar{J}_m(x) \backslash \{j_m\}.$$

容易看出, 系统 $\mathrm{L}_{j_1 \cdots j_m}(x)$ 含有 n 个变量和 $\sum\limits_{i=1}^{m} (|\bar{J}_i(x)| - 1)$ 个严格线性不等式.

定理 7.5.1　假设存在指标集 $j_i \in \bar{J}_1(x), \cdots, j_m \in \bar{J}_m(x)$, 使得它们对应的线性不等式系统 $\mathrm{L}_{j_1 \cdots j_m}(x)$ 相容 (有解), 则有

$$J(f_{1j_1}(x), \cdots, f_{mj_m}(x))^{\mathrm{T}} \in \partial_{\mathrm{B}} F(x).$$

证明　令 $\bar{y} \in \mathrm{R}^n$ 为系统 $\mathrm{L}_{j_1 \cdots j_m}(x)$ 的解, 则有

$$\nabla f_{ik_i}'(x; \bar{y}) = \nabla f_{ik_i}(x)^{\mathrm{T}} \bar{y}$$
$$< \nabla f_{ij_i}(x)^{\mathrm{T}} \bar{y}$$
$$< f_{ij_i}'(x; \bar{y}), \quad \forall k_i \in \bar{J}_i(x) \backslash \{j_i\}, i = 1, \cdots, m. \tag{7.5.7}$$

于是当 $\lambda > 0$ 时, 有

$$f_{ik_i}'(x; \lambda \bar{y}) < f_{ij_i}'(x; \lambda \bar{y}), \quad \forall k_i \in \bar{J}_i(x) \backslash \{j_i\}, i = 1, \cdots, m. \tag{7.5.8}$$

由式 (7.5.5) 和式 (7.5.8) 及引理 7.5.1, 在射线 $y = \lambda \bar{y}, \lambda > 0$ 上, 有

$$\nabla_y f_i'(x; y)|_{y=\lambda \bar{y}} = \nabla_y (f_{ij_i}(x)^{\mathrm{T}} y)|_{y=\lambda \bar{y}}$$

$$=\nabla f_{ij_i}(x).$$

而每一个 $f_i'(x;\cdot)$ 都是可微的, 由 B 微分的定义, 直接推导得

$$\begin{aligned}
\xi &= \lim_{\lambda\to 0^+} J_y F'(x;y)|_{y=\lambda\bar{y}} \\
&= \lim_{\lambda\to 0^+} (\nabla_y f_1'(x;y)|_{y=\lambda\bar{y}}, \cdots, \nabla_y f_m'(x;y)|_{y=\lambda\bar{y}})^{\mathrm{T}} \\
&= \lim_{\lambda\to 0^+} (\nabla f_{1j_1}(x), \cdots, \nabla f_{mj_m}(x))^{\mathrm{T}} \\
&= J(f_{1j_1}(x), \cdots, f_{mj_m}(x))^{\mathrm{T}} \\
&\in \partial_{\mathrm{B}} F'(x;y)|_{y=0}.
\end{aligned} \tag{7.5.9}$$

由式 (7.5.6) 和式 (7.5.9) 得

$$\xi = J(f_{1j_1}(x), \cdots, f_{mj_m}(x))^{\mathrm{T}} \in \partial_{\mathrm{B}} F(x).$$

定理得证.

由定理 7.5.1 知, 计算 $\partial_{\mathrm{B}} F(x)$ 的元素可以转化为寻找指标 $j_1 \in \bar{J}_1(x), \cdots, j_m \in \bar{J}_m(x)$ 使得它们所对应的系统 $L_{j_1\cdots j_m}(x)$ 是相容的. 事实上, 如果对每一组指标

$$j_1 \in \bar{J}_1(x), \cdots, j_m \in \bar{J}_m(x)$$

确定系统 $L_{j_1\cdots j_m}(x)$ 的相容性, 则至少可以找到一个相容的系统.

7.5.2　线性函数的极大值

对于一般形式极大值函数, 只能计算到 B 微分中的一个元素, 以下考虑特殊情况, 即 $f_{ij}(x)$ 为线性函数, 给出其 B 微分集合的表达式. 在式 (7.5.1) 中假设:

$$f_{ij}(x) = a_{ij}^{\mathrm{T}} x + b_{ij}, \quad j \in J_i, \ i = 1, \cdots, m,$$

其中 $a_{ij} \in \mathrm{R}^n$, $b_{ij} \in \mathrm{R}^1$. 首先给出集合 $\partial_{\mathrm{B}} F(x)$ 的表达式, 见下面的式 (7.5.12), 这样可以通过确定几个线性不等式系统的相容性来计算集合 $\partial_{\mathrm{B}} F(x)$. 给定一个点 $x \in \mathrm{R}^n$, 存在 $\delta > 0$, 使得 $J_i(x') \subset J_i(x)$, $\forall x' \in B(x,\delta)$, 那么 $B(x,\delta)$ 中的 $f_i(x)$, $i = 1, \cdots, m$ 可以表示为

$$f_i(x') = \max_{j\in J_i(x)} f_{ij}(x'), \quad \forall x' \in B(x,\delta), \quad i = 1, \cdots, m. \tag{7.5.10}$$

既然 $f_{ij}(x)$, $j \in J_i$, $i = 1, \cdots, m$ 本身是线性的, 不难看出在 $B(x,\delta)$ 中 $f_i(x)$, $i = 1, \cdots, m$ 可以表示为

$$f_i(x') = \max_{j\in \bar{J}_i(x)} f_{ij}(x'), \quad \forall x' \in B(x,\delta), \quad i = 1, \cdots, m. \tag{7.5.11}$$

定理 7.5.2　　如果在式 (7.5.1) 中 $f_{ij}(x)$, $j \in J_i$, $i = 1, \cdots, m$ 为线性函数, 那么有

$$\partial_{\mathrm{B}} F(x) = \{J(f_{1j_1}(x), \cdots, f_{mj_m}(x))^{\mathrm{T}} | \mathrm{L}_{j_1 \cdots j_m}(x) 相容,$$
$$j_1 \in \bar{J}_1(x), \cdots, j_m \in \bar{J}_m(x)\} \tag{7.5.12}$$

证明　　利用定理 7.5.1 证明式 (7.5.12). 给定 $\xi \in \partial_{\mathrm{B}} F(x)$, 由 B 微分的定义, 存在一个点列 $\{x_n\}_1^\infty$ 使得 $x_n \to x, x_n \in B(x, \delta)$, $F(x)$ 在点 x_n 可微并且 $JF(x_n) \to \xi$. 注意到 $f_i(x)$ 的表达式 (7.5.11) 及

$$\nabla f_{ij}(x) \neq \nabla f_{ik}(x), \quad \forall j, k \in \bar{J}_i(x), j \neq k, i = 1, \cdots, m,$$

由引理 7.5.1, 存在指标 $j_1(x_n) \in \bar{J}_1(x_n), \cdots, j_m(x_n) \in \bar{J}_m(x_n)$, 使得

$$JF(x_n) = J(f_{1j_1(x_n)}(x_n), \cdots, f_{mj_m(x_n)}(x_n))^{\mathrm{T}} \to \xi, \quad x_n \to x. \tag{7.5.13}$$

既然 $\nabla f_{ij}(x)$ 是常数, 且有

$$\nabla f_{ij}(x) \neq \nabla f_{ik}(x), \quad \forall j, k \in \bar{J}_i(x), j \neq k, i = 1, \cdots, m,$$

则存在一组指标

$$j_1(x) \in \bar{J}_1(x), \cdots, j_m(x) \in \bar{J}_m(x)$$

及整数 N, 使得

$$j_1 = j_1(x_n), \cdots, j_m = j_m(x_n), \quad \forall n \geqslant N,$$

即存在点列 $\{x_n\}_1^\infty$, 使得 $F(x)$ 在点 x_n 是可微的, 且有

$$JF(x_n) = J(f_{1j_1(x_n)}(x_n), \cdots, f_{mj_m(x_n)}(x_n))^{\mathrm{T}}, \quad \forall n \geqslant N,$$

结合引理 7.5.1, 有

$$f_{ik_i}(x_n) < f_{ij_i}(x_n), \quad \forall k_i \in \bar{J}_i(x) \backslash \{j_i\}, \ i = 1, \cdots, m, \ n \geqslant N, \tag{7.5.14}$$

即

$$a_{ik_i}^{\mathrm{T}} x_n + b_{ik_i} < a_{ij_i}^{\mathrm{T}} x_n + b_{ij_i}, \quad \forall k_i \in \bar{J}_i(x) \backslash \{j_i\}, \ i = 1, \cdots, m, \ n \geqslant N. \tag{7.5.15}$$

注意到,

$$a_{ik_i}^{\mathrm{T}} x + b_{ik_i} = a_{ij_i}^{\mathrm{T}} x + b_{ij_i}, \quad \forall k_i \in \bar{J}_i(x) \backslash \{j_i\}, \ i = 1, \cdots, m. \tag{7.5.16}$$

由式 (7.5.15) 和式 (7.5.16), 得

$$a_{ik_i}^{\mathrm{T}}(x_n - x) < a_{ij_i}^{\mathrm{T}}(x_n - x), \quad \forall k_i \in \bar{J}_i(x)\backslash\{j_i\},\ i = 1, \cdots, m, \tag{7.5.17}$$

即

$$\nabla f_{ik_i}(x)^{\mathrm{T}}(x_n - x) < \nabla f_{ij_i}(x)^{\mathrm{T}}(x_n - x), \quad \forall k_i \in \bar{J}_i(x)\backslash\{j_i\},\ i = 1, \cdots, m. \tag{7.5.18}$$

这意味着 $\lim\limits_{n\to\infty} x_n = x$ 是 $\mathrm{L}_{j_1\cdots j_m}(x)$ 的解, 因此式 (7.5.12) 成立. 定理得证.

基于定理 7.5.2, 当 $f_{ij}(x)$ 是线性函数时, 可通过确定系统 $\mathrm{L}_{j_1\cdots j_m}(x)$ 的相容性来计算 B 微分集合 $\partial_{\mathrm{B}}F(x)$. 由下面的命题知道确定一个线性不等式系统的相容性可以转为求一个辅助线性规划问题, 因此计算集合 $\partial_{\mathrm{B}}F(x)$ 是可实现的.

命题 7.5.1   设 A 为 $m \times n$ 矩阵, 则线性系统 $Ay < 0, y \in \mathrm{R}^n$ 是相容的当且仅当下述线性规划问题的目标函数最小值不为零:

$$\begin{aligned}
\min\ & \sum_{j=1}^{n} z_j \\
\mathrm{s.\,t.}\ \ & A^{\mathrm{T}}p + (z_1, \cdots, z_n)^{\mathrm{T}} \geqslant 0, \\
& \sum_{i=1}^{m} p_i = 1, \\
& p_i \geqslant 0, i = 1, \cdots, m, z_j \geqslant 0, j = 1, \cdots, n,
\end{aligned}$$

其中 p_i 为 p 的第 i 个分量.

7.5.3   极大值函数的复合

考虑下述形式的极大值复合函数

$$G(x) = g(\max_{j \in J_1} f_{1j}(x), \cdots, \max_{j \in J_m} f_{mj}(x)), \tag{7.5.19}$$

其中 $f_{ij}(x), j \in J_i, i = 1, \cdots, m$ 和 $g(x)$ 分别是 R^n 和 R^m 上的连续可微函数, $J_i, i = 1, \cdots, m$ 为有限指标集. 显然, $G(x)$ 可以表示为 $G(x) = g(F(x))$, $F(x)$ 的表达式见 (7.5.1). 利用前面的方法, 基于 B 微分的链锁法则, 可以通过计算 $\partial_{\mathrm{B}}F(x)$ 的元素来计算 $G(x)$ 的 B 微分元素. 事实上, 如果 $J(f_{1j_1}(x), \cdots, f_{mj_m}(x))^{\mathrm{T}}$ 是 $\partial_{\mathrm{B}}F(x)$ 的一个元素, 那么 $\nabla g(f_{1j_1}(x), \cdots, f_{mj_m}(x))$ 是 $\partial_{\mathrm{B}}G(x)$ 的一个元素, 也是广义梯度 $\partial G(x)$ 的一个元素.

借助以上方法可以计算由极大值复合函数组成的向量值函数 B 微分的元素. 考虑下述函数

$$\bar{G}(x) = (G_1(x), \cdots, G_p(x))^{\mathrm{T}},$$

其中

$$G_k(x) = g_k(\max_{j \in J_{1k}} f_{1jk}(x), \cdots, \max_{j \in J_{mk}} f_{mjk}(x)), \quad k = 1, \cdots, p,$$

$g_k(x)$ 和 $f_{ijk}(x)$ 是连续可微函数, 每个 J_{ik} 是一个有限指标集. 通过使用链锁法则和计算下述向量值函数的 B 微分元素得到函数 $\bar{G}(x)$ 的 B 微分中的元素

$$H(x) = (\max_{j \in J_{11}} f_{1j1}(x), \cdots, \max_{j \in J_{m1}} f_{mj1}(x), \cdots, \max_{j \in J_{1p}} f_{1jp}(x), \cdots, \max_{j \in J_{mp}} f_{mjp}(x))^{\mathrm{T}}.$$

如果

$$J(f_{1j_{11}}(x), \cdots, f_{mj_{m1}1}(x), \cdots, f_{1j_{1p}p}(x), \cdots, f_{mj_{mp}p}(x))^{\mathrm{T}} \in \partial_{\mathrm{B}} H(x),$$

那么

$$J(g_1(f_{1j_{11}}(x), \cdots, f_{mj_{m1}1}(x)), \cdots, g_p(f_{1j_{1p}p}(x), \cdots, f_{mj_{mp}p}(x)))^{\mathrm{T}} \in \partial_{\mathrm{B}} \bar{G}(x),$$

得到 $\partial_{\mathrm{B}} \bar{G}(x)$ 的一个元素.

本节的方法可应用于以下序补问题 (order complementarity problem) 的牛顿法, 序补问题是找出一个 $x^* \in \mathbb{R}^n$, 使得

$$F^j(x^*) \geqslant 0, \quad j = 1, \cdots, m,$$

$$\prod_{j=1}^m F_i^j(x^*) = 0, i = 1, \cdots, n,$$

其中 $F^j, j = 1, \cdots, m$ 是连续可微的, $F_i^j(x)$ 是 $F^j(x)$ 的第 i 个元素. 序补问题等价于求下述非光滑方程组:

$$\max_{1 \leqslant j \leqslant m} (-F^j(x)) = 0. \tag{7.5.20}$$

求解方程组 (7.5.20) 的牛顿法中, 在每一步迭代点处需要计算函数 $\max\limits_{1 \leqslant j \leqslant m} (-F^j(x))$ 的 B 微分或广义雅可比中的一个元素.

第 8 章 拟可微函数及拟微分

本章介绍一类称为拟可微函数的非光滑函数及其相应的广义微分. 拟可微函数类包含凸函数、凹函数、极大值函数及其复合函数. 拟可微函数的广义微分与方向导数直接相关, 因而能够更精细地刻画最优解性质, 同时容易计算. 拟可微函数与局部 Lipschitz 函数是两类互不包含的非光滑函数类.

8.1 拟微分的基本性质

8.1.1 基本概念

定义 8.1.1 设 $f(x)$ 为 R^n 上的函数, 如果 $f(x)$ 在点 x 方向可微且存在一对凸紧集 $\underline{\partial}f(x)$, $\bar{\partial}f(x) \subset \mathrm{R}^n$, 使得其方向导数可表示为下述形式:

$$f'(x,d) = \max_{u \in \underline{\partial}f(x)} u^{\mathrm{T}}d + \min_{v \in \bar{\partial}f(x)} v^{\mathrm{T}}d, \quad \forall d \in \mathrm{R}^n, \tag{8.1.1}$$

称 $f(x)$ 在点 x 是拟可微的 (quasidiferentiable), 集合对 $Df(x) = [\underline{\partial}f(x), \bar{\partial}f(x)]$ 称为 $f(x)$ 的拟微分 (quasidifferential), $\underline{\partial}f(x)$ 和 $\bar{\partial}f(x)$ 分别称为次微分 (subdifferential) 和超微分 (superdifferential). 如果 $\bar{\partial}f(x) = \{0\}$, 则称 $f(x)$ 是次可微的 (subdifferentiable), 如果 $\underline{\partial}f(x) = \{0\}$, 则称 $f(x)$ 是超可微的 (superdifferentiable).

从定义看出, 拟可微函数方向导数表示为两个凸紧集支撑函数的差, 事实上由式 (8.1.1) 易见, 方向导数可以表述为

$$\begin{aligned} f'(x,d) &= \max_{u \in \underline{\partial}f(x)} u^{\mathrm{T}}d - \max_{v \in -\bar{\partial}f(x)} v^{\mathrm{T}}d \\ &= \delta^*_{\underline{\partial}f(x)}(d) - \delta^*_{-\bar{\partial}f(x)}(d), \quad \forall d \in \mathrm{R}^n. \end{aligned}$$

显然, 凸函数 $f(x)$ 是拟可微函数, 它的拟微分为 $[\partial f(x), \{0\}]$, 此处 ∂ 代表凸函数的次微分. DC 函数 (两个凸函数的差) 是拟可微函数. 设 $f(x) = g(x) - h(x)$, 其中 $g(x)$ 和 $h(x)$ 为 R^n 上凸函数, 易见 $f(x)$ 的方向导数可以表示为

$$\begin{aligned} f'(x,d) &= \max_{u \in \partial g(x)} u^{\mathrm{T}}d - \max_{v \in \partial h(x)} v^{\mathrm{T}}d \\ &= \max_{u \in \partial g(x)} u^{\mathrm{T}}d + \min_{v \in -\partial h(x)} v^{\mathrm{T}}d, \quad \forall d \in \mathrm{R}^n, \end{aligned}$$

于是 $f(x)$ 是拟可微函数, $[\partial g(x), -\partial h(x)]$ 为其拟微分, 其中 ∂ 代表凸函数的次微分.

命题 8.1.1   设 $f(x)$ 为 R 上的函数, $f(x)$ 是拟可微的充分必要条件为它是方向可微的.

证明   只需考虑充分性. 设 $f(x)$ 在点 x 是方向可微的, 令

$$u_1 = \min\{f'(x;1), -f'(x;-1)\},$$
$$u_2 = \max\{f'(x;1), -f'(x;-1)\},$$
$$v = \max\{0, -f'(x;1) - f'(x;-1)\},$$
$$U = [u_1, u_2], \quad V = [-v, v].$$

利用定义可以验证, $[U, V]$ 为 $f(x)$ 在点 x 的拟微分, 事实上

$$\max_{u \in U} ud + \min_{v \in V} vd = u_2 d - vd = f'(x;d), \quad d \geqslant 0,$$
$$\max_{u \in U} ud + \min_{v \in V} vd = u_1 d + vd = f'(x;d), \quad d < 0.$$

命题得证.

基于命题 8.1.1, 可以给出拟可微函数而非局部 Lipschitz 函数的例子.

例 8.1.1   设

$$f(x) = \begin{cases} x^{\frac{3}{2}} \sin \dfrac{1}{x}, & x > 0 \\ x, & x \leqslant 0. \end{cases}$$

容易验证, 函数 $f(x)$ 在 R 上是方向可微的, 因而是拟可微的, 但 $f(x)$ 在点 $x = 0$ 附近不是局部 Lipschitz 的.

8.1.2   链锁法则

为讨论拟微分的链锁法则, 首先给出集合对的加法和数乘运算法则.

设 $U_1, V_1, U_2, V_2 \subset \mathrm{R}^n$, c 为常数, 集合对 $[U_1, V_1]$ 和 $[U_2, V_2]$ 的加法和数乘定义如下:

$$[U_1, V_1] + [U_2, V_2] = [U_1 + U_2, V_1 + V_2],$$
$$c[U_1, V_1] = \begin{cases} [cU_1, cV_1], & c \geqslant 0, \\ [cV_1, cU_1], & c < 0. \end{cases}$$

定理 8.1.1   设 $f_1(x)$ 和 $f_2(x)$ 为 R^n 上的拟可微函数, c 为常数, 则函数 $f_1(x) + f_2(x)$, $f_1(x)f_2(x)$, $cf_1(x)$ 也是拟可微函数, 如果 $f_1(x) \neq 0$, 则 $\dfrac{1}{f_1(x)}$ 也是拟可微函数, 且有

$$D\left(f_1(x) + f_2(x)\right) = Df_1(x) + Df_2(x), \tag{8.1.2}$$

$$D\left(f_1(x)f_2(x)\right) = f_1(x)Df_2(x) + f_2(x)Df_1(x), \tag{8.1.3}$$

即

$$\underline{\partial}\left(f_1(x) + f_2(x)\right) = \underline{\partial}f_1(x) + \underline{\partial}f_2(x),$$

$$\bar{\partial}\left(f_1(x) + f_2(x)\right) = \bar{\partial}f_1(x) + \bar{\partial}f_2(x),$$

$$\underline{\partial}\left(f_1(x)f_2(x)\right) = \begin{cases} f_1(x)\underline{\partial}f_2(x) + f_2(x)\underline{\partial}f_1(x), & f_1(x) \geqslant 0,\ f_2(x) \geqslant 0, \\ f_1(x)\bar{\partial}f_2(x) + f_2(x)\underline{\partial}f_1(x), & f_1(x) \leqslant 0,\ f_2(x) \geqslant 0, \\ f_1(x)\bar{\partial}f_2(x) + f_2(x)\bar{\partial}f_1(x), & f_1(x) \leqslant 0,\ f_2(x) \leqslant 0, \\ f_1(x)\underline{\partial}f_2(x) + f_2(x)\bar{\partial}f_1(x), & f_1(x) \geqslant 0,\ f_2(x) \leqslant 0, \end{cases}$$

$$\bar{\partial}\left(f_1(x)f_2(x)\right) = \begin{cases} f_1(x)\bar{\partial}f_2(x) + f_2(x)\bar{\partial}f_1(x), & f_1(x) \geqslant 0,\ f_2(x) \geqslant 0, \\ f_1(x)\underline{\partial}f_2(x) + f_2(x)\bar{\partial}f_1(x), & f_1(x) \leqslant 0,\ f_2(x) \geqslant 0, \\ f_1(x)\underline{\partial}f_2(x) + f_2(x)\underline{\partial}f_1(x), & f_1(x) \leqslant 0,\ f_2(x) \leqslant 0, \\ f_1(x)\bar{\partial}f_2(x) + f_2(x)\underline{\partial}f_1(x), & f_1(x) \geqslant 0,\ f_2(x) \leqslant 0, \end{cases}$$

$$D(cf_1(x)) = cDf_1(x),$$

即

$$\underline{\partial}(cf_1(x)) = \begin{cases} c\underline{\partial}f_1(x), & c \geqslant 0, \\ c\bar{\partial}f_1(x), & c < 0, \end{cases}$$

$$\bar{\partial}(cf_1(x)) = \begin{cases} c\bar{\partial}f_1(x), & c \geqslant 0, \\ c\underline{\partial}f_1(x), & c < 0, \end{cases}$$

$$D\left(\frac{1}{f_1(x)}\right) = -\frac{1}{f_1^2(x)}Df(x),$$

即

$$\underline{\partial}\left(\frac{1}{f_1(x)}\right) = -\frac{1}{f_1^2(x)}\bar{\partial}f(x),$$

$$\bar{\partial}\left(\frac{1}{f_1(x)}\right) = -\frac{1}{f_1^2(x)}\underline{\partial}f_1(x).$$

证明　根据方向导数的定义, 易见函数 $f_1(x) + f_2(x),\ f_1(x)f_2(x),\ cf_1(x),\ \dfrac{1}{f_1(x)}$ 是方向可微的, 且方向导数可表示为

$$(f_1 + f_2)'(x; d) = f_1'(x; d) + f_2'(x; d), \tag{8.1.4}$$

$$(f_1 \cdot f_2)'(x; d) = f_1(x)f_2'(x; d) + f_2(x)f_1'(x; d), \tag{8.1.5}$$

$$(cf_1)'(x;d) = cf_1'(x;d), \tag{8.1.6}$$

$$\left(\frac{1}{f_1}\right)'(x;d) = -\frac{1}{f_1^2(x)}f_1'(x;d). \tag{8.1.7}$$

根据拟可微函数定义, 利用拟微分表示方向导数并代入式 (8.1.4)—(8.1.7), 得

$$(f_1 + f_2)'(x;d) = \max_{u\in\underline{\partial} f_1(x)} u^{\mathrm{T}}d + \min_{v\in\bar{\partial} f_1(x)} v^{\mathrm{T}}d + \max_{u\in\underline{\partial} f_2(x)} u^{\mathrm{T}}d + \min_{v\in\bar{\partial} f_2(x)} v^{\mathrm{T}}d$$
$$= \max_{u\in\underline{\partial} f_1(x)+\underline{\partial} f_2(x)} u^{\mathrm{T}}d + \min_{v\in\bar{\partial} f_1(x)+\bar{\partial} f_2(x)} v^{\mathrm{T}}d,$$

$$(f_1 \cdot f_2)'(x;d) = f_1(x)\left(\max_{u\in\underline{\partial} f_2(x)} u^{\mathrm{T}}d + \min_{v\in\bar{\partial} f_2(x)} v^{\mathrm{T}}\right)$$
$$+ f_2(x)\left(\max_{u\in\underline{\partial} f_1(x)} u^{\mathrm{T}}d + \min_{v\in\bar{\partial} f_1(x)} v^{\mathrm{T}}d\right)$$

$$= \begin{cases} \max\limits_{u\in f_1(x)\underline{\partial} f_2(x)+f_2(x)\underline{\partial} f_1(x)} u^{\mathrm{T}}d \\ + \min\limits_{v\in f_1(x)\bar{\partial} f_2(x)+f_2(x)\bar{\partial} f_1(x)} v^{\mathrm{T}}d, & f_1(x)\geqslant 0, f_2(x)\geqslant 0, \\[2mm] \max\limits_{u\in f_1(x)\bar{\partial} f_2(x)+f_2(x)\underline{\partial} f_1(x)} u^{\mathrm{T}}d \\ + \min\limits_{v\in f_1(x)\underline{\partial} f_2(x)+f_2(x)\bar{\partial} f_1(x)} v^{\mathrm{T}}d, & f_1(x)\leqslant 0, f_2(x)\geqslant 0, \\[2mm] \max\limits_{u\in f_1(x)\bar{\partial} f_2(x)+f_2(x)\bar{\partial} f_1(x)} u^{\mathrm{T}}d \\ + \min\limits_{v\in f_1(x)\underline{\partial} f_2(x)+f_2(x)\underline{\partial} f_1(x)} v^{\mathrm{T}}d, & f_1(x)\leqslant 0, f_2(x)\leqslant 0, \\[2mm] \max\limits_{u\in f_1(x)\underline{\partial} f_2(x)+f_2(x)\bar{\partial} f_1(x)} u^{\mathrm{T}}d \\ + \min\limits_{v\in f_1(x)\bar{\partial} f_2(x)+f_2(x)\underline{\partial} f_1(x)} v^{\mathrm{T}}d, & f_1(x)\geqslant 0, f_2(x)\leqslant 0, \end{cases}$$

$$(cf_1)'(x;d) = c\left(\max_{u\in\underline{\partial} f_1(x)} u^{\mathrm{T}}d + \min_{v\in\bar{\partial} f_1(x)} v^{\mathrm{T}}d\right),$$
$$= \begin{cases} \max\limits_{u\in c\underline{\partial} f_1(x)} u^{\mathrm{T}}d + \min\limits_{v\in c\bar{\partial} f_1(x)} v^{\mathrm{T}}d, & c\geqslant 0, \\[2mm] \max\limits_{u\in c\bar{\partial} f_1(x)} u^{\mathrm{T}}d + \min\limits_{v\in c\underline{\partial} f_1(x)} v^{\mathrm{T}}d, & c < 0, \end{cases}$$

$$\left(\frac{1}{f_1}\right)'(x;d) = -\frac{1}{f_1^2(x)}\left(\max_{u\in\underline{\partial} f_1(x)} u^{\mathrm{T}}d + \min_{v\in\bar{\partial} f_1(x)} v^{\mathrm{T}}d\right)$$
$$= \max_{u\in-\frac{1}{f_1^2(x)}\bar{\partial} f_1(x)} u^{\mathrm{T}}d + \min_{v\in-\frac{1}{f_1^2(x)}\underline{\partial} f_1(x)} v^{\mathrm{T}}d.$$

根据拟微分定义和式 (8.1.4)—(8.1.7), 得式 (8.1.2) 和式 (8.1.3). 定理得证.

利用定理 8.1.1, 可以得到下面的拟微分运算法则:

$$D\left(f_1(x) - f_2(x)\right) = Df_1(x) - Df_2(x),$$

$$D\left(\frac{f_1(x)}{f_2(x)}\right) = \frac{1}{f_2^2(x)}\left(f_2(x)Df_1(x) - f_1(x)Df_2(x)\right).$$

定理 8.1.2 设 $f_i(x), i = 1, \cdots, m$ 是 R^n 上拟可微函数, 则极大值函数 $f(x) = \max\limits_{1\leqslant i\leqslant m} f_i(x)$ 也是拟可微函数, 其拟微分 $[\underline{\partial}f(x), \bar{\partial}f(x)]$ 有下述形式:

$$\underline{\partial}f(x) = \mathrm{co}\bigcup_{k\in I(x)}\left(\underline{\partial}f_k(x) - \sum_{i\in I(x)\backslash\{k\}}\bar{\partial}f_i(x)\right),$$

$$\bar{\partial}f(x) = \sum_{i\in I(x)}\bar{\partial}f_i(x).$$

其中 $I(x) = \{i \in \{1, \cdots, m\} | f_i(x) = f(x)\}$.

证明 $f_i(x), i = 1, \cdots, m$ 是拟可微的, 记其拟微分为 $\underline{\partial}f_i(x) = U_i, \bar{\partial}f_i(x) = V_i, i = 1, \cdots, m$. 不失一般性, 假设 $I(x) = \{1, \cdots, m\}$. $f_i(x), i = 1, \cdots, m$ 是方向可微的, 故 $f(x)$ 是方向可微的, 根据极大值函数性质其方向导数可表示为

$$\begin{aligned} f'(x, d) &= \max_{1\leqslant i\leqslant m} f_i'(x; d) \\ &= \max_{1\leqslant i\leqslant m}\left(\max_{u\in U_i} u^{\mathrm{T}}d + \min_{v\in V_i} v^{\mathrm{T}}d\right), \quad \forall d \in \mathrm{R}^n. \end{aligned} \tag{8.1.8}$$

首先讨论 $m = 2$ 情形. 设 a, b, c, d 是实数, 易见

$$\max\{a + b,\, c + d\} = \max\{a - d,\, c - b\} + (b + d).$$

由式 (8.1.8) 得

$$\begin{aligned} f'(x, d) &= \max_{i=1,2}\left(\max_{u\in U_i} u^{\mathrm{T}}d + \min_{v\in V_i} v^{\mathrm{T}}d\right) \\ &= \max\left\{\max_{u\in U_1} u^{\mathrm{T}}d - \min_{v\in V_2} v^{\mathrm{T}}d,\ \max_{u\in U_2} u^{\mathrm{T}}d - \min_{v\in V_1} v^{\mathrm{T}}d\right\} \\ &\quad + \min_{v\in V_1} v^{\mathrm{T}}d + \min_{v\in V_2} v^{\mathrm{T}}d, \quad \forall d \in \mathrm{R}^n. \end{aligned} \tag{8.1.9}$$

式 (8.1.9) 可表示为如下形式:

$$\begin{aligned} f'(x, d) &= \max\left\{\max_{u\in U_1} u^{\mathrm{T}}d + \max_{v\in -V_2} v^{\mathrm{T}}d,\ \max_{u\in U_2} u^{\mathrm{T}}d + \max_{v\in -V_1} v^{\mathrm{T}}d\right\} \\ &\quad + \min_{v\in V_1} v^{\mathrm{T}}d + \min_{v\in V_2} v^{\mathrm{T}}d \\ &= \max\left\{\max_{u\in U_1 - V_2} u^{\mathrm{T}}d,\ \max_{u\in U_2 - V_1} u^{\mathrm{T}}d\right\} + \min_{v\in V_1 + V_2} v^{\mathrm{T}}d, \quad \forall d \in \mathrm{R}^n, \end{aligned}$$

注意到

$$\max\{\max_{u \in U} u^{\mathrm{T}}d, \max_{u \in V} u^{\mathrm{T}}d\} = \max_{u \in \mathrm{co}\{U \cup V\}} u^{\mathrm{T}}d, \quad \forall d \in \mathrm{R}^n,$$

于是

$$f'(x,d) = \max_{u \in \mathrm{co}\{(U_1-V_2) \cup (U_2-V_1)\}} u^{\mathrm{T}}d + \min_{v \in V_1+V_2} v^{\mathrm{T}}d, \quad \forall d \in \mathrm{R}^n.$$

这说明当 $m=2$ 时定理结论成立.

假设当 $m=l$ 时定理结论成立, 即

$$\max_{1 \leqslant i \leqslant l}(\max_{u \in U_i} u^{\mathrm{T}}d + \min_{v \in V_i} v^{\mathrm{T}}d) = \max_{u \in U^{(l)}} u^{\mathrm{T}}d + \min_{v \in V^{(l)}} v^{\mathrm{T}}d, \quad \forall d \in \mathrm{R}^n,$$

其中

$$U^{(l)} = \mathrm{co} \bigcup_{k \in I(x)} \left(U_k - \sum_{\substack{1 \leqslant i \leqslant l \\ i \neq k}} V_i \,|\, 1 \leqslant i \leqslant l \right),$$

$$V^{(l)} = \sum_{i=1}^{l} V_i.$$

下面考虑 $m=l+1$ 情形, 此时有

$$f'(x,d) = \max_{1 \leqslant i \leqslant l+1}(\max_{u \in U_i} u^{\mathrm{T}}d + \min_{v \in V_i} v^{\mathrm{T}}d)$$

$$= \max\{\max_{u \in U^{(l)}} u^{\mathrm{T}}d + \min_{v \in V^{(l)}} v^{\mathrm{T}}d, \max_{u \in U_{l+1}} u^{\mathrm{T}}d + \min_{v \in V_{l+1}} v^{\mathrm{T}}d\}, \quad \forall d \in \mathrm{R}^n. (8.1.10)$$

记

$$f'(x,d) = \max_{u \in U^{(l+1)}} u^{\mathrm{T}}d + \min_{v \in V^{(l+1)}} v^{\mathrm{T}}d,$$

类似于前面的推导, 由式 (8.1.10) 得

$$U^{(l+1)} = \mathrm{co}\left\{(U^{(l)} - V_{l+1}) \bigcup_{1 \leqslant k \leqslant l} (U_{l+1} - V^{(l)})\right\}$$

$$= \mathrm{co} \bigcup_{1 \leqslant k \leqslant l+1} \left(U_k - \sum_{\substack{1 \leqslant i \leqslant l+1 \\ i \neq k}} V_i \right),$$

$$V^{(l+1)} = V^{(l)} + V_{l+1} = \sum_{i=1}^{l+1} V_i.$$

定理得证.

设 $f_i(x), i = 1, \cdots, m$ 是 R^n 上拟可微函数, 则极小值函数 $f(x) = \min\limits_{1 \leqslant i \leqslant m} f_i(x)$ 是拟可微函数, 其拟微分 $[\underline{\partial} f(x), \bar{\partial} f(x)]$ 可表示为

$$\underline{\partial} f(x) = \sum_{i \in I(x)} \underline{\partial} f_i(x),$$

$$\bar{\partial} f(x) = \mathrm{co} \bigcup_{k \leqslant I(x)} \left(\bar{\partial} f_k(x) - \sum_{i \in I(x) \setminus \{k\}} \underline{\partial} f_i(x) \right),$$

其中 $I(x) = \{i \in \{1, \cdots, m\} | f_i(x) = f(x)\}$. 注意到 $\min\limits_{1 \leqslant i \leqslant m} f_i(x) = -\max\limits_{1 \leqslant i \leqslant m} (-f_i(x))$, 由定理 8.1.2 即得到上述结论.

定理 8.1.3 设 $h_i(x), i = 1, \cdots, m$ 为 R^n 上的拟可微函数, $f(y)$ 为 R^m 上的拟可微函数, 且一致方向可微 (即如果 $C \subset \mathrm{R}^m$ 有界, 有

$$f(y + td) = f(y) + tf'(y; d) + o(t), \quad \forall d \in C, t > 0 \tag{8.1.11}$$

成立), 则复合函数 $F(x) = f(h_1(x), \cdots, h_m(x))$ 是拟可微的, 其拟微分 $[\underline{\partial} F(x), \bar{\partial} F(x)]$ 有如下形式:

$$\underline{\partial} F(x) = \left\{ p \middle| p = \sum_{i=1}^m (u^{(i)}(\lambda_i + \mu_i) - \underline{u}^{(i)}\lambda_i - \bar{u}^{(i)}\mu_i), u = (u^{(1)}, \cdots, u^{(m)}) \in \underline{\partial} f(y), \right.$$

$$\left. \lambda_i \in \underline{\partial} h_i(x), \mu_i \in \bar{\partial} h_i(x), \ i = 1, \cdots, m \right\},$$

$$\bar{\partial} F(x) = \left\{ l \middle| l = \sum_{i=1}^m (u^{(i)}(\lambda_i + \mu_i) + \underline{u}^{(i)}\lambda_i + \bar{u}^{(i)}\mu_i), u = (u^{(1)}, \cdots, u^{(m)}) \in \bar{\partial} f(y), \right.$$

$$\left. \lambda_i \in \underline{\partial} h_i(x), \mu_i \in \bar{\partial} h_i(x), \ i = 1, \cdots, m \right\},$$

其中 $y = (h_1(x), \cdots, h_m(x))^{\mathrm{T}}, \underline{u} = (\underline{u}^{(1)}, \cdots, \underline{u}^{(m)})$ 和 $\bar{u} = (\bar{u}^{(1)}, \cdots, \bar{u}^{(m)})$ 为满足下式的任意向量:

$$\underline{u} \leqslant u \leqslant \bar{u}, \quad \forall u \in \underline{\partial} f(y) \bigcup (-\bar{\partial} f(y)).$$

定理 8.1.1—定理 8.1.3 说明拟可微函数关于四则运算, 极大 (小) 值运算以及复合运算是封闭的, 同时给出了相应拟微分表达式. 与局部 Lipschitz 函数广义梯度不同, 拟微分运算是等式关系, 不是包含关系.

8.1.3 极值条件

定理 8.1.4 设 $f(x)$ 为 R^n 上的拟可微函数, 如果 $f(x)$ 在点 x^* 达到极小值, 则有

$$-\bar{\partial} f(x^*) \subset \underline{\partial} f(x^*). \tag{8.1.12}$$

证明　因为 $f(x)$ 是方向可微的, x^* 是极小值点, 则有

$$f'(x^*; d) \geqslant 0, \quad \forall d \in \mathrm{R}^n, \tag{8.1.13}$$

若不然, 则存在 $d_1 \in \mathrm{R}^n$, 使得 $f'(x^*; d_1) < 0$, 根据方向导数定义, 当 $t > 0$ 充分小时, 有 $f(x^* + td_1) < f(x^*)$, 这与 x^* 是极小值点矛盾. 根据式 (8.1.13) 及拟微分的定义, 得

$$0 \leqslant \max_{u \in \partial f(x^*)} u^{\mathrm{T}} d + \min_{v \in \bar{\partial} f(x^*)} v^{\mathrm{T}} d, \quad \forall d \in \mathrm{R}^n,$$

于是

$$\max_{v \in -\bar{\partial} f(x^*)} v^{\mathrm{T}} d \leqslant \max_{u \in \partial f(x^*)} u^{\mathrm{T}} d, \quad \forall d \in \mathrm{R}^n, \tag{8.1.14}$$

根据凸紧集与支撑函数的关系和式 (8.1.14), 得式 (8.1.12). 定理得证.

定理 8.1.5　设 $f(x)$ 是 R^n 上的拟可微函数, 如果 $f(x)$ 在点 x^* 达到极大值, 则有

$$-\underline{\partial} f(x^*) \subset \bar{\partial} f(x^*). \tag{8.1.15}$$

证明　$f(x)$ 在点 x^* 达到极大值, 类似定理 8.1.4 的证明得

$$f'(x^*; d) \leqslant 0, \quad \forall d \in \mathrm{R}^n,$$

同理可证式 (8.1.15) 成立. 定理得证.

与 Clarke 广义梯度形式的极值条件不同, 拟微分形式的极大值与极小值条件在形式上有所不同, 在一定意义下说, 拟微分能够更精细地刻画极值点性质. 通常将满足式 (8.1.12) 和式 (8.1.15) 的点分别称为极小驻点和极大驻点.

定理 8.1.6　设 $f(x)$ 是 R^n 上拟可微函数且一致方向可微, 如果 $-\bar{\partial} f(x^*) \subset \mathrm{int}\underline{\partial} f(x^*)$, 则 x^* 为 $f(x)$ 的严格极小点.

证明　由 $-\bar{\partial} f(x^*) \subset \mathrm{int}\underline{\partial} f(x^*)$ 可知, 存在 $r > 0$, 使得

$$B(0, r) \subset \underline{\partial} f(x^*) + v, \quad \forall v \in \bar{\partial} f(x^*),$$

于是有

$$\max_{u \in \underline{\partial} f(x^*) + v} u^{\mathrm{T}} d \geqslant r, \quad \forall v \in \bar{\partial} f(x^*), \ \|d\| = 1.$$

关于 $v \in \bar{\partial} f(x^*)$ 取极小, 有

$$\min_{v \in \bar{\partial} f(x^*)} \max_{u \in \underline{\partial} f(x^*) + v} u^{\mathrm{T}} d \geqslant r, \quad \|d\| = 1. \tag{8.1.16}$$

整理式 (8.1.16) 得

$$\min_{v \in \bar{\partial} f(x^*)} \max_{u \in \underline{\partial} f(x^*) + v} u^{\mathrm{T}} d = \min_{v \in \bar{\partial} f(x^*)} \Big(\max_{u \in \underline{\partial} f(x^*)} u^{\mathrm{T}} d + v^{\mathrm{T}} d \Big)$$

$$= \max_{u \in \partial f(x^*)} u^{\mathrm{T}}d + \min_{v \in \partial f(x^*)} v^{\mathrm{T}}d$$

$$= f'(x^*; d) \geqslant r, \quad \|d\| = 1.$$

根据 $f(x)$ 的一致方向可微性及上式, 存在 $t_0 > 0$, 使得

$$f(x^* + td) \geqslant f(x^*) + \frac{1}{2}tr, \quad \forall t \in [0, t_0],$$

这说明 x^* 是 $f(x)$ 的严格极小值点. 定理得证.

8.2 极大值复合函数

拟可微函数是一类外延较广的非光滑函数类, 其中极大值函数及其复合是最适合利用拟微分来处理的非光滑函数.

考虑下述极大值复合函数:

$$f(x) = g(\max_{j \in J_1} f_{1j}(x), \cdots, \max_{j \in J_m} f_{mj}(x)), \quad x \in \mathrm{R}^n, \tag{8.2.1}$$

其中 $g(y_1, \cdots, y_m)$ 和 $f_{ij}(x)$ 分别为 R^m 和 R^n 上的连续可微函数, J_i, $i = 1, \cdots, m$ 为有限指标集. 根据定理 8.1.2 和定理 8.1.3, $f(x)$ 是拟可微函数, 以下利用定义直接推导 $f(x)$ 的拟微分. 记

$$y_i(x) = \max_{j \in J_i} f_{ij}(x), \quad i = 1, \cdots, m,$$

对于 $d \in \mathrm{R}^n, t \geqslant 0$, 有

$$y_i(x + td) = y_i(x) + ty_i'(x; d) + o_i(x, d),$$

$$y_i'(x; d) = \max_{j \in J_i(x)} \nabla f_{ij}(x)^{\mathrm{T}}d, \quad i = 1, \cdots, m,$$

其中

$$J_i(x) = \{j \in J_i | f_{ij}(x) = y_i(x)\}.$$

注意到 $o_i(t, d)/t \to 0$, 则有

$$f(x + td) = f(x) + t\left(\sum_{i=1}^{m} \frac{\partial F(y_1, \cdots, y_m)}{\partial y_i} y_i'(x; d)\right) + o(t, d). \tag{8.2.2}$$

记

$$I_+(x) = \left\{i \in \{1, \cdots, m\} \left| \frac{\partial F(y_1, \cdots, y_m)}{\partial y_i} \geqslant 0\right.\right\},$$

$$I_-(x) = \left\{ i \in \{1, \cdots, m\} \left| \frac{\partial F(y_1, \cdots, y_m)}{\partial y_i} < 0 \right. \right\}.$$

由式 (8.2.2) 得

$$
\begin{aligned}
f(x+td) =\, & f(x) + t\Bigg(\sum_{i \in I_+(x)} \max_{j \in J_i(x)} \frac{\partial F(y_1, \cdots, y_m)}{\partial y_i} \nabla f_{ij}(x)^{\mathrm{T}} d \\
& + \sum_{i \in I_-(x)} \min_{j \in J_i(x)} \frac{\partial F(y_1, \cdots, y_m)}{\partial y_i} \nabla f_{ij}(x)^{\mathrm{T}} d \Bigg) + o(t, d),
\end{aligned}
$$

于是

$$
\begin{aligned}
f'(x; d) =\, & \sum_{i \in I_+(x)} \max_{j \in J_i(x)} \frac{\partial F(y_1, \cdots, y_m)}{\partial y_i} \nabla f_{ij}(x)^{\mathrm{T}} d \\
& + \sum_{i \in I_-(x)} \min_{j \in J_i(x)} \frac{\partial F(y_1, \cdots, y_m)}{\partial y_i} \nabla f_{ij}(x)^{\mathrm{T}} d.
\end{aligned}
$$

根据拟微分的定义, $f(x)$ 的拟微分为

$$\underline{\partial} f(x) = \mathrm{co}\, U(x), \quad \bar{\partial} f(x) = \mathrm{co}\, V(x),$$

其中

$$U(x) = \left\{ u \in \mathrm{R}^n \left| u = \sum_{i \in I_+(x)} \frac{\partial F(y_1, \cdots, y_m)}{\partial y_i} \nabla f_{ij}(x)^{\mathrm{T}} d, j \in J_i(x) \right. \right\},$$

$$V(x) = \left\{ v \in \mathrm{R}^n \left| v = \sum_{i \in I_-(x)} \frac{\partial F(y_1, \cdots, y_m)}{\partial y_i} \nabla f_{ij}(x)^{\mathrm{T}} d, j \in J_i(x) \right. \right\}.$$

注意到, 式 (8.2.1) 给出的函数 $f(x)$ 的拟微分是有限点集的凸包, 结构简单. 如果

$$\frac{\partial F(y_1, \cdots, y_m)}{\partial y_i} \geqslant 0, \quad i = 1, \cdots, m,$$

则 $I_-(x)$ 为空集, 此时 $f(x)$ 是次可微的, 可以证明 $f(x)$ 作为 Lipschitz 函数是正则的.

　　根据上述讨论可以看出, 下述函数是拟可微的:

$$f(x) = \max_{i \in I} f_i(x) + \min_{j \in J} g_j(x),$$

其中 I, J 为有限指标集, $f_i(x), i \in I, g_i(x), j \in J$ 为 R^n 上的连续可微函数, 其拟微分 $[\underline{\partial} f(x), \bar{\partial} f(x)]$ 为

$$\underline{\partial} f(x) = \mathrm{co}\{ \nabla f_i(x) \,| i \in I(x) \},$$

$$\bar{\partial} f(x) = \mathrm{co}\{\nabla g_j(x) | j \in J(x)\},$$

其中

$$I(x) = \{i \in I | f_i(x) = \max_{i \in I} f_i(x)\},$$

$$J(x) = \{j \in J | g_j(x) = \min_{j \in J} g_j(x)\}.$$

8.3 拟微分表示广义梯度

拟微分定义与方向导数有直接联系, 因此是目前各种非凸广义微分中最容易计算的一种. 本节介绍两种凸紧集的差, 除具有拟可微分析自身意义外, 凸紧集的差还可用于表示和计算 Clarke 广义梯度.

8.3.1 凸紧集差的定义

设 U 和 V 是 R^n 上的凸紧集, $T \subset \mathrm{R}^n$, 如果 $\mathrm{R}^n \backslash T$ 是一个零测度集, 则称 T 为关于 R^n 的满测度集.

给定满测度集 T 使得 $\delta_U^*(x)$ 和 $\delta_U^*(x)$ 在 T 上可微, 因为 $\delta_U^*(x)$ 和 $\delta_U^*(x)$ 是凸函数, 也是局部 Lipschitz 函数, 因此满测度集是存在的. 定义 U 和 V 的差 $U \dot{-} V$ 如下:

$$U \dot{-} V = \mathrm{cocl}\{\nabla \delta_U^*(x) - \nabla \delta_V^*(x) | x \in T\}. \tag{8.3.1}$$

$S \subset \mathrm{R}^n$ 在点 $x \in \mathrm{R}^n$ 的最大面 $G_x(S)$ 和最小面 $\tilde{G}_x(S)$ 定义如下:

$$G_x(S) = \{s \in S | s^{\mathrm{T}} x = \max_{s \in S} s^{\mathrm{T}} x\},$$

$$\tilde{G}_x(S) = \{s \in S | s^{\mathrm{T}} x = \min_{s \in S} s^{\mathrm{T}} x\},$$

$G_x(S)$ 和 $\tilde{G}_x(S)$ 中的元素分别用 $g_x(S)$ 和 $\tilde{g}_x(S)$ 表示. 对于 $x \in T, G_x(U)$ 和 $\tilde{G}_x(V)$ 都是单点集, 因此 $U \dot{-} V$ 可以等价地表示为下述形式:

$$U \dot{-} V = \mathrm{co}\,\mathrm{cl}\{g_x(U) - \tilde{g}_x(V) | x \in T\}.$$

首先说明式 (8.3.1) 给出的定义的合理性, 即 $U \dot{-} V$ 不依赖于集合 T 的选择. 假设 T_{UV} 是所有梯度 $\nabla \delta_U^*(x)$ 和 $\nabla \delta_V^*(x)$ 存在的点集, $T \subset T_{UV}$ 是一个满测度集, 于是

$$T_{UV} \subset \mathrm{R}^n = \mathrm{cl}T.$$

记

$$W_1 = \mathrm{cl}\,\{\nabla \delta_U^*(x) - \nabla \delta_V^*(x) | x \in T_{UV}\},$$

$$W_2 = \mathrm{cl}\,\{\nabla \delta_U^*(x) - \nabla \delta_V^*(x)|\, x \in T\},$$

显然 $W_2 \subset W_1$. 另一方面, 设 $x \in T_{UV}$, 则有 $T_{UV} \subset \mathrm{cl}T$, 于是存在点列 $\{x_k\}_1^\infty$ 满足 $x_k \in T$, $x_k \to x$. 既然梯度 $\nabla \delta_U^*(x)$ 存在, 那么 $\nabla \delta_U^*(x_k) \to \nabla \delta_U^*(x)$. 同理, $\nabla \delta_V^*(x_k) \to \nabla \delta_V^*(x)$, 因此

$$\nabla \delta_U^*(x) - \nabla \delta_V^*(x) \in W_2, \quad W_1 \subset W_2, \quad W_1 = W_2.$$

如果 $T_1, T_2 \subset T_{UV}$, T_1 和 T_2 均是满测度的, 则有

$$\mathrm{cocl}\,\{\nabla \delta_U^*(x) - \nabla \delta_V^*(x)|\, x \in T_1\} = \mathrm{cocl}\,\{\nabla \delta_U^*(x) - \nabla \delta_V^*(x)|\, x \in T_2\}.$$

因此, 式 (8.3.1) 不依赖于 T 的选择, 即 $U \dot{-} V$ 是适定的. $U \dot{-} V$ 也称为集合 U 和 V 的 Demyanov 差.

设 U 和 V 是 R^n 上的凸紧集, 集合的差 $U \ddot{-} V$ 定义如下:

$$U \ddot{-} V = \mathrm{co} \bigcup_{x \neq 0} (G_x(U) - G_x(V)).$$

容易验证, 集合 $U \ddot{-} V$ 是闭的.

8.3.2　表示广义梯度

下面基于前面定义的凸紧集的差, 给出利用拟微分表示 Clarke 广义梯度的方法.

设 $f(x)$ 是 R^n 上的拟可微函数, 如果下述条件成立:

(1) 集合 $\mathrm{R}^n \backslash T$ 的测度为零;

(2) 对任意的 $g \in T$, 集合 $G_g(\partial f(x))$ 和 $\tilde{G}_g(\overline{\partial} f(x))$ 是单点集, 则集合 $T \subset \mathrm{R}^n$ 称为关于拟微分 $[\partial f(x), \overline{\partial} f(x)]$ 满足性质 (ε).

设 $X \subset \mathrm{R}^n$ 为开集, $x \in X$, 定义 X 到 R^m 的一族函数类 $M(x)$ 如下: 如果 $f(x) \in M$, 则满足以下条件:

(a) $f(x)$ 在 x 的邻域 $B(x, \delta)$ 是局部 Lipschitz 的, 这说明 D_f 关于 $B(x, \delta)$ 是满测度的, 即 $B(x, \delta) \backslash D_f$ 的测度为零;

(b) $f(x)$ 在 x 是拟可微的;

(c) 由条件 $g_k \to g$, $t_k \to 0^+$, $x_k = x + t_k g_k$, $g \in T$ 可得到

$$\nabla f(x_k) \to g_g(\partial f(x)) + \tilde{g}_g(\overline{\partial} f(x)).$$

下述定理给出广义梯度和拟微分之间的关系.

定理 8.3.1　给定一点 $x \in \mathrm{R}^n$, 如果 $f(x)$ 属于 R^n 上的函数类 $M(x)$, 则有

$$\partial f(x) \dot{-} (-\overline{\partial} f(x)) \subset \partial_{\mathrm{Cl}} f(x). \tag{8.3.2}$$

证明 选取集合 $Q \subset B(x, \delta) \bigcap D_f$ 满足

$$\text{meas}(B(x, \delta) \backslash Q) = 0, \tag{8.3.3}$$

其中 meas 代表 Lebesgue 测度, 另选取 $T \subset \mathbb{R}^n$ 满足 $\text{meas}(\mathbb{R}^n \backslash T) = 0$. 记

$$\partial_T f(x) = \text{clco}\{\xi \in \mathbb{R}^n \mid x_k = x + t_k g_k \in Q, g_k \to g \in T, t_k \to 0, \nabla f(x_k) \to \xi\}.$$

设 $v \in \partial_T F(x)$, 那么存在序列 $\{g_k\}_1^\infty$ 和 $\{t_k\}_1^\infty$, 满足

$$g_k \to g, \quad t_k \to 0^+, \quad x_k = x + t_k g_k \in Q, \quad g \in T, \quad \nabla F(x_k) \to v.$$

另一方面, 由 $F(x) \in M(x)$, 可得

$$\nabla F(x_k) \to g_g(\underline{\partial} F(x)) + \tilde{g}_g(\overline{\partial} F(x)),$$

即

$$v = g_g(\underline{\partial} F(x)) + \tilde{g}_g(\overline{\partial} F(x)).$$

于是,

$$\partial_T F(x) \subset \text{clco}\{g_g(\underline{\partial} F(x)) + \tilde{g}_g(\overline{\partial} F(x)) \mid g \in T\} = \underline{\partial} F(x) \dot{-} (-\overline{\partial} F(x)). \tag{8.3.4}$$

反过来, 假设 $g \in \mathbb{R}^n$, $t_k \to 0^+$, $\varepsilon_k \to 0^+$, 由式 (8.3.3) 得

$$Q \bigcap (x + t_k B(g, \varepsilon_k)) \neq \varnothing,$$

于是存在 $g_k \in B(g, \varepsilon_k)$, 满足

$$x + t_k g_k \in Q. \tag{8.3.5}$$

因此, 存在点列 $\{g_k\}_1^\infty$ 满足 $g_k \to g$, 使得式 (8.3.5) 成立. 取 $g \in T$, 考虑元素

$$v = g_g(\underline{\partial} f(x)) + \tilde{g}_g(\overline{\partial} f(x)),$$

点列 $\{g_k\}_1^\infty$ 和 $\{t_k\}_1^\infty$ 满足 $g_k \to g$, $t_k \to 0^+$, 式 (8.3.5) 成立. 根据 $M(x)$ 的定义, $\nabla f(x) \to v$ 成立, 即

$$v \in \text{cl}\{\xi \mid x_k = x + t_k g_k \in Q, g_k \to g \in T, t_k \to 0^+, \nabla f(x_k) \to \xi\} = \partial_T f(x),$$

由此得

$$\underline{\partial} f(x) \dot{-} (-\overline{\partial} f(x)) = \partial_T f(x). \tag{8.3.6}$$

根据式 (8.3.4) 和式 (8.3.6), 得

$$\underline{\partial} f(x) \dot{-} (-\overline{\partial} f(x)) = \partial_T f(x).$$

$\partial_{\mathrm{Cl}} f(x)$ 是闭集, 于是有 $\partial_T f(x) \subset \partial_{\mathrm{Cl}} f(x)$, 故式 (8.3.2) 成立. 定理得证.

除具有 $M(x)$ 的条件 (a), (b) 外, 函数族 $\tilde{M}(x)$ 还要求满足下述条件:

(d) 存在 $B(x, \delta)$ 上的满测度的集合 $Q \subset D_F$ 和拟微分 $[\underline{\partial} f(x), \overline{\partial} f(x)]$, 使得由关系式

$$g_k \to g, t_k \to 0^+, x_k = x + t_k g_k \in D_F, \nabla f(x_k) \to v$$

可得

$$v \in G_g(\underline{\partial} f(x)) + \tilde{G}_g(\overline{\partial} f(x)).$$

定理 8.3.2　设 R^n 上的函数 $f(x)$ 包含在函数族 $\tilde{M}(x)$ 中, $[\underline{\partial} f(x), \overline{\partial} f(x)]$ 是满足条件 (d) 中的一个拟微分, 那么下述关系成立:

$$\partial_{\mathrm{Cl}} f(x) \subset \underline{\partial} f(x) \dot{-} (-\overline{\partial} f(x)). \tag{8.3.7}$$

证明　设

$$\xi \in \{ v \in \mathrm{R}^n \mid x_k \in D_f, x_k \to x, \nabla f(x_k) \to v \},$$

点列 $\{v_k\}_1^\infty$ 满足

$$x_k \in D_f, \quad x_k \to x, \quad \nabla f(x_k) \to \xi.$$

记

$$\alpha_k = \|x_k - x\|, \quad g_k = (x_k - x)/\alpha_k.$$

不失一般性, 假设 $\alpha_k \to 0^+$, $\lim_{k \to \infty} g_k = g$, 根据性质 (d) 有

$$\xi \in G_g(\underline{\partial} f(x) + \tilde{G}_g(\overline{\partial} f(x)) = G_g(\underline{\partial} f(x)) - G_g(-\overline{\partial} g(x)),$$

由此得

$$\partial_{\mathrm{Cl}} f(x) \subset \underline{\partial} f(x) \dot{-} (-\overline{\partial} f(x)).$$

定理得证.

8.3.3　多面体公式

前面给出了凸紧集两种差的定义, 然而对一般集合这两种差无法计算, 以下给出多面体情形下集合差的解析表示, 进而可以具体计算.

定理 8.3.3　设 $U = \{\mathrm{co}\{u_i | i \in I\}, V = \mathrm{co}\{v_j | j \in J\}$, 其中 $u_i, v_j \in \mathrm{R}^n$, I, J 为有限指标集. 给定一对指标 $i \in I, j \in J$, 定义线性不等式系统:

$$(\mathrm{L}_{ij}) \qquad (u_s - u_i)^{\mathrm{T}} x < 0, \quad \forall s \in I \backslash \{i\},$$

$$(v_t - v_j)^{\mathrm{T}} x < 0, \quad \forall t \in J \backslash \{j\},$$

其中 $x \in \mathrm{R}^n$, 则有

$$U \dot{-} V = \mathrm{co}\{u_i - v_j | (\mathrm{L}_{ij}) \text{有解}, i \in I, j \in J\}. \tag{8.3.8}$$

证明 不失一般性, 假设 $u_s \neq u_t, \forall s,t \in I, s \neq t$ 和 $v_s \neq v_t, \forall s,t \in J, s \neq t$. 记

$$\Gamma_{ij} = \{x \in \mathrm{R}^n | x \text{为} (\mathrm{L}_{ij}) \text{的解}\}, \quad i \in I, j \in J,$$

$$U_{st} = \{x \in \mathrm{R}^n | (u_s - u_t)^{\mathrm{T}} x = 0\}, \quad s,t \in I,$$

$$V_{st} = \{x \in \mathrm{R}^n | (v_s - v_t)^{\mathrm{T}} x = 0\}, \quad s,t \in J,$$

$$I(x) = \{i \in I | u_i^{\mathrm{T}} x = \max_{k \in I} u_k^{\mathrm{T}} x\}, \quad x \in \mathrm{R}^n,$$

$$J(x) = \{j \in J | v_j^{\mathrm{T}} x = \max_{k \in J} v_k^{\mathrm{T}} x\}, \quad x \in \mathrm{R}^n.$$

下面证明

$$\mathrm{meas}(\mathrm{R}^n \backslash \bigcup_{i \in I, j \in J} \Gamma_{ij}) = 0. \tag{8.3.9}$$

设

$$x \in \mathrm{R}^n \backslash \bigcup_{i \in I, j \in J} \Gamma_{ij},$$

则指标集 $I(x)$ 和 $J(x)$ 中至少有一个不是单点集, 否则存在 $i_0 \in I$ 和 $j_0 \in J$, 满足 $I(x) = \{i_0\}$ 和 $J(x) = \{j_0\}$, 于是

$$(u_s - u_{i_0})^{\mathrm{T}} x < 0, \forall s \in I \backslash \{i_0\},$$

$$(v_t - v_{j_0})^{\mathrm{T}} x < 0, \forall t \in J \backslash \{j_0\},$$

即 $x \in \Gamma_{i_0 j_0}$, 故 $x \in \bigcup\limits_{i \in I, j \in J} \Gamma_{ij}$, 这与 $x \in \mathrm{R}^n \backslash \bigcup\limits_{i \in I, j \in J} \Gamma_{ij}$ 矛盾. 不妨假设 $I(x)$ 不是单点集, 即存在 $s_0, t_0 \in I$, 使得

$$u_{s_0}^{\mathrm{T}} x = u_{t_0}^{\mathrm{T}} x = \max_{k \in I} u_k^{\mathrm{T}} x,$$

这意味着 $x \in U_{s_0 t_0}$, 于是 $x \in \bigcup\limits_{s,t \in I} U_{st}$, 从而得

$$\mathrm{R}^n \backslash \bigcup_{i \in I, j \in J} \Gamma_{ij} \subset \left(\bigcup_{s,t \in I} U_{st} \right) \bigcup \left(\bigcup_{s,t \in J} V_{st} \right). \tag{8.3.10}$$

由假设 $u_s \neq u_t, \forall s,t \in I, s \neq t$ 和 $v_s \neq v_t, \forall s,t \in J, s \neq t$ 知 U_{st} 和 V_{st} 都是 R^n 中的 $n-1$ 维子空间, 测度均为零, 又因为 I 和 J 为有限指标集, 故

$$\mathrm{meas}((\bigcup_{s,t \in I} U_{st}) \bigcup (\bigcup_{s,t \in J} V_{st})) = 0. \tag{8.3.11}$$

由式 (8.3.10) 和式 (8.3.11), 得式 (8.3.9). 由 $x \in \Gamma_{ij}$ 不难看出

$$\{u \in U \mid u^{\mathrm{T}}x = \delta_U^*(x)\} = \{u_i\},$$

$$\{v \in V \mid v^{\mathrm{T}}x = \delta_V^*(x)\} = \{v_j\},$$

且有

$$\nabla \delta_U^*(x) = u_i, \qquad \nabla \delta_V^*(x) = v_j.$$

因此, $\nabla \delta_U^*(x)$ 和 $\nabla \delta_V^*(x)$ 在每个 Γ_{ij} 上可微, 故在 $\bigcup\limits_{i \in I, j \in J} \Gamma_{ij}$ 上可微. 在 $U \dot{-} V$ 的定义中取 $T = \bigcup\limits_{i \in I, j \in J} \Gamma_{ij}$, 即式 (8.3.9). 定理得证.

注记 8.3.1　系统 (L_{ij}) 含有 $\mathrm{card}I + \mathrm{card}J - 2$ 个严格线性不等式.

基于定理 8.3.3, 可通过判断系统 (L_{ij}) 对每对指标 $i \in I$, $j \in J$ 的相容性来确定集合 $U \dot{-} V$.

定理 8.3.4　设 U 和 V 为定理 8.3.3 中给出的两集合, 给定一对指标 $i \in I$, $j \in J$, 定义线性不等式系统:

$$(\bar{\mathrm{L}}_{ij}) \qquad (u_s - u_i)^{\mathrm{T}}x \leqslant 0, \quad \forall s \in I \backslash \{i\},$$

$$(v_t - v_j)^{\mathrm{T}}x \leqslant 0, \quad \forall t \in J \backslash \{j\},$$

其中 $x \in \mathrm{R}^n$, 则 $U \dot{-} V$ 具有如下形式:

$$U \dot{-} V = \mathrm{co}\{u_i - v_j | (\bar{\mathrm{L}}_{ij}) 有非零解, i \in I, j \in J\}.$$

证明　给定一对指标 $i \in I$, $j \in J$, $(\bar{\mathrm{L}}_i(U))$ 和 $(\bar{\mathrm{L}}_i(V))$ 分别表示如下系统:

$$(\bar{\mathrm{L}}_i(U)) \quad (u_s - u_i)^{\mathrm{T}}x \leqslant 0, \ \forall i \in I \backslash \{i\},$$

$$(\bar{\mathrm{L}}_i(V)) \quad (v_s - v_j)^{\mathrm{T}}x \leqslant 0, \ \forall j \in J \backslash \{j\},$$

其中 $x \in \mathrm{R}^n$. 注意到 U 是一个有限个点的凸包, 根据极大面的定义, 有

$$\begin{aligned} G_x(U) &= \mathrm{co}\{u_i | u_i^{\mathrm{T}}x = \max_{s \in I} u_s^{\mathrm{T}}x, i \in I\} \\ &= \mathrm{co}\{u_i | (u_s - u_i)^{\mathrm{T}}x \leqslant 0, \forall s \in I \backslash \{i\}, i \in I\} \\ &= \mathrm{co}\{u_i | x 为 (\bar{\mathrm{L}}_i(U)) 的解, i \in I\}. \end{aligned}$$

类似地可得

$$G_x(V) = \mathrm{co}\{v_j | x 为 (\bar{\mathrm{L}}_j(V)) 的解, j \in J\}.$$

因为 $(\bar{L}_{ij})$ 是 $(\bar{L}_i(U))$ 和 $(\bar{L}_j(V))$ 的组合, 所以有

$$G_x(U) - G_x(V) = \mathrm{co}\{u_i - u_j | x \text{是}(\bar{L}_i(U))\text{和}(\bar{L}_j(V))\text{的解}, i \in I, j \in J\}.$$
$$= \mathrm{co}\{u_i - u_j | x \text{是}(\bar{L}_{ij})\text{的解}, i \in I, j \in J\}.$$

而且

$$U \overset{\cdot\cdot}{-} V = \mathrm{clco} \bigcup_{x \neq 0} (G_x(U) - G_x(V))$$
$$= \mathrm{clco}\{u_i - u_j | \exists x \neq 0 \text{是}(\bar{L}_{ij})\text{的解}, i \in I, j \in J\}$$
$$= \mathrm{co}\{u_i - u_j | (\bar{L}_{ij})\text{有非零解}, i \in I, j \in J\}.$$

定理得证.

注记 8.3.2 系统 $(\bar{L}_{ij})$ 含有 $\mathrm{card}I + \mathrm{card}J - 2$ 个线性不等式.

基于定理 8.3.4, 可通过判断系统 $(\bar{L}_{ij})$ 对每对指标 $i \in I, j \in J$ 的相容性来确定集合 $U \overset{\cdot}{-} V$.

第 9 章 最优性条件

所谓最优性条件就是对优化问题最优点特征的刻画, 包括充分性条件和必要性条件两种. 在最优化研究中人们对必要性条件关注更多, 其主要原因是现有的优化算法只能保证收敛到一个满足必要性条件的点.

9.1 凸优化的最优性条件

所谓凸优化 (也称凸规划) 是指凸函数在凸集上的极小化问题. 由于凸优化具有较非凸优化更好的性质, 特别是局部极小与整体极小的等价性, 以及必要性条件与充分性条件关系等方面有显著的特征, 因此受到人们更多的关注. 本节介绍凸优化的最优性条件, 包括 Fritz John 条件、Karush-Kuhn-Tucker 条件.

9.1.1 一般约束情形

考虑下述优化问题

$$\min f(x), \tag{9.1.1}$$

$$\text{s.t.} \, x \in S,$$

其中 $f(x)$ 为 R^n 上的凸函数, $S \subset \mathrm{R}^n$ 为凸集.

定理 9.1.1 优化问题 (9.1.1) 的局部极小点一定是全局极小点, 进一步它的极小点集为 S 中的凸集.

证明 设 $x^* \in S$ 是优化问题 (9.1.1) 的局部极小点, 则存在 $\delta > 0$, 使得

$$f(x^*) \leqslant f(x), \quad \forall x \in B(x^*, \delta) \bigcap S.$$

对任意 $x \in S \backslash B(x^*, \delta)$, 令

$$t = \frac{\delta}{||x - x^*||}, \quad x_t = (1 - t)x^* + tx,$$

显然 $0 < t < 1$, 又

$$\begin{aligned}
||x_t - x^*|| &= ||(1 - t)x^* + tx - x^*|| \\
&= ||tx - tx^*|| \\
&= \delta,
\end{aligned}$$

于是 $x_t \in B(x^*, \delta) \bigcap S$. 根据 $f(x)$ 的凸性, 得

$$f(x^*) \leqslant f(x_t) \leqslant (1-t)f(x^*) + tf(x),$$

于是 $tf(x^*) \leqslant tf(x)$, 亦 $f(x^*) \leqslant f(x)$, 故 x^* 为问题 (9.1.1) 的全局极小点.

另一方面, 问题 (9.1.1) 的极小点集可以利用它的任意一个极小点 x^* 如下表示:

$$S \bigcap \{x \in \mathbf{R}^n | f(x) \leqslant f(x^*)\}. \tag{9.1.2}$$

注意到, 凸函数的水平集是凸集, 故集合 (9.1.2) 为两个凸集的交, 因此是凸集, 即问题 (9.1.1) 的极小点集为凸集. 定理得证.

定理 9.1.1 说明, 对于凸优化问题, 局部最优解等价于全局最优解, 因此对凸优化问题不再区分局部最优解与全局最优解.

下面讨论将约束优化问题转化为等价的无约束优化问题, 这里对目标函数和约束集合不需要凸性假设.

定理 9.1.2 在问题 (9.1.1) 中假设 $S \subset S_1 \subset \mathbf{R}^n$, S 为闭集 (不要求凸性), S_1 为开集, $f(x)$ 为 S_1 上的 Lipschitz 函数 (不要求凸性), L 为其 Lipschitz 常数. 如果 $x^* \in S$ 为问题 (9.1.1) 的最优解, 则 x^* 为下述优化问题的最优解:

$$\min f(x) + Ld_S(x) \tag{9.1.3}$$

$$\text{s.t.} \, x \in S_1.$$

证明 用反证法. 假设 x^* 不是优化问题 (9.1.3) 的最优解, 则存在 $\varepsilon > 0$, $x \in S_1$, 使得

$$f(x) + Ld_S(x) < f(x^*) + Ld_S(x^*) - L\varepsilon$$
$$= f(x^*) - L\varepsilon.$$

根据距离函数的定义, 对上式中的 x, 可选取 $x_\varepsilon \in S$, 使得

$$\|x - x_\varepsilon\| \leqslant d_S(x) + \varepsilon.$$

根据 $f(x)$ 的 Lipschitz 性质, 直接推导得

$$f(x_\varepsilon) \leqslant f(x) + L\|x - x_\varepsilon\|$$
$$\leqslant f(x) + L(d_S(x) + \varepsilon)$$
$$\leqslant f(x^*) + L\varepsilon - L\varepsilon$$
$$= f(x^*). \tag{9.1.4}$$

因为 $x_\varepsilon \in S$, 式 (9.1.4) 说明 x^* 不是问题 (9.1.1) 的最优解, 得到矛盾. 定理得证.

在定理 9.1.2 中, 如果选取 $S_1 = \mathbb{R}^n$, 说明对于目标函数为全局 Lipschitz 的约束最优化问题 $\min\limits_{x \in S} f(x)$ 可等价地转化为下述无约束问题:

$$\min_{x \in \mathbb{R}^n} f(x) + L d_S(x),$$

其中 L 为大于某一个门槛值的常数即可. 这就是约束优化的精确罚, 尽管门槛值没有给出具体确定方法, 给数值计算带来不便, 但是在最优性条件讨论中是足够的.

定理 9.1.3　设 $x^* \in S$, 对于优化问题 (9.1.1), 下述结论等价:

(1) x^* 是问题 (9.1.1) 的最优解;

(2) $f'(x^*; x - x^*) \geqslant 0, \forall x \in S$;

(3) $f'(x^*; d) \geqslant 0, \forall d \in T_S(x^*)$;

(4) $0 \in \partial f(x^*) + N_S(x^*)$.

证明　"(1)$\Rightarrow$ (2)$\Rightarrow$ (3)". 假设结论 (1) 成立, 即 x^* 是问题 (9.1.1) 的最优解. 对任意 $x \in S$, 根据集合 S 的凸性有

$$x^* + t(x - x^*) \in S, \quad \forall t \in [0, 1],$$

又 x^* 是最优解, 则有

$$\frac{f(x^* + t(x - x^*)) - f(x^*)}{t} \geqslant 0, \quad \forall t \in [0, 1],$$

在上式中令 $t \to 0^+$, 得 $f'(x^*; x - x^*) \geqslant 0$, 故结论 (2) 成立. 假设结论 (2) 成立, 在 (2) 中令 $d = x - x^*$, 由方向导数的正齐次性及凸包的定义得

$$f'(x^*; d) \geqslant 0, \quad \forall d \in \mathrm{cone}(S - x^*),$$

而 $\mathrm{cone}(S - x^*)$ 的闭包恰好为 $T_S(x^*)$, 注意到方向导数关于方向是连续的, 所以

$$f'(x^*; d) \geqslant 0, \quad \forall d \in T_S(x^*),$$

结论 (3) 成立.

"(3)$\Rightarrow$ (1)". 假设结论 (3) 成立, 对任意 $x \in S$, 显然 $x - x^* \in T_S(x^*)$, 于是

$$f'(x^*; x - x^*) \geqslant 0.$$

另一方面, 由 $f(x)$ 的凸性知

$$f'(x^*; x - x^*) \leqslant f(x) - f(x^*),$$

进而 $f(x) - f(x^*) \geqslant 0$, 故 x^* 是 $f(x)$ 的最优解, 结论 (1) 成立.

"(1)$\Leftrightarrow$ (4)". 假设结论 (1) 成立, 根据定理 9.1.2, 存在常数 $L > 0$, 使得 x^* 是函数 $f(x) + Ld_S(x)$ 的极小值点. 注意到 $f(x) + Ld_S(x)$ 是凸函数, 根据凸函数极值条件及 $\partial d_S(x^*) = N_S(x^*)$, 有

$$0 \in \partial(f(x^*) + Ld_S(x^*)) = \partial f(x^*) + L\partial d_S(x^*) = \partial f(x^*) + N_S(x^*),$$

结论 (4) 成立. 另一方面, 假设结论 (4) 成立, 则 $0 \in \partial(f(x^*) + d_S(x^*))$, 由于 $f(x) + d_S(x)$ 是凸函数, 于是 x^* 是 $f(x) + d_S(x)$ 在 R^n 上的极小值点, 进而有

$$f(x^*) = f(x^*) + d_S(x^*) \leqslant f(x) + d_S(x), \quad \forall x \in \mathrm{R}^n. \tag{9.1.5}$$

在式 (9.1.5) 中考虑 $x \in S$, 得

$$f(x^*) \leqslant f(x), \quad \forall x \in S,$$

结论 (1) 成立. 定理得证.

定理 9.1.3 给出了约束凸优化最优解的刻画, 结果具有一般性, 主要适用于约束条件没有明确解析表达式的问题. 定理 9.1.3 中条件 (2) 和条件 (3) 的含义是在最优点不存在可行的下降方向.

9.1.2 不等式约束情形

下面考虑约束集合由不等式给出的凸优化问题, 通过引入 Lagrange 乘子, 建立相应的最优性条件. 考虑下述问题:

$$\begin{aligned} &\min f(x) \\ &\text{s.t. } g_i(x) \leqslant 0, \quad i = 1, \cdots, m, \end{aligned} \tag{9.1.6}$$

其中 $f(x), g_i(x), i = 1, \cdots, m$ 为 R^n 上的凸函数.

定理 9.1.4 (Fritz John 条件) 设 x^* 为问题 (9.1.6) 的最优解, 则存在一组不全为零的常数 $\lambda_0, \lambda_1, \cdots, \lambda_m \geqslant 0$ 满足 $\sum_{i=1}^{m} \lambda_i = 1$, 使得

$$0 \in \lambda_0 \partial f(x^*) + \sum_{i=1}^{m} \lambda_i \partial g_i(x^*), \tag{9.1.7}$$

$$\lambda_i g_i(x^*) = 0, \quad i = 1, \cdots, m. \tag{9.1.8}$$

证明 引入下述函数:

$$F(x) = \max\{f(x) - f(x^*), g_1(x), \cdots, g_m(x)\}. \tag{9.1.9}$$

不难验证 $F(x) \geqslant 0, \forall x \in \mathrm{R}^n$, $F(x^*) = 0$, 故 x^* 为 $F(x)$ 在 R^n 上的最小值点, 又 $F(x)$ 为凸函数, 根据凸函数最优性条件有 $0 \in \partial F(x^*)$, 利用次微分运算法则得

$$\partial F(x^*) = \mathrm{co}\{\partial f(x^*) \bigcup (\bigcup_{i \in I(x^*)} \partial g_i(x^*))\}, \tag{9.1.10}$$

其中 $I(x^*) = \{i \in \{1, \cdots, m\} | g_i(x^*) = 0\}$. 注意到, 式 (9.1.10) 右端项可表示为

$$\left\{ \lambda_0 \xi + \sum_{i \in I(x^*)} \lambda_i \xi_i \middle| \xi \in \partial f(x^*), \xi_i \in \partial g_i(x^*), \lambda_i \geqslant 0, i \in I(x^*), \sum_{i \in \{0\} \bigcup I(x^*)} \lambda_i = 1 \right\},$$

于是

$$0 \in \lambda_0 \partial f(x^*) + \sum_{i \in I(x^*)} \lambda_i \partial g_i(x^*), \tag{9.1.11}$$

$$\lambda_i \geqslant 0, \quad i \in \{0\} \bigcup I(x^*), \qquad \sum_{i \in \{0\} \bigcup I(x^*)} \lambda_i = 1. \tag{9.1.12}$$

令

$$\lambda_i = 0, i \in \{1, \cdots, m\} \backslash I(x^*),$$

由式 (9.1.11) 和式 (9.1.12) 即得式 (9.1.7) 和式 (9.1.8). 定理得证.

式 (9.1.7) 和式 (9.1.8) 称为不等式约束凸优化的 Fritz John 最优性必要条件 (Fritz John necessary optimality condition), $\lambda_i, i = 1, \cdots, m$ 称为 Lagrange 乘子 (Lagrangian multiplier), $\lambda_i g_i(x^*) = 0, i = 1, \cdots, m$ 称为互补松弛条件. 满足式 (9.1.7) 和式 (9.1.8) 的点称为优化问题 (9.1.6) 的 Fritz John 稳定点 (stationary point). 当 $f(x)$, $g_i(x)$, $i = 1, \cdots, m$ 为光滑凸函数时, 定理 9.1.4 即为通常光滑凸优化的 Fritz John 最优性条件.

在式 (9.1.7) 中, 如果 $\lambda_0 \neq 0$, 此时可假设 $\lambda_0 = 1$, 相应的最优性条件称为 Karush-Kuhn-Tucker 条件. 为保证 Karush-Kuhn-Tucker 条件成立, 即 $\lambda_0 \neq 0$, 引入下述约束品性.

约束品性 9.1.1 (Slater 约束品性, Slater constraint qualification)　在优化问题 (9.1.6) 中存在 $\hat{x} \in \mathrm{R}^n$, 使得 $g_i(\hat{x}) < 0, i = 1, \cdots, m$.

Slater 约束品性的含义为优化问题 (9.1.6) 可行域中含有内点.

定理 9.1.5 (Karush-Kuhn-Tucker 条件)　设 x^* 为问题 (9.1.6) 的最优解, 约束品性 9.1.1 成立, 则存在一组常数 $\lambda_1, \cdots, \lambda_m \geqslant 0$, 使得

$$0 \in \partial f(x^*) + \sum_{i=1}^{m} \lambda_i \partial g_i(x^*), \tag{9.1.13}$$

$$\lambda_i g_i(x^*) = 0, \quad i = 1, \cdots, m. \tag{9.1.14}$$

证明 根据定理 9.1.4, 式 (9.1.7) 和式 (9.1.8) 成立, 因此只需证明式 (9.1.7) 中 $\lambda_0 \neq 0$. 用反证法. 假设 $\lambda_0 = 0$, 定义 Lagrange 函数

$$L(x) = \sum_{i=1}^{m} \lambda_i g_i(x).$$

显然, $L(x)$ 是 R^n 上的凸函数, 根据式 (9.1.14), $L(x^*) = 0$, 由式 (9.1.11) 及 $\lambda_0 = 0$, 得 $0 \in \partial L(x^*)$. 根据凸函数性质, x^* 是函数 $L(x)$ 的极小值点. 另一方面, $\lambda_i \geqslant 0$, $i = 1, \cdots, m$ 不全为零, 根据约束品性 9.1.1 有

$$L(\hat{x}) = \sum_{i=1}^{m} \lambda_i g_i(\hat{x}) < 0 = L(x^*),$$

这与 x^* 是函数 $L(x)$ 的极小值点假设矛盾. 定理得证.

式 (9.1.13) 和式 (9.1.14) 称为凸优化 (9.1.6) 的 Karush-Kuhn-Tucker(KKT) 最优性必要条件 (Karush-Kuhn-Tucker necessary optimality condition), 满足式 (9.1.13) 和式 (9.1.14) 的点称为问题 (9.1.6) 的 Karush-Kuhn-Tucker 稳定点. 当然, 也可以在其他约束品性下建立问题 (9.1.6) 的 Karush-Kuhn-Tucker 必要条件.

9.1.3 线性等式约束情形

考虑下述含线性等式约束的凸优化问题:

$$\begin{aligned} & \min f(x) \\ & \text{s.t.} \, a_i^{\mathrm{T}} x = b_i, \quad i = 1, \cdots, p, \end{aligned} \tag{9.1.15}$$

其中 $f(x)$ 为 R^n 上的凸函数, $a_i, i = 1, \cdots, p$ 为 R^n 中向量, $b_i, i = 1, \cdots, p$ 为常数.

这里需要指出的是, 在凸优化中等式约束只能考虑线性函数, 而非一般的凸函数, 这是因为当等式约束为非线性凸函数时, 约束集合已不再是凸集, 对应的优化问题也不再是凸优化. 下述定理建立了问题 (9.1.15) 的 Karush-Kuhn-Tucker 最优性必要条件.

定理 9.1.6 (Karush-Kuhn-Tucker 最优性必要条件) 设 x^* 为问题 (9.1.15) 的最优解, 则存在常数 $\mu_1, \cdots, \mu_p$, 使得下式成立:

$$0 \in \partial f(x^*) + \sum_{i=1}^{p} \mu_i a_i. \tag{9.1.16}$$

证明 记

$$D = \{x \in \mathrm{R}^n | a_i^{\mathrm{T}} x = b, i = 1, \cdots, p\}.$$

由于 x^* 为最优解, 根据定理 9.1.3 有

$$0 \in \partial f(x^*) + N_D(x^*),$$

再由法锥定义得

$$N_D(x^*) = \left\{ \sum_{i=1}^{p} \mu_i a_i \,|\, \mu_i \in \mathrm{R}, i = 1, \cdots, p \right\},$$

故式 (9.1.16) 成立. 定理得证.

定理 9.1.6 说明, 对于线性等式约束凸优化问题可以直接得到 Karush-Kuhn-Tucker 最优性必要条件, 而不需要附加任何约束品性.

9.1.4　等式和不等式约束情形

考虑下述优化问题:

$$\begin{aligned}
\min\ & f(x) \\
\text{s.t.}\ & g_i(x) \leqslant 0, \quad i = 1, \cdots, m, \\
& a_j^{\mathrm{T}} x = b_j, \quad j = 1, \cdots, p,
\end{aligned} \tag{9.1.17}$$

其中 $f(x), g_i(x), i = 1, \cdots, m$ 为 R^n 上的凸函数, $a_j, j = 1, \cdots, p$ 为 R^n 中向量, $b_j, j = 1, \cdots, p$ 为常数.

定理 9.1.7 (Fritz John 条件)　设 x^* 为问题 (9.1.17) 的最优解, 则存在一组不全为零的常数 $\lambda_0, \lambda_1, \cdots, \lambda_m \geqslant 0, \mu_1, \cdots, \mu_p$, 使得

$$0 \in \lambda_0 \partial f(x^*) + \sum_{i=1}^{m} \lambda_i \partial g_i(x^*) + \sum_{j=1}^{p} \mu_j a_j, \tag{9.1.18}$$

$$\lambda_i g_i(x^*) = 0, \quad i = 1, \cdots, m. \tag{9.1.19}$$

证明　考虑下述辅助优化问题:

$$\begin{aligned}
\min\ & F(x) \\
\text{s.t.}\ & a_j^{\mathrm{T}} x = b_j, \quad j = 1, \cdots, p,
\end{aligned} \tag{9.1.20}$$

其中 $F(x) = \max\{f(x) - f(x^*), g_1(x), \cdots, g_m(x)\}$. 显然, 问题 (9.1.20) 是一个含有线性等式约束的凸优化问题, 由于 x^* 为问题 (9.1.17) 的最优解, 不难验证 x^* 也是问题 (9.1.20) 的最优解. 利用定理 9.1.4 以及极大值凸函数 $F(x)$ 次微分的表达式, 即得式 (9.1.18) 和式 (9.1.19). 定理得证.

9.2 Lipschitz 优化的最优性条件

所谓 Lipschitz 优化是指目标函数和约束条件均为局部 Lipschitz 函数的优化问题. 在非光滑优化最优性条件研究中, 由于使用了非光滑分析工具, 因而对不等式约束情形处理相对容易一些, 问题的难点则在等式约束部分.

9.2.1 不等式约束情形

考虑下述优化问题:

$$\min f(x)$$
$$\text{s.t. } g_i(x) \leqslant 0, \quad i = 1, \cdots, m, \tag{9.2.1}$$

其中 $f(x)$, $g_i(x)$, $i = 1, \cdots, m$ 为 R^n 上的局部 Lipschitz 函数.

定理 9.2.1 (Fritz John 条件) 设 x^* 为问题 (9.2.1) 的局部最优解, 则存在不全为零的常数 $\lambda_0, \lambda_1, \cdots, \lambda_m \geqslant 0$, 使得

$$0 \in \lambda_0 \partial f(x^*) + \sum_{i=1}^{m} \lambda_i \partial g_i(x^*), \tag{9.2.2}$$

$$\lambda_i g_i(x^*) = 0, \quad i = 1, \cdots, m. \tag{9.2.3}$$

证明 引入辅助函数:

$$F(x) = \max\{f(x) - f(x^*), g_1(x), \cdots, g_m(x)\}.$$

显然, $F(x)$ 是 R^n 上是局部 Lipschitz 函数, $F(x^*) = 0$, 在点 x^* 的一个邻域内有 $F(x) \geqslant 0$, 于是 x^* 是 $F(x)$ 的局部极小值点. 根据无约束优化问题广义梯度形式最优性条件, 得 $0 \in \partial F(x^*)$. 利用广义梯度运算规则得

$$\partial F(x^*) \subset \mathrm{co}\{\partial f(x^*) \bigcup (\bigcup_{i \in I(x^*)} \partial g_i(x^*))\}, \tag{9.2.4}$$

其中 $I(x^*) = \{i \in \{1, \cdots, m\} | g_i(x^*) = 0\}$, 由 $0 \in \partial F(x^*)$ 及式 (9.2.4), 得

$$0 \in \mathrm{co}\{\partial f(x^*) \bigcup (\bigcup_{i \in I(x^*)} \partial g_i(x^*))\}.$$

于是, 存在不全为零的常数 $\lambda_0, \lambda_i \geqslant 0, i \in I(x^*)$, 使得

$$0 \in \lambda_0 \partial f(x^*) + \sum_{i \in I(x^*)} \lambda_i \partial g_i(x^*). \tag{9.2.5}$$

令

$$\lambda_i = 0, i \in \{1, \cdots, m\} \backslash I(x^*),$$

即得式 (9.2.2), 而此时式 (9.2.3) 也成立. 定理得证.

定理 9.2.1 为不等式约束 Lipschitz 优化广义梯度形式的 Fritz John 最优性必要条件, $\lambda_i, i = 1, \cdots, m$ 称为 Lagrange 乘子, 满足式 (9.2.2) 和式 (9.2.3) 的点称为优化问题 (9.2.1) 的 Fritz John 点. 当 $f(x), g_i(x), i = 1, \cdots, m$ 为连续可微时, 此处的 Fritz John 条件即为通常非线性优化的 Fritz John 必要性条件.

9.2.2 等式与不等式约束情形

考虑同时含有等式与不等式约束的 Lipschitz 优化问题:

$$\begin{aligned} \min \ & f(x) \\ \text{s.t. } & g_i(x) \leqslant 0, \quad i = 1, \cdots, m, \\ & h_j(x) = 0, \quad j = 1, \cdots, p, \end{aligned} \tag{9.2.6}$$

其中 $f(x), g_i(x)$, $i = 1, \cdots, m$, $h_j(x), j = 1, \cdots, p$ 为 R^n 上的局部 Lipschitz 函数.

为建立优化问题 (9.2.6) 的最优性条件, 需要引入下面的 Ekeland 变分原理.

定理 9.2.2 (Ekeland 变分原理) 设 E 为完备的度量空间, $f(x)$ 为 E 上的下半连续函数, 且有 $f(x) > 0, \forall x \in E$, 给定 $x_0 \in \mathrm{Dom} f$ 和常数 $\varepsilon > 0$, 则存在 $\bar{x} \in E$, 使得

$$f(\bar{x}) + \varepsilon \|x_0 - \bar{x}\| \leqslant f(x_0), \tag{9.2.7}$$

$$f(\bar{x}) < f(x) + \varepsilon \|x - \bar{x}\|, \quad x \in E \backslash \{\bar{x}\}. \tag{9.2.8}$$

证明 不妨取 $\varepsilon = 1$. 定义 E 到 E 中子集上的集值映射:

$$F(x) = \{y \in E | f(y) + \|x - y\| \leqslant f(x)\}.$$

函数 $f(x)$ 的下半连续性保证对每个 $x \in E$, $F(x)$ 是闭集, 再根据 $F(x)$ 的定义, 有 $x \in F(x)$. 下面证明:

$$y \in F(x) \Rightarrow F(y) \subset F(x). \tag{9.2.9}$$

如果 $x \notin \mathrm{Dom} \ f$, 则有 $F(x) = E$, 故式 (9.2.9) 成立. 以下考虑 $f(x)$ 取有限值. 选取 $y \in F(x)$ 和 $z \in F(y)$, 根据 $F(x)$ 的定义, 有

$$f(z) + \|y - z\| \leqslant f(y), \tag{9.2.10}$$

$$f(y) + \|x - y\| \leqslant f(x). \tag{9.2.11}$$

将式 (9.2.10) 和式 (9.2.11) 相加, 并利用三角不等式得

$$f(z) + ||x - z|| \leqslant f(x),$$

这说明 $z \in F(x)$, 故式 (9.2.9) 成立. 在 $\mathrm{Dom}f$ 上定义下述函数:

$$v(x) = \inf_{y \in F(x)} f(y). \tag{9.2.12}$$

易见,

$$||x - y|| \leqslant f(x) - v(x), \quad \forall y \in F(x),$$

这说明集合 $F(x)$ 的直径 $\mathrm{Diam}(F(x))$ 满足下式:

$$\mathrm{Diam}(F(x)) \leqslant 2(f(x) - v(x)). \tag{9.2.13}$$

给定初始点 x_0, 定义点列 $\{x_n\}_0^\infty$ 使其满足下述关系:

$$x_{n+1} \in F(x_n),$$

$$f(x_{n+1}) \leqslant v(x_n) + 2^{-n}.$$

根据式 (9.2.9), 有 $F(x_{n+1}) \subset F(x_n)$, 再根据 $v(x)$ 的定义, 有 $v(x_n) \leqslant v(x_{n+1})$. 因为 $v(x) \leqslant f(x)$, 所以下述不等式成立:

$$v(x_{n+1}) \leqslant f(x_{n+1}) \leqslant v(x_n) + 2^{-n} \leqslant v(x_{n+1}) + 2^{-n}, \tag{9.2.14}$$

进而有

$$0 \leqslant f(x_{n+1}) - v(x_{n+1}) \leqslant 2^{-n}, \tag{9.2.15}$$

式 (9.2.13) 和式 (9.2.15) 说明闭集 $F(x_n)$ 的半径收敛于 0. 再根据 $F(x_{n+1}) \subset F(x_n)$ 及空间 E 的完备性, 存在 $\bar{x} \in E$, 使得

$$\bigcap_{n \geqslant 0} F(x_n) = \{\bar{x}\}.$$

因为 $\bar{x} \in F(x_0)$, 所以 $\bar{x}$ 满足式 (9.2.7). 注意到,

$$\bar{x} \in F(x_n), \quad n = 0, 1, \cdots,$$

于是

$$F(\bar{x}) \subset F(x_n), \quad n = 0, 1, \cdots,$$

进而有 $F(\bar{x}) = \{\bar{x}\}$. 这说明如果 $x \neq \bar{x}$, 则 $x \notin F(\bar{x})$, 于是

$$f(\bar{x}) < f(x) + ||\bar{x} - x||,$$

式 (9.2.8) 成立. 定理得证.

Ekeland 变分原理是极值问题中的基本定理, 它有多种等价形式.

推论 9.2.1　如果定理 9.2.2 中条件成立, 且有常数 $\varepsilon > 0, \lambda > 0$ 及 $x_0 \in \mathrm{R}^n$, 满足

$$f(x_0) \leqslant \inf_{x \in E} f(x) + \varepsilon \lambda,$$

则存在 $\bar{x} \in E$, 使得

$$f(\bar{x}) \leqslant f(x_0),$$

$$\|x_0 - \bar{x}\| \leqslant \lambda,$$

$$f(\bar{x}) \leqslant f(x) + \varepsilon \|x - \bar{x}\|, \quad \forall x \in E.$$

下面给出具有等式与不等式约束条件 Lipschitz 优化问题的 Fritz John 条件.

定理 9.2.3 (Fritz John 条件)　设 $x^* \in \mathrm{R}^n$ 是问题 (9.2.6) 的最优解, 则存在一组不全为零的常数 $\lambda_i \geqslant 0, i = 0, 1, \cdots, m, \mu_j, j = 1, \cdots, p$, 使得

$$0 \in \lambda_0 \partial f(x^*) + \sum_{i=1}^{m} \lambda_i \partial g_i(x^*) + \sum_{j=1}^{p} \mu_j \partial h_j(x^*), \tag{9.2.16}$$

$$\lambda_i g_i(x^*) = 0, \quad i = 1, \cdots, m. \tag{9.2.17}$$

证明　给定 $\varepsilon > 0$, 定义集合 T 和函数 $F(x)$ 如下:

$$T = \{t = (\lambda_0, \lambda^{\mathrm{T}}, \mu^{\mathrm{T}})^{\mathrm{T}} \in \mathrm{R}^{1+m+p} | \lambda_0, \lambda \geqslant 0, \|(\lambda_0, \lambda, \mu)\| = 1\},$$

$$F(x) = \max_{(\lambda_0, \lambda^{\mathrm{T}}, \mu^{\mathrm{T}})^{\mathrm{T}} \in T} \{\lambda_0(f(x) - f(x^*) + \varepsilon) + \lambda^{\mathrm{T}} g(x) + \mu^{\mathrm{T}} h(x)\}, \tag{9.2.18}$$

其中 $\lambda_0 \in \mathrm{R}, \lambda \in \mathrm{R}^m, \mu \in \mathrm{R}^p$,

$$g(x) = (g_1(x), \cdots, g_m(x))^{\mathrm{T}},$$

$$h(x) = (h_1(x), \cdots, h_p(x))^{\mathrm{T}}.$$

显然, $F(x)$ 在点 x^* 附近是 Lipschitz 的, 且有 $F(x^*) = \varepsilon$. 另一方面, $F(x) > 0, x \in \mathrm{R}^n$, 若不然, 则存在 $y \in \mathrm{R}^n$, 使得 $F(y) \leqslant 0$, 故

$$g(y) \leqslant 0, \ h(y) = 0, \ f(y) \leqslant f(x^*) - \varepsilon,$$

这与 x^* 是问题 (9.2.6) 的最优解矛盾. 于是, 有

$$F(x^*) \leqslant \inf_{x \in \mathrm{R}^n} F(x) + \varepsilon,$$

根据推论 9.2.1, 存在 $u \in B(x^*, \sqrt{\varepsilon})$, 使得对任意 $x \in \mathrm{R}^n$, 有

$$F(u) \leqslant F(x) + \sqrt{\varepsilon}||x - u||,$$

亦 $x = u$ 是函数 $F(x) + \sqrt{\varepsilon}||x - u||$ 的极小值点. 根据广义梯度形式最优性条件及 $\partial ||x - u|| \subset B(0, 1)$, 有

$$0 \in \partial F(u) + B(0, \sqrt{\varepsilon}).$$

为估计广义梯度 $\partial F(u)$, 首先证明集值映射

$$(t, x) \rightarrow \partial_x L(x, t)$$

是上半连续的, 其中 $t = (\lambda_0, \lambda^{\mathrm{T}}, \mu^{\mathrm{T}})^{\mathrm{T}}$,

$$L(x, t) = \lambda_0 f(x) + \lambda^{\mathrm{T}} g(x) + \mu^{\mathrm{T}} h(x).$$

注意到, 对于 $t_1, t_2 \in T$, 函数

$$x \rightarrow L(x, t_1) - L(x, t_2) = (t_1 - t_2)^{\mathrm{T}}(f(x), g(x), h(x))$$

是 Lipschitz 的, $L||t_1 - t_2||$ 为其 Lipschitz 常数, 其中 L 为 $f(x)$, $g(x)$, $h(x)$ 的 Lipschitz 常数, 于是有

$$\partial_x L(x, t_1) \subset \partial_x L(x, t_2) + L||t_1 - t_2||B(0, 1),$$

这说明集值映射 $(t, x) \rightarrow \partial_x L(x, t)$ 是上半连续的. 由于 $F(u) > 0$, 则存在唯一的 $t_u \in T$, 使得式 (9.2.18) 中的极大值在点 t_u 达到, 于是有

$$0 \in \partial_x L(u, t_u) + B(0, \sqrt{\varepsilon}). \tag{9.2.19}$$

注意到, 如果指标 i 使得 $g_i(u) < 0$, 则 λ 中的第 i 个分量必有 $\lambda_i = 0$. 令 $\varepsilon_i \rightarrow 0$, 则相应的 u 必有 $u_i \rightarrow x$, 而 $\{t_{u_i}\}$ 中存在子列收敛到 T 中元素. 于是, 由式 (9.2.19) 及集值映射 $(t, x) \rightarrow \partial_x L(x, t)$ 的上半连续性即得定理结论. 定理得证.

定理 9.2.3 为具有等式与不等式约束 Lipschitz 优化广义梯度形式的 Fritz John 最优性必要条件, $\lambda_i, i = 1, \cdots, m$ 称为 Lagrange 乘子, 满足式 (9.2.16) 和式 (9.2.17) 的点称为 Fritz John 点. 当然, 在一定约束品性下也可建立相应的 Karush-Kuhn-Tucker 最优性必要条件. 当 $f(x)$, $g_i(x), i = 1, \cdots, m$, $h_j(x), j = 1, \cdots, p$ 为连续可微时, 此处的 Fritz John 最优性必要性条件即为通常非线性优化的 Fritz John 最优性必要性条件.

9.3 拟可微优化的最优性条件

拟可微优化是指目标函数和约束函数均为拟可微函数的优化问题. 本节将利用拟微分给出拟可微优化的最优性条件.

9.3.1   几何形式最优性条件

考虑下述优化问题:

$$\min f_0(x)$$
$$\text{s.t. } f_i(x) \leqslant 0, \quad i = 1, \cdots, m, \tag{9.3.1}$$

其中 $f_i(x), i = 0, \cdots, m$ 均为 R^n 上的拟可微函数.

定理 9.3.1   设 x^* 为问题 (9.3.1) 的最优解, 则有

$$-\sum_{i \in \{0\} \bigcup I(x^*)} \bar{\partial} f_i(x^*) \subset \text{co}\{\underline{\partial} f_i(x^*) - \sum_{j \in \{0\} \bigcup \{I(x^*) \setminus \{i\}\}} \bar{\partial} f_j(x^*) | i \in \{0\} \bigcup I(x^*)\}, \tag{9.3.2}$$

其中 $I(x^*) = \{i \in \{1, \cdots, m\} | f_i(x^*) = 0\}$.

证明   令 $F(x) = \max\{f_0(x) - f_0(x^*), f_1(x), \cdots, f_m(x)\}$, 显然 $F(x)$ 也是拟可微函数, $F(x^*) = 0$, 且在 x^* 的一个邻域内有 $F(x) \geqslant 0$, 于是 $F(x) \geqslant F(x^*)$, 即 x^* 是 $F(x)$ 的极小值点. 根据拟可微函数极小点性质有

$$-\bar{\partial} F(x^*) \subset \underline{\partial} F(x^*).$$

利用拟微分计算公式直接推导, 知 $-\bar{\partial} F(x^*)$ 即为式 (9.3.2) 左端, $\underline{\partial} F(x^*)$ 为式 (9.3.2) 右端, 故式 (9.3.2) 成立. 定理得证.

式 (9.3.2) 是不等式约束优化拟微分形式的必要条件, 但是它属于几何形式的条件, 因为在此条件中没有 Lagrange 乘子. 尽管如此, 式 (9.3.2) 确实是光滑优化问题 Fritz John 条件的推广, 事实上对于光滑问题, 如果取拟微分为

$$\underline{\partial} f_i(x) = \{\nabla f_i(x)\}, \quad \bar{\partial} f_i(x) = \{0\}, i = 1, \cdots, m,$$

则式 (9.3.2) 即为非线性优化的 Fritz John 条件.

9.3.2   含有乘子的最优性条件

下述定理给出问题 (9.3.1) 的一个含有 Lagrange 乘子的最优性必要条件.

定理 9.3.2 (Fritz John 条件)   设 x^* 为问题 (9.3.1) 的一个局部最优解, 则对任意一组超微分 $v_i \in \bar{\partial} f_i(x), i = 0, 1, \cdots, m$, 存在一组不全为零的依赖于 $v = (v_1, \cdots, v_m)$ 的常数 $\lambda_i(v) \geqslant 0, i = 0, 1, \cdots, m$, 使得

$$0 \in \sum_{i=0}^{m} \lambda_i(v)(v_i + \underline{\partial} f_i(x^*)), \tag{9.3.3}$$

$$\lambda_i(v) f_i(x^*) = 0, \quad i = 1, \cdots, m, \tag{9.3.4}$$

证明 记 $I(x^*) = \{i \in \{1, \cdots, m\} | f_i(x^*) = 0\}$. x^* 为问题 (9.3.1) 的最优解, 则下述不等式组无解:

$$f_i'(x^*; y) < 0, \quad y \in \mathrm{R}^n, i \in \{0\} \bigcup I(x^*). \tag{9.3.5}$$

事实上, 若不等式组 (9.3.5) 有解, 记 $\bar{y}$ 为它的一个解, 则 $\bar{y}$ 为问题 (9.3.1) 在点 x^* 的可行下降方向, 这与 x^* 为问题 (9.3.1) 的最优解相矛盾. 根据拟微分定义易见, 对于 $v_i \in \bar{\partial} f_i(x), i = 0, 1 \cdots, m$, 有

$$\max_{u \in \underline{\partial} f_i(x^*)} u^{\mathrm{T}} y + v_i^{\mathrm{T}} y \geqslant \max_{u \in \underline{\partial} f_i(x^*)} u^{\mathrm{T}} y + \min_{v \in \bar{\partial} f_i(x^*)} v^{\mathrm{T}} y$$
$$= f_i'(x; y), \quad y \in \mathrm{R}^n, i = 0, 1 \cdots, m,$$

于是不等式组 (9.3.5) 无解意味着下述不等式组无解:

$$\max_{u \in \underline{\partial} f_i(x^*)} u^{\mathrm{T}} y + v_i^{\mathrm{T}} y < 0, \quad y \in \mathrm{R}^n, i \in \{0\} \bigcup I(x^*), \tag{9.3.6}$$

等价于下述优化问题的最优值为零:

$$\begin{aligned} &\min z \\ &\text{s.t.} \max_{u \in \underline{\partial} f_i(x^*) + v_i} u^{\mathrm{T}} y - z \leqslant 0, \quad i \in \{0\} \bigcup I(x^*). \end{aligned} \tag{9.3.7}$$

问题 (9.3.7) 为 R^{n+1} 上的凸优化, 其中 $(y, z) \in \mathrm{R}^{n+1}$ 为变量. 问题 (9.3.7) 的最优值为零, 则存在 $\bar{y} \in \mathrm{R}^n$, 使得 $(\bar{y}, 0) \in \mathrm{R}^{n+1}$ 为它的最优解. 直接计算次微分得

$$\partial z|_{(y,z)=(\bar{y},0)} = (0, \cdots, 0, 1),$$
$$\partial \left(\max_{u \in \underline{\partial} f_i(x^*) + v_i} u^{\mathrm{T}} y - z \right) \Big|_{(y,z)=(\bar{y},0)} = (\underline{\partial} f_i(x^*) + v_i, -1), \quad i \in \{0\} \bigcup I(x^*).$$

根据凸优化的最优性条件, 存在不全为零依赖于 v 的常数

$$\bar{\lambda}_0(v), \lambda_i(v) \geqslant 0, \quad i \in \{0\} \bigcup I(x^*),$$

使得

$$0 \in \bar{\lambda}_0(v) \partial z|_{(y,z)=(\bar{y},0)} + \sum_{i \in \{0\} \bigcup I(x^*)} \lambda_i(v) \partial \left(\max_{u \in \underline{\partial} f_i(x^*) + v_i} u^{\mathrm{T}} y - z \right) \Big|_{(y,z)=(\bar{y},0)}$$

$$= \bar{\lambda}_0(v)(0, \cdots, 0, 1) + \sum_{i \in \{0\} \bigcup I(x^*)} \lambda_i(v) (\underline{\partial} f_i(x^*) + v_i, -1)$$

$$= \left(\sum_{i \in \{0\} \bigcup I(x^*)} \lambda_i(v)(\underline{\partial} f_i(x^*) + v_i), \bar{\lambda}_0(v) - \sum_{i \in \{0\} \bigcup I(x^*)} \lambda_i(v) \right),$$

故

$$0 \in \sum_{i \in \{0\} \bigcup I(x^*)}^{m} \lambda_i(v)(\underline{\partial} f_i(x^*) + v_i), \tag{9.3.8}$$

$$\bar{\lambda}_0(v) - \sum_{i \in \{0\} \bigcup I(x^*)} \lambda_i(v) = 0. \tag{9.3.9}$$

因为

$$\bar{\lambda}_0(v), \lambda_i(v) \geqslant 0, \quad i \in \{0\} \bigcup I(x^*)$$

不全为零, 式 (9.3.9) 意味 $\bar{\lambda}_0(v) \neq 0$ $\left(\text{否则} \sum_{i \in \{0\} \bigcup I(x^*)} \lambda_i(v) = 0, \text{进而} \lambda_i(v) = 0, \right.$
$i \in \{0\} \bigcup I(x^*)$, 这与 $\lambda_0(v), \lambda_i(v) \in \{0\} \bigcup I(x^*)$不全为零矛盾$\Big)$. 由式 (9.3.9) 易见
$\sum_{i \in \{0\} \bigcup I(x^*)} \lambda_i(v) \neq 0$, 故 $\lambda_i(v), i \in \{0\} \bigcup I(x^*)$ 不全为零. 令

$$\lambda_i(v) = 0, \quad i \in \{1, \cdots, m\} \backslash I(x^*),$$

则由式 (9.3.8) 即得到所证结论. 定理得证.

　　定理 9.3.2 给出的最优解条件较定理 9.3.1 所给出的更接近于 Fritz John 条件, 事实上可以证明两者是等价的.

第10章 非光滑优化算法

所谓非光滑优化算法, 是指基于某种广义微分 (例如凸函数次微分、局部 Lipschitz 函数广义梯度等) 所构造、设计的求解非光滑优化问题的数值方法. 需要说明的是, 这里的非光滑优化算法不包括非线性优化中的直接法, 例如单纯形法、坐标轮换法、随机搜索法、智能算法等. 本章介绍非光滑优化的几个基本算法. 对于约束非光滑优化, 总可以利用精确罚函数法将其转化成无约束非光滑函数优化问题, 故本章只讨论无约束非光滑优化问题.

10.1 下降方向的计算

10.1.1 广义梯度确定的下降方向

寻找目标函数的下降方向是优化算法设计的核心工作之一, 本节介绍非光滑函数下降方向的计算. 考虑无约束优化问题:

$$\min_{x \in \mathrm{R}^n} f(x), \tag{10.1.1}$$

其中 $f(x)$ 是 R^n 上的连续函数. 求解无约束优化问题 (10.1.1) 算法的迭代公式如下:

$$x_{k+1} = x_k + \lambda_k d_k, \tag{10.1.2}$$

其中 $d_k \in \mathrm{R}^n$ 是搜索方向, 通常要求它是目标函数的下降方向; λ_k 是步长, 通常依据某种搜索准则来确定, 例如在精确搜索中, λ_k 通过求解下述一维优化问题来确定:

$$f(x_k + \lambda_k d_k) = \min_{\lambda \geqslant 0} f(x_k + \lambda d_k). \tag{10.1.3}$$

迭代法 (10.1.2) 产生的点列期望收敛到问题 (10.1.1) 的最优解, 至少收敛到它的一个稳定点.

在上述算法框架中, 一个关键的问题是如何选取下降的搜索方向 d_k. 当 $f(x)$ 是连续可微函数时, d_k 可选取为负梯度方向, 即 $d_k = -\nabla f(x_k)$, 这就是光滑函数的最速下降方向, 如果此时一维搜索按式 (10.1.3) 给出, 则相应的迭代法为无约束优化的最速下降法. 然而, 对于非光滑情形, 如果 ξ 是某种广义微分的一个元素, 一般来讲 $d = -\xi$ 不再是下降方向, 更无法保证是最速下降方向.

下述定理给出利用 Clarke 广义梯度确定局部 Lipschitz 函数下降方向的方法.

定理 10.1.1   设 $f(x)$ 是 R^n 上的局部 Lipschitz 函数, $\partial f(x)$ 为 Clarke 广义梯度, 给定 $x \in \mathrm{R}^n$, 则存在 $\bar{\xi} \in \partial f(x)$ 满足

$$\|\bar{\xi}\| = \min_{\xi \in \partial f(x)} \|\xi\|, \tag{10.1.4}$$

如果 $0 \notin \partial f(x)$, 则 $-\bar{\xi}$ 是 $f(x)$ 在点 x 的一个下降方向 (descent direction).

证明   由于广义梯度 $\partial f(x)$ 是紧集, 故一定存在 $\bar{\xi} \in \partial f(x)$ 满足式 (10.1.4). 又 $\partial f(x)$ 是凸集, 因此对任意 $\xi \in \partial f(x)$ 和 $\lambda \in (0,1)$, 有

$$\bar{\xi} + \lambda(\xi - \bar{\xi}) \in \partial f(x).$$

由式 (10.1.4), 得

$$\|\bar{\xi}\|^2 \leqslant \|\bar{\xi} + \lambda(\xi - \bar{\xi})\|^2$$
$$= \|\bar{\xi}\|^2 + 2\lambda(\xi - \bar{\xi})^{\mathrm{T}}\bar{\xi} + \lambda^2\|\xi - \bar{\xi}\|^2,$$

于是

$$-\frac{\lambda}{2}\|\xi - \bar{\xi}\|^2 \leqslant (\xi - \bar{\xi})^{\mathrm{T}}\bar{\xi}, \quad \forall \xi \in \partial f(x).$$

在上式中令 $\lambda \to 0^+$, 得

$$\|\bar{\xi}\|^2 \leqslant \xi^{\mathrm{T}}\bar{\xi}, \quad \forall \xi \in \partial f(x). \tag{10.1.5}$$

根据广义梯度形式的中值定理, 存在 x 和 $x - t\bar{\xi}$ 连线中的点 x', 使得

$$f(x - t\bar{\xi}) - f(x) \in \partial f(x')^{\mathrm{T}}(-t\bar{\xi}). \tag{10.1.6}$$

因为 $0 \notin \partial f(x)$, 所以 $-\bar{\xi} \neq 0$, 根据广义梯度的上半连续性, 对充分小的 t, 有

$$\partial f(x') \subset \partial f(x) + \frac{1}{2}\|\bar{\xi}\|B(0,1),$$

于是任意 $\xi_1 \in \partial f(x')$ 都可表示为

$$\xi_1 = \xi + \frac{1}{2}\|\bar{\xi}\|\eta,$$

其中 $\xi \in \partial f(x)$, $\|\eta\| \leqslant 1$, 再由式 (10.1.5) 得

$$-\xi_1^{\mathrm{T}}\bar{\xi} = -\left(\xi + \frac{1}{2}\|\bar{\xi}\|\eta\right)^{\mathrm{T}}\bar{\xi}$$
$$= -\xi^{\mathrm{T}}\bar{\xi} - \frac{1}{2}\|\bar{\xi}\|\eta^{\mathrm{T}}\bar{\xi}$$

$$\leqslant -\|\bar{\xi}\|^2 + \frac{1}{2}\|\bar{\xi}\|^2$$
$$= -\frac{1}{2}\|\bar{\xi}\|^2. \tag{10.1.7}$$

结合式 (10.1.6) 和式 (10.1.7), 对充分小的 t, 存在 $\xi_1 \in \partial f(x')$, 使得

$$f(x - t\bar{\xi}) - f(x) = \xi_1^{\mathrm{T}}(-t\bar{\xi})$$
$$\leqslant -\frac{t}{2}\|\bar{\xi}\|^2,$$

这说明 $-\bar{\xi}$ 是 $f(x)$ 在点 x 的下降方向. 定理得证.

定理 10.1.1 说明, 当广义梯度不含原点时, 其距原点最近点的负方向是一个下降方向, 一般情况下它不再是最速下降方向, 但有时也称为广义最速下降方向. 尽管广义最速下降方向在理论上是有意义的, 但在实际应用中计算广义最速下降方向是比较困难的事情, 因为它的计算需要知道整个广义梯度集合, 然后再求广义梯度集合到原点的投影. 基于定理 10.1.1, 可以给出当 $f(x)$ 是局部 Lipschitz 函数时求解优化问题 (10.1.1) 的广义最速下降法.

算法 10.1.1 (广义最速下降法)

步 0 给定初始点 $x_0 \in \mathrm{R}^n$, 令 $k = 0$.

步 1 求 $\bar{\xi}_k \in \partial f(x_k)$, 满足

$$\|\bar{\xi}_k\| = \min_{\xi \in \partial f(x_k)} \|\xi\|,$$

若 $\bar{\xi}_k = 0$, x_k 为 $f(x)$ 的稳定点, 停止; 否则转步 2.

步 2 令 $d_k = -\bar{\xi}_k$, 确定满足

$$f(x_k + \lambda_k d_k) = \min_{\lambda \geqslant 0} f(x_k + \lambda d_k)$$

的步长 λ_k.

步 3 令 $x_{k+1} = x_k + \lambda_k d_k$, $k = k + 1$, 转步 1.

易见, 当 $f(x)$ 为连续可微函数时, 算法 10.1.1 即为非线性优化的最速下降法. 然而, 对于非光滑问题, 尽管算法 10.1.1 确实是一个下降算法, 但它的收敛性却无法保证.

10.1.2 凸函数次微分确定的下降方向

将凸函数视为局部 Lipschitz 函数, 利用前面的讨论, 可以得到凸函数的广义最速下降方向, 但它的计算要求知道整个次微分集合, 这在实际应用中不仅计算量大, 而且一般情况下无法实现. 下面介绍计算凸函数下降方向的一个相对简便方法, 首先分析凸函数下降方向的有关性质.

对于 R^n 上的凸函数 $f(x)$, 如果 d 为 $f(x)$ 在点 x 的下降方向, 则存在足够小的 $t > 0$, 使得 $f(x + td) < f(x)$, 另一方面根据次微分定义, 有

$$f(x + td) \geqslant f(x) + t\xi^{\mathrm{T}}d, \quad \forall \xi \in \partial f(x),$$

在上式右端关于 $\xi \in \partial f(x)$ 取最大, 得

$$f(x + td) \geqslant f(x) + tf'(x; d). \tag{10.1.8}$$

结合式 (10.1.8) 和关系式 $f(x + td) < f(x)$, 知 $d \in R^n$ 为凸函数 $f(x)$ 在点 x 的下降方向等价于 $f'(x; d) < 0$, 也等价于

$$\xi^{\mathrm{T}}d < 0, \quad \forall \xi \in \partial f(x). \tag{10.1.9}$$

下面基于式 (10.1.9) 对下降方向的刻画计算凸函数 $f(x)$ 在非极小点的一个下降方向. 假设已经得到 $f(x)$ 在点 x 的 k 个次微分, $\xi_1, \cdots, \xi_k \in \partial f(x)$, 记

$$S_k = \mathrm{co}\{\xi_1, \cdots, \xi_k\},$$

显然 $S_k \subset \partial f(x)$. 若 d 为 $f(x)$ 在点 x 的下降方向, 则必有

$$\begin{aligned}
0 &> f'(x; d) \\
&= \max_{\xi \in \partial f(x)} \xi^{\mathrm{T}}d \\
&\geqslant \max_{\xi \in S_k} \xi^{\mathrm{T}}d \\
&= \max_{1 \leqslant i \leqslant k} \xi_i^{\mathrm{T}}d,
\end{aligned}$$

因此下降方向 d 一定满足:

$$\xi_i^{\mathrm{T}}d < 0, \quad i = 1, \cdots, k. \tag{10.1.10}$$

首先求解线性不等式组 (10.1.10), 记 d 为它的一个解, 通过线搜索检验 d 是否为下降方向. 如果 d 不是下降方向, 则必存在 $t > 0$, 使得 $f(x) \leqslant f(x + td)$. 根据次微分的定义, 当 $\xi_t \in \partial f(x + td)$ 时, 有

$$\begin{aligned}
f(x) &\geqslant f(x + td) + \xi_t^{\mathrm{T}}(x - x - td) \\
&= f(x + td) - t\xi_t^{\mathrm{T}}d,
\end{aligned}$$

于是 $\xi_t^{\mathrm{T}}d \geqslant 0$. 由于这样的 t 有无限多个, 且可趋向于 0, 又 $\partial f(x + td)$ 是有界的, $\{\xi_t\}$ 必有一个收敛子列, 不妨假设为 $\{\xi_t\}$ 本身, 记 $\xi_t \to \xi^*(t \to 0^+)$, 根据次微分的

上半连续性, 有 $\xi^* \in \partial f(x)$ (因为 $x + td \to x$). 由于 $\xi_t^{\mathrm{T}} d \geqslant 0$, 故 $(\xi^*)^{\mathrm{T}} d \geqslant 0$, 至此找到了 $\partial f(x)$ 的一个元素 ξ^*, 它不满足式 $(\xi^*)^{\mathrm{T}} d < 0$, 记 $\xi_{k+1} = \xi^*$, 将其加到 S_k 中, 得

$$S_{k+1} = \mathrm{co}\{\xi_1, \cdots, \xi_{k+1}\}.$$

令 $k = k + 1$, 求解线性不等式组 (10.1.10), 重复这一过程, 有望得到函数 $f(x)$ 在点 x 的一个下降方向.

下面给出计算凸函数 $f(x)$ 在非极小点 x 下降方向的算法.

算法 10.1.2 (计算凸函数下降方向)

步 0 给定 $x \in \mathrm{R}^n$, 计算 $f(x)$ 和 $\xi_1 \in \partial f(x)$, 令 $k = 1$.

步 1 令 $S_k = \mathrm{co}\{\xi_1, \cdots, \xi_k\}$, 求解下述优化问题:

$$\min_{\xi \in S_k} \|\xi\|^2, \tag{10.1.11}$$

记 $\hat{\xi}_k$ 为问题 (10.1.11) 的解, 如果 $\hat{\xi}_k = 0$, 则 x 是 $f(x)$ 的极小点, 无下降方向, 停止; 否则转步 2.

步 2 对方向 $d = -\hat{\xi}_k$ 进行线搜索, 如果存在 $t > 0$, 使得 $f(x + td) < f(x)$, 停止, $d = -\hat{\xi}_k$ 是下降方向; 否则转下一步.

步 3 确定 $\xi_{k+1} \in \partial f(x)$, 使得 $\xi_{k+1}^{\mathrm{T}} \hat{\xi}_k \leqslant 0$, 令 $k = k + 1$, 转步 1.

根据前面的讨论知, 算法 10.1.2 中步 3 的 ξ_{k+1} 是可以得到的. 另一方面, 问题 (10.1.11) 是一个二次规划, 可以具体计算, 因此如果在每一点都可以计算到函数 $f(x)$ 的一个次微分, 算法 10.1.2 是可实现的. 下述定理说明利用算法 10.1.2 可在有限步得到凸函数的一个下降方向.

定理 10.1.2 设 $x \in \mathrm{R}^n$ 为凸函数 $f(x)$ 的非极小值点, 则在算法 10.1.2 中必存在有限步 k, 使得 $f'(x; -\hat{\xi}_k) < 0$.

证明 首先证明这样一个事实: 设 $\{x_k\}_1^\infty$ 和 $\{y_k\}_1^\infty$ 为 R^n 中点列, 满足:

$$(x_j - x_{k+1})^{\mathrm{T}} y_k \geqslant \|y_k\|^2, \quad k \geqslant 1, j = 1, \cdots, k, \tag{10.1.12}$$

如果 $\{x_k\}_1^\infty$ 有界, 则 $y_k \to 0 (k \to \infty)$. 对式 (10.1.12) 应用 Cauchy-Schwarz 不等式, 得

$$\|y_k\| \leqslant \|x_j - x_{k+1}\|, \quad k \geqslant 1, j = 1, \cdots, k.$$

如果 $y_k \to 0$ 不成立, 则存在常数 $\delta > 0$ 和 $\{y_k\}_1^\infty$ 中子列, 不妨记为 $\{y_k\}_1^\infty$ 本身, 使得

$$0 < \delta \leqslant \|y_k\| \leqslant \|x_j - x_{k+1}\|.$$

由 $\{x_k\}_1^\infty$ 的有界性, 必存在收敛子列, 在上式中再选取 $\{x_k\}_1^\infty$ 的收敛子列, 于是上式右端项趋向于零, 得到矛盾, 故 $y_k \to 0 (k \to \infty)$.

在算法 10.1.2 中, $\hat{\xi}_k$ 为 0 到 S_k 上的投影, 根据点到凸集投影性质 (见定理 2.3.1), 有

$$\xi^{\mathrm{T}}\hat{\xi}_k \geqslant \|\hat{\xi}_k\|^2, \quad \forall \xi \in S_k \tag{10.1.13}$$

再根据算法 10.1.2 中步 3, 得

$$\xi_{k+1}^{\mathrm{T}}\hat{\xi}_k \leqslant 0. \tag{10.1.14}$$

在式 (10.1.13) 中, 选取 $\xi = \xi_j, j = 1, \cdots, k$, 于是有

$$\xi_j^{\mathrm{T}}\hat{\xi}_k \geqslant \|\hat{\xi}_k\|^2, \quad j = 1, \cdots, k, \tag{10.1.15}$$

结合式 (10.1.4) 和式 (10.1.5), 得

$$(\xi_j - \xi_{k+1})^{\mathrm{T}}\hat{\xi}_k \geqslant \|\hat{\xi}_k\|^2, \quad j = 1, \cdots, k.$$

在式 (10.1.12) 中令 $x_j = \xi_j, j = 1, \cdots, k+1, y_k = \hat{\xi}_k$, 注意到 $\{\xi_k\}_1^\infty$ 的有界性, 利用前面得到的结论, 有 $\hat{\xi}_k \to 0$. 再由 $\hat{\xi}_k \in \partial f(x)$ 及集值映射 $\partial f(x)$ 的上半连续性, 得 $0 \in \partial f(x)$, 这与 x 为 $f(x)$ 的非极小值点矛盾. 定理得证.

相对来讲, 算法 10.1.2 给出的方法, 要较计算广义最速下降方向容易实现, 因为它不需要知道整个次微分集合, 而只需在每一点能够计算到次微分中的一个元素.

尽管凸函数下降方向较难计算, 但其上升方向却非常容易得到, 任何一个非零次梯度方向都是凸函数的上升方向. 对任意 $\xi \in \partial f(x)$, 有

$$f(x + td) \geqslant f(x) + t\xi^{\mathrm{T}}d, \quad t > 0,$$

取 $d = \xi \in \partial f(x)$ 满足 $\xi \neq 0$, 则有

$$\begin{aligned} f(x + t\xi) &\geqslant f(x) + t\xi^{\mathrm{T}}\xi \\ &= f(x) + t\|\xi\|^2 \\ &> f(x), \end{aligned}$$

这说明 ξ 是 $f(x)$ 在点 x 的上升方向.

10.2　次　梯　度　法

本节给出极小化凸函数 $f(x)$ 的次梯度法, 它是非光滑优化最早和最基本的算法之一.

10.2.1 算法步骤

首先给出求解问题 (10.1.1) 的算法的具体步骤.

算法 10.2.1 (次梯度法, subgradient method)

步 0   选取数列 $\{\lambda_k\}_0^\infty$, 满足

$$\lambda_k > 0, \quad \lambda_k \to 0(k \to \infty), \quad \sum_{k=0}^{\infty} \lambda_k = +\infty,$$

给定 $x_0 \in \mathrm{R}^n$, 令 $k = 0$.

步 1   计算 $\xi_k \in \partial f(x_k)$, 若 $\xi_k = 0$, 则停止; 否则转步 2.

步 2   令 $x_{k+1} = x_k - \lambda_k \dfrac{\xi_k}{\|\xi_k\|}$, $k = k + 1$, 转步 1.

从算法步骤可以看出, 次梯度法迭代公式简单, 比较容易实现, 在每一迭代点只需计算到目标函数次微分中的一个元素. 另一方面, 次梯度法不需要线搜索, 步长 λ_k 事先给出, 只要满足条件:

$$\lambda_k > 0, \quad \lambda_k \to 0(k \to \infty), \quad \sum_{k=0}^{\infty} \lambda_k = +\infty,$$

其中条件 $\lambda_k \to 0(k \to \infty)$ 是要使点列 $\{x_k\}_0^\infty$ 成为 Cauchy 列所必需的, 条件 $\sum\limits_{k=0}^{\infty} \lambda_k = +\infty$ 是要使点列 $\{x_k\}_0^\infty$ 全局收敛所必需的. 事实上, 次梯度法甚至不是下降算法, 因为 $-\dfrac{\xi_k}{\|\xi_k\|}$ 并不一定是凸函数 $f(x)$ 在点 x_k 的下降方向.

作为最早提出的非光滑优化算法, 次梯度法还有许多不足之处, 一是收敛速度慢, 二是没有给出停止准则.

10.2.2 收敛性分析

下面讨论次梯度法的收敛性. 记 S^* 为 $f(x)$ 的极小点集, f^* 为 $f(x)$ 的极小值, 即

$$S^* = \{x \in \mathrm{R}^n | f(x) = \min_{y \in \mathrm{R}^n} f(y)\}.$$

首先给出收敛性分析中一个有用的结论.

引理 10.2.1   设 $\{x_k\}_0^\infty$ 为算法 10.2.1 产生的点列, 如果 $x_k \notin S^*, k = 0, 1, \cdots$, 则对任意 $x^* \in S^*, \xi_k \in \partial f(x_k), k = 0, 1, \cdots$, 必存在常数 $T_k > 0, k = 0, 1, \cdots$, 使得

$$\left\| x_k - \lambda \frac{\xi_k}{\|\xi_k\|} - x^* \right\| < \|x_k - x^*\|, \quad \forall \lambda \in (0, T_k], k = 0, 1, \cdots. \tag{10.2.1}$$

证明 直接计算

$$||x_k - \lambda \frac{\xi_k}{||\xi_k||} - x^*||^2 = ||x_k - x^*||^2 - 2\lambda \frac{\xi_k^{\mathrm{T}}}{||\xi_k||}(x_k - x^*) + \lambda^2, \quad k = 0, 1, \cdots.$$

令

$$T_k = 2\frac{\xi_k^{\mathrm{T}}}{||\xi_k||}(x_k - x^*), \quad k = 0, 1, \cdots,$$

如果

$$\lambda \leqslant T_k = 2\frac{\xi_k^{\mathrm{T}}}{||\xi_k||}(x_k - x^*),$$

则

$$-2\lambda \frac{\xi_k^{\mathrm{T}}}{||\xi_k||}(x_k - x^*) + \lambda^2 \leqslant 0,$$

故

$$||x_k - \lambda \frac{\xi_k}{||\xi_k||} - x^*|| < ||x_k - x^*||.$$

注意到,

$$\xi_k \in \partial f(x_k), \quad x_k \notin S^*, k = 0, 1, \cdots,$$

根据凸函数次微分定义得

$$\xi_k^{\mathrm{T}}(x^* - x_k) \leqslant f(x^*) - f(x_k),$$
$$< 0, \quad k = 0, 1, \cdots,$$

于是 $T_k > 0$, 进而式 (10.2.1) 成立. 命题得证.

下述定理给出次梯度法的收敛性结论.

定理 10.2.1   如果问题 (10.1.1) 的解集 S^* 非空且有界, $x^* \in S^*$, 在算法 10.2.1 中步长 λ_k 满足

$$\lambda_k \leqslant \frac{\xi_k^{\mathrm{T}}}{||\xi_k||}(x_k - x^*), \quad k = 1, \cdots,$$

$\{x_k\}_0^\infty$ 是算法 10.2.1 产生的点列, 则有

$$\lim_{k \to \infty} \inf d_{S^*}(x_k) = 0. \tag{10.2.2}$$

证明   记 $\hat{x}_k = \arg\min_{0 \leqslant i \leqslant k}\{f(x_i)\}$. 注意到,

$$f(\hat{x}_k) = \min_{0 \leqslant i \leqslant k}\{f(x_i)\}, \quad k = 0, 1, \cdots$$

单调非增且满足

$$f(x^*) \leqslant f(\hat{x}_k), \quad k = 0, 1, \cdots,$$

于是数列 $\{f(\hat{x}_k)\}_0^\infty$ 收敛. 根据定理假设及引理 10.2.1, 点列 $\{\|x_k - x^*\|\}_0^\infty$ 单调递减且有下界, 从而是收敛的, 又 S^* 有界, 故 $\{x_k\}_0^\infty$ 有界. 由算法构造知, 点列 $\{\hat{x}_k\}_0^\infty$ 的元素均来自于 $\{x_k\}_0^\infty$, 从而 $\{\|\hat{x}_k - x^*\|\}$ 收敛. 点列 $\{\hat{x}_k\}_0^\infty$ 有界, 故 $\{\hat{x}_k\}_0^\infty$ 存在收敛子列 $\{\hat{x}_{k_p}\}_0^\infty$, 设其极限为 $\bar{x}$, 即 $\lim_{p\to\infty} \hat{x}_{k_p} = \bar{x}$, 于是

$$\lim_{p\to\infty} \hat{x}_{k_p} = f(\bar{x}).$$

由于

$$\|x_{k+1} - x^*\|^2 = \|x_k - \lambda_k \frac{\xi_k}{\|\xi_k\|} - x^*\|^2$$

$$= \|x_k - x^*\|^2 + \lambda_k^2 - 2\lambda_k \frac{\xi_k^{\mathrm{T}}}{\|\xi_k\|}(x_k - x^*), \quad \forall x^* \in S^*,$$

对上式从 0 到 k 求和, 得

$$\sum_{i=0}^k \|x_{i+1} - x^*\|^2 = \sum_{i=0}^k \|x_i - x^*\|^2 + \sum_{i=0}^k \lambda_i^2 - 2\sum_{i=0}^k \lambda_i \frac{\xi_i^{\mathrm{T}}}{\|\xi_i\|}(x_i - x^*), \quad x^* \in S^*,$$

进而有

$$\|x_{k+1} - x^*\|^2 = \|x_0 - x^*\|^2 + \sum_{i=0}^k \lambda_i^2 - 2\sum_{i=0}^k \lambda_i \frac{\xi_i^{\mathrm{T}}}{\|\xi_i\|}(x_i - x^*),$$

由于 $0 \leqslant \|x_{k+1} - x^*\|^2$, 于是

$$2\sum_{i=0}^k \lambda_i \frac{\xi_i^{\mathrm{T}}}{\|\xi_i\|}(x_i - x^*) \leqslant \|x_0 - x^*\|^2 + \sum_{i=0}^k \lambda_i^2. \tag{10.2.3}$$

利用次梯度不等式

$$\xi_i^{\mathrm{T}}(x_i - x^*) \geqslant f(x_i) - f(x^*)$$

$$> 0,$$

得

$$2\sum_{i=0}^k \lambda_i \frac{\xi_i^{\mathrm{T}}}{\|\xi_i\|}(x_i - x^*) \geqslant 2\sum_{i=0}^k \frac{\lambda_i}{\|\xi_i\|}(f(x_i) - f(x^*))$$

$$\geqslant 2\sum_{i=0}^k \frac{\lambda_i}{\|\xi_i\|}(\min_{0\leqslant i\leqslant k}\{f(x_i)\} - f(x^*))$$

$$= 2\sum_{i=0}^k \frac{\lambda_i}{\|\xi_i\|}(f(\hat{x}_k) - f(x^*)). \tag{10.2.4}$$

联立式 (10.2.3) 和式 (10.2.4), 得

$$2(f(\hat{x}_k) - f(x^*)) \sum_{i=0}^{k} \frac{\lambda_i}{||\xi_i||} \leqslant ||x_0 - x^*||^2 + \sum_{i=0}^{k} \lambda_i^2,$$

从而

$$f(\hat{x}_k) - f(x^*) \leqslant \frac{||x_0 - x^*||^2 + \sum_{i=0}^{k} \lambda_i^2}{2 \sum_{i=0}^{k} \frac{\lambda_i}{||\xi_i||}}, \tag{10.2.5}$$

由于 S^* 非空有界, 故 $x_0 - x^*$ 有界. 记 $||x_0 - x^*|| \leqslant R$, 又次微分为紧集, $\max_{0 \leqslant i \leqslant k} ||\xi_i|| \leqslant L$, 则有

$$0 \leqslant f(\hat{x}_k) - f(x^*)$$
$$\leqslant \frac{R^2 + \sum_{i=0}^{k} \lambda_i^2}{\frac{2}{L} \sum_{i=0}^{k} \lambda_i}. \tag{10.2.6}$$

根据步长 λ_k 的假设, 容易证明

$$\frac{\sum_{i=1}^{k} \lambda_i^2}{\sum_{i=1}^{k} \lambda_i} \to 0 \, (k \to \infty), \tag{10.2.7}$$

又由于 $\sum_{k=0}^{\infty} \lambda_k = +\infty$, 则有

$$\frac{R^2 + \sum_{i=0}^{k} \lambda_i^2}{\frac{2}{L} \sum_{i=0}^{k} \lambda_i} \to 0 \, (k \to \infty),$$

根据式 (10.2.6) 有

$$\lim_{k \to \infty} (f(\hat{x}_k) - f(x^*)) = 0,$$

即

$$\lim_{k \to \infty} f(\hat{x}_k) = f(x^*).$$

由于 $\{f(\hat{x}_k)\}_0^\infty$ 收敛, 从而其任一子列收敛且有相同的极限, 即

$$f(\bar{x}) = \lim_{p\to\infty} f(\hat{x}_{k_p}) = \lim_{k\to\infty} f(\hat{x}_k) = f(x^*),$$

故 $\bar{x} \in S^*$, $d_{S^*}(\bar{x}) = 0$, $\lim_{k\to\infty}\inf d_{S^*}(x_k) = 0$. 定理得证.

下面给出算法 10.2.1 的依函数值收敛结果, 其证明需要下面的超鞅收敛定理.

超鞅收敛定理   设 $\{y_k\}_0^\infty, \{z_k\}_0^\infty, \{w_k\}_0^\infty$ 为非负序列, 满足

$$y_{k+1} \leqslant y_k - z_k + w_k, \quad k = 0, 1, \cdots,$$

且 $\sum_{k=0}^{\infty} w_k < +\infty$, 则或者 $y_k \to -\infty$, 或者 $\{y_k\}_0^\infty$ 收敛于一个有限值, 且有 $\sum_{k=1}^{\infty} z_k < +\infty$.

定理 10.2.2 $\{x_k\}_0^\infty$ 是算法 10.2.1 产生的点列, 则有 $\lim_{k\to\infty}\inf f(x_k) = f^*$, 进一步若步长 λ_k 满足 $\sum_{k=0}^{\infty} \lambda_k^2 \leqslant \infty$, 且问题 (10.1.1) 的解集 S^* 非空, 则 $\{x_k\}_0^\infty$ 收敛于 S^* 中的某一点.

证明   假设 $\lim_{k\to\infty}\inf f(x_k) = f^*$ 不成立, 则存在 $\varepsilon > 0$, 使得

$$\lim_{k\to\infty}\inf f(x_k) > f^* + 2\varepsilon,$$

因此存在 $\hat{y} \in S^*$, 使得

$$\lim_{k\to\infty}\inf f(x_k) > f(\hat{y}) + 2\varepsilon$$
$$= f^* + 2\varepsilon.$$

注意到, 一定存在一个足够大的 $k_0 \geqslant 0$, 使得

$$f(x_k) \geqslant \lim_{k\to\infty}\inf f(x_k) - \varepsilon, \quad \forall k \geqslant k_0,$$

因此

$$f(x_k) - f(\hat{y}) > \varepsilon.$$

根据定理 10.2.1 的证明过程, 对任意 $\hat{y} \in S^*$, $k \geqslant k_0$, 有

$$\|x_{k+1} - \hat{y}\|^2 = \left\|x_k - \lambda_k \frac{\xi_k}{\|\xi_k\|} - \hat{y}\right\|^2$$
$$= \|x_k - \hat{y}\|^2 + \lambda_k^2 - 2\lambda_k \frac{1}{\|\xi_k\|}\xi_k^{\mathrm{T}}(x_k - \hat{y})$$
$$\leqslant \|x_k - \hat{y}\|^2 - 2\lambda_k \frac{1}{\|\xi_k\|}(f(x_k) - f(\hat{y})) + \lambda_k^2$$

$$\leqslant \|x_k - \hat{y}\|^2 - \lambda_k \frac{1}{\|\xi_k\|}(2\varepsilon - \lambda_k\|\xi_k\|).$$

由于 $\lambda_k \to 0$, 因此可以假设 k_0 足够大, 使得

$$2\varepsilon - \lambda_k\|\xi_k\| > \varepsilon\|\xi_k\|, \quad \forall k \geqslant k_0.$$

因此, 对于所有的 $k \geqslant k_0$, 有

$$\|x_{k+1} - \hat{y}\|^2 \leqslant \cdots \leqslant \|x_{k_0} - \hat{y}\|^2 - \varepsilon \sum_{j=k_0}^{k} \lambda_j,$$

与 $\sum_{k=0}^{\infty} \lambda_k = +\infty$ 矛盾, 故 $\lim_{k\to\infty} \inf f(x_k) = f^*$ 成立.

由于

$$\|x_{k+1} - x^*\|^2 \leqslant \|x_k - x^*\|^2 - 2\lambda_k \frac{1}{\|\xi_k\|}(f(x_k) - f(x^*)) + \lambda_k^2, \quad x^* \in S^*.$$

根据超鞅收敛定理, 对任意 $x^* \in S^*$, $\|x_k - x^*\|$ 收敛于一个常数, 因此序列 $\{x_k\}_0^\infty$ 是有界的. 考虑收敛的子列 $\{x_k\}_{k\in K}$ 使得 $\lim_{\substack{k\to\infty \\ k\in K}} f(x_k) = f^*$, 并设 $\bar{x}$ 为该子列的极限点. 由函数 $f(x)$ 的连续性, 知 $f(\bar{x}) = f^*$, 因此 $\bar{x} \in S^*$. 再将上式中的 x^* 用 $\bar{x}$ 来替换, 由超鞅收敛定理可知 $\|x_k - \bar{x}\|$ 收敛于一个常数. 同时, 由 $\bar{x}$ 为 $\{x_k\}_0^\infty$ 的一个极限点, 可知 $\|x_k - \bar{x}\|$ 收敛到 0, 因此 $\bar{x}$ 是点列 $\{x_k\}_0^\infty$ 的唯一极限点.

10.3　割平面法

本节介绍求解无约束凸优化的割平面法, 同次梯度算法一样割平面法也是非光滑优化的基本算法之一. 次梯度算法在每次迭代时仅考虑当前点的信息, 之前的信息没有充分利用. 事实上, 过去迭代点的信息不仅可以用来确定下降方向, 还可用来构造目标函数的下方估计. 割平面法就是利用凸函数的次梯度构造目标函数的下方凸近似, 每次迭代后增加一个新的支撑超平面, 进一步逼近目标函数.

10.3.1　算法步骤

下述引理说明凸函数可以表示为其所有支撑超平面取极大, 这一结论是割平面法的理论基础.

引理 10.3.1　设 $f(x)$ 为 R^n 上的凸函数, 则有

$$f(x) = \max_{\xi \in \partial f(y), y \in \mathrm{R}^n} (f(y) + \xi^{\mathrm{T}}(x - y)), \quad \forall x \in \mathrm{R}^n. \tag{10.3.1}$$

证明 给定 $x \in \mathrm{R}^n$, 定义 R^1 上的集合:

$$S = \{f(y) + \xi^{\mathrm{T}}(x - y) | \xi \in \partial f(y), y \in \mathrm{R}^n\}.$$

根据次微分性质有

$$f(x) \geqslant f(y) + \xi^{\mathrm{T}}(x - y), \quad \xi \in \partial f(y), y \in \mathrm{R}^n.$$

这说明集合 S 是有上界的, 且 $\sup S \leqslant f(x)$, 此处 $\sup S$ 的含义是

$$\sup S = \sup\{z | z \in S\}.$$

另一方面, 对于 $\xi \in \partial f(x)$, 有

$$f(x) = f(x) + \xi^{\mathrm{T}}(x - x) \in S,$$

于是 $f(x) \leqslant \sup S$, 故 $f(x) = \sup S$, 式 (10.3.1) 成立. 引理得证.

根据引理 10.3.1, $f(x)$ 的极小问题可等价地转化为如下极小极大问题:

$$\min_{x \in \mathrm{R}^n} \max_{\xi \in \partial f(y), y \in \mathrm{R}^n} (f(y) + \xi^{\mathrm{T}}(x - y)). \tag{10.3.2}$$

引入辅助变量, 问题 (10.3.2) 可等价地转换为下述问题:

$$\begin{aligned} &\min v \\ &\text{s. t. } f(y) + \xi^{\mathrm{T}}(x - y) \leqslant v, \quad \xi \in \partial f(y), y \in \mathrm{R}^n, \end{aligned} \tag{10.3.3}$$

其中 $(x, v) \in \mathrm{R}^{n+1}$ 为变量. 问题 (10.3.3) 具有无穷多个线性约束, 从数值计算来讲不易实现, 需要考虑有限个约束问题来近似. 假设 $x_i, i = 1, \cdots, k$ 是问题 (10.3.3) 已得到的迭代点, $\xi_i \in \partial f(x_i), i = 1, \cdots, k$, 考虑下述优化问题:

$$\begin{aligned} &\min v \\ &\text{s.t.} f(x_i) + \xi_i^{\mathrm{T}}(x - x_i) \leqslant v, \quad i = 1, \cdots, k. \end{aligned} \tag{10.3.4}$$

显然, 问题 (10.3.4) 是一个线性规划, 且是优化问题 (10.3.3) 的一个近似. 求解问题 (10.3.4), 得到的最优解, 记为 x_k, 作为下一个迭代点, 重复这一过程就是极小化凸函数的割平面法. 下面给出算法的具体步骤.

算法 10.3.1 (割平面法, cutting plane method)

步 0 给定一个包含 $f(x)$ 最优解的凸多面体 S, 给定初始点 $x_0 \in S$, 令 $k = 0$.

步 1 求 $\xi_k \in \partial f(x_k)$, 若 $\xi_k = 0$, 则停止; 否则, 转步 2.

步 2 在 S 上求解问题 (10.3.4), 即

$$\begin{aligned} (\mathrm{P}_k) \quad &\min v \\ &\text{s. t. } f(x_i) + \xi_i^{\mathrm{T}}(x - x_i) \leqslant v, \ i = 1, \cdots, k, \\ &\quad x \in S, \end{aligned}$$

得最优解 (x_{k+1}, v_{k+1}), 令 $k = k+1$, 转步 1.

　　在算法 10.3.1 中, 每一次迭代增加一个约束, 从几何上看, 是利用一个超平面将 S 中不包含最优解的部分割掉, 这在算法具体实现上将无限地增加约束 (图 10.3.1), 因此计算量较大.

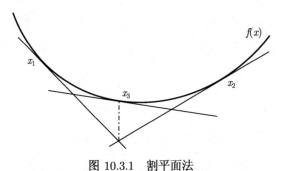

图 10.3.1　割平面法

10.3.2　收敛性分析

　　如果算法 10.3.1 在有限步终止, 如迭代进行到第 k 次时, 有 $0 \in \partial f(x_k)$, 则 x_k 为最优解, v_k 为最优值. 下面给出割平面法产生无限点列时的收敛性分析.

　　定理 10.3.1　设 $f(x)$ 是下方有界凸函数, 记 $f^* = \min\limits_{x \in \mathrm{R}^n} f(x)$, 若算法 10.3.1 产生无限点列, 则 $\{x_k\}_0^\infty, \{v_k\}_1^\infty$ 满足:

　　(1) $v_1 \leqslant v_2 \leqslant \cdots \leqslant v_k \to f^*$;

　　(2) $\{x_k\}_0^\infty$ 的任一聚点都是 $f(x)$ 在 S 上的极小值点.

　　证明　由于 $f(x)$ 是下方有界函数, 故问题 (10.1.1) 的最优解存在且为有限值, 记 S^* 为问题 $\min\limits_{x \in S} f(x)$ 的最优解集. 由于至少有一个 $f(x)$ 的最优解属于 S, 于是问题 $\min\limits_{x \in \mathrm{R}^n} f(x)$ 与 $\min\limits_{x \in S} f(x)$ 等价. 根据引理 10.3.1, $\min\limits_{x \in S} f(x)$ 等价于下述问题:

$$
\begin{aligned}
&\min v \\
&\mathrm{s.t.}\ f(y) + \xi^{\mathrm{T}}(x - y) - v \leqslant 0, \quad y \in \mathrm{R}^n, \xi \in \partial f(y), \qquad (10.3.5) \\
&\quad\ x \in S.
\end{aligned}
$$

由算法步 2 知, 问题 (P_{k+1}) 比 (P_k) 多一个约束, 从而可行域缩小, 目标函数最优值增大, 即 $v_{k+1} \geqslant v_k$, $k = 1, 2, \cdots$. 设问题 (10.3.5) 的最优值为 v^*, 则有 $v^* \geqslant v_k$, $k = 1, 2, \cdots$. 由于 $x_k \in S$, 则点列 $\{x_k\}_0^\infty$ 有界, 故必有一收敛子列 $\{x_{k_p}\}$, 记 $\lim\limits_{p \to \infty} x_{k_p} = \bar{x}$, 由 $f(x)$ 的连续性知

$$
\lim_{p \to \infty} f(x_{k_p}) = f(\bar{x}).
$$

又数列 $\{v_k\}_1^\infty$ 单调递增且有上界, 因此必有极限, 记 $\lim\limits_{k\to\infty} v_k = \bar{v}$, 则 $\lim\limits_{p\to\infty} v_{k_p} = \bar{v}$, $\bar{v} \leqslant v^*$. 直接计算

$$
\begin{aligned}
v_{k_{p+1}} &\geqslant v_{k_p} + 1 \\
&= \min_{x\in S} \max_{0\leqslant i\leqslant k_p} \{f(x_i) + \xi_i^{\mathrm{T}}(x - x_i) | \xi_i \in \partial f(x_i)\} \\
&\geqslant \min_{x\in S} \max_{0\leqslant i\leqslant k_p-1} \{f(x_i) + \xi_i^{\mathrm{T}}(x - x_i) | \xi_i \in \partial f(x_i)\} \\
&= \max_{0\leqslant i\leqslant k_p-1} \{f(x_i) + \xi_i^{\mathrm{T}}(x_{k_p} - x_i) | \xi_i \in \partial f(x_i)\} \\
&\geqslant f(x_{k_{p-1}}) + \xi_{k_{p-1}}^{\mathrm{T}}(x_{k_p} - x_{k_{p-1}}), \quad \xi_{k_{p-1}} \in \partial f(x_{k_{p-1}}),
\end{aligned}
$$

对上式关于 $p \to \infty$ 取极限, 注意到凸函数次微分的有界性, 有 $\bar{v} \geqslant f(\bar{x})$, 故

$$
f^* = v^* \geqslant \bar{v} \geqslant f(\bar{x}) \geqslant f^*,
$$

即 $\lim\limits_{k\to\infty} v_k = \bar{v} = f^*$, $\lim\limits_{k\to\infty} x_{k_p} = \bar{x} \in S^*$. 定理得证.

10.4 光滑化方法

光滑化方法 (smoothing method) 基本思想就是将非光滑优化中的非光滑函数用一个含参数的光滑函数逼近, 从而将原非光滑优化问题转化为光滑优化问题. 本节介绍非光滑优化的光滑化方法.

10.4.1 绝对值函数光滑化

首先考虑最简单也是最常用的非光滑函数 —— 绝对值函数. 绝对值函数 $y = |x|$ 是 R^1 上的凸函数, 且除原点外处处光滑. 对其进行光滑逼近, 一方面要尽可能不破坏除原点外其他点的性质; 另一方面要使得函数在原点处光滑. 给定一个较小的 $\varepsilon > 0$, 考虑如下光滑函数:

$$
f_\varepsilon(x) = \begin{cases} -x, & x \leqslant -\varepsilon, \\ ax^2 + bx + c, & -\varepsilon < x < \varepsilon, \\ x, & x \geqslant \varepsilon, \end{cases}
$$

其中 a, b, c 为待定常数. 函数 $f_\varepsilon(x)$ 为分段光滑函数, 为保证其在分点 $-\varepsilon, \varepsilon$ 连续且光滑, 则应有

$$
\lim_{x\to-\varepsilon^+} f_\varepsilon(x) = f_\varepsilon(-\varepsilon), \quad \lim_{x\to\varepsilon^-} f_\varepsilon(x) = f_\varepsilon(\varepsilon),
$$

$$
\lim_{x\to-\varepsilon^+} f_\varepsilon'(x) = -1, \quad \lim_{x\to\varepsilon^-} f_\varepsilon'(x) = 1,
$$

因此 a, b, c 必满足:

$$\begin{cases} a\varepsilon^2 - b\varepsilon + c = \varepsilon, \\ a\varepsilon^2 + b\varepsilon + c = \varepsilon, \\ -2a\varepsilon + b = -1 \\ 2a\varepsilon + b = 1. \end{cases} \tag{10.4.1}$$

求解方程组 (10.4.1) 得

$$a = \frac{1}{2\varepsilon}, \quad b = 0, \quad c = \frac{\varepsilon}{2},$$

这样得到了绝对值函数 $y = |x|$ 的光滑逼近函数:

$$f_\varepsilon(x) = \begin{cases} -x, & x \leqslant -\varepsilon, \\ \dfrac{1}{2\varepsilon}x^2 + \dfrac{\varepsilon}{2}, & -\varepsilon < x < \varepsilon, \\ x, & x \geqslant \varepsilon. \end{cases}$$

$f_\varepsilon(x)$ 对 $y = |x|$ 的逼近程度随 ε 的减小而提高, 当 $\varepsilon \to 0^+$ 时, $f_\varepsilon(x) \to |x|$.

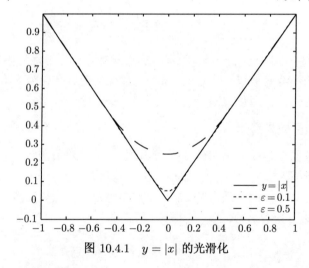

图 10.4.1　$y = |x|$ 的光滑化

10.4.2　光滑化基本概念

下面给出光滑逼近函数的定义, 为考虑求解非光滑方程组的需要, 这里考虑向量值函数.

定义 10.4.1 (光滑逼近函数, smoothing function)　设 $H(x)$ 为 R^n 到 R^m 上的函数, 若存在 R^n 到 R^m 上光滑函数 $H_\mu(x)$, $\mu > 0$, 使得对任意 $x \in \mathrm{R}^n$, 存在 $\kappa > 0$, 使得

$$\|H(x) - H_\mu(x)\| \leqslant \kappa\mu, \quad \forall \mu > 0, \tag{10.4.2}$$

则称 $H_\mu(x)$ 为 $H(x)$ 的光滑逼近函数. 如果 κ 不依赖于 x, 则称 $H_\mu(x)$ 为 $H(x)$ 的一致光滑逼近函数.

为有更好的收敛效果, 对光滑逼近函数不仅要求函数值逼近, 还希望一阶微分在一定意义下逼近, 为此引入如下的雅可比相容性概念.

定义 10.4.2 (雅可比相容性, Jacobian consistency) 设 $H(x)$ 为 R^n 到 R^m 上的局部 Lipschitz 函数, $H_\mu(x)$ 为 $H(x)$ 的光滑逼近函数, 记

$$\partial_{\mathrm{C}} H(x) = \partial H_1(x) \times \partial H_2(x) \times \cdots \times \partial H_m(x),$$

如果对任意 $x \in \mathrm{R}^n$, 有

$$\lim_{\mu \to 0^+} \mathrm{dist}(JH_\mu(x), \partial_{\mathrm{C}} H(x)) = 0,$$

则称光滑逼近函数 $H_\mu(x)$ 与 $H(x)$ 满足雅可比相容性.

10.4.3 极大值函数光滑化

下面讨论极大值函数的光滑逼近. 考虑极大值函数 $f(x) = \max\limits_{1 \leqslant i \leqslant m} f_i(x)$, 其中 $f_i(x), i = 1, \cdots, m$ 为 R^n 上的二阶连续可微函数, 记 $I(x) = \{i \in \{1, \cdots, m\} | f_i(x) = f(x)\}$. 考虑下述函数:

$$f(x, \mu) = \mu \ln \left(\sum_{i=1}^{m} \exp \left(\frac{1}{\mu} f_i(x) \right) \right), \tag{10.4.3}$$

其中 $\mu > 0$ 较小. 显然, $f(x, \mu)$ 是 $f(x) = \max\limits_{1 \leqslant i \leqslant m} f_i(x)$ 的光滑逼近函数, $f(x, \mu)$ 称为凝聚函数, 也称为最大熵函数、神经网络函数等.

特别取

$$f(x) = \max\{x, 0\}, \quad x \in \mathrm{R}^1,$$

此时式 (10.4.3) 为

$$f(x, \mu) = \mu \ln \left(1 + \exp \left(\frac{x}{\mu} \right) \right).$$

函数 $\max\{x, 0\}$ 也记为 $x_+ = \max\{x, 0\}$, 称为 plus 函数.

10.4.4 plus 函数的光滑逼近

下面讨论利用密度函数构造 plus 函数的光滑逼近函数方法.

设 $\rho(x)$ 为 R^1 到 R^+ 的概率密度函数, 且满足

$$\int_{-\infty}^{\infty} |s| \rho(s) ds = \kappa < +\infty,$$

定义 $x_+ = \max\{x, 0\}$ 的下述光滑逼近函数:

$$P(\mu, x) = \int_{-\infty}^{+\infty} (x - \mu s)_+ \rho(s)ds, \tag{10.4.4}$$

其中 $\mu > 0$ 为较小的数.

定理 10.4.1   设函数 $P(\mu, x)$ 由式 (10.4.4) 给出, 则下述结论成立:

(1) $P(\mu, x)$ 是关于 x 的连续可微函数;

(2) $P_x'(\mu, x) \in [0, 1]$, 满足

$$\lim_{\mu \to 0^+} P_x'(\mu, x) = \begin{cases} 0, & x < 0, \\ 1, & x > 0, \end{cases}$$

进一步, 如果 $\{s | \rho(s) > 0\} = \mathrm{R}^1$, 则 $P_x'(\mu, x) \in (0, 1)$;

(3) $|P(\mu, x) - x_+| \leqslant \kappa\mu$.

证明   (1) 由 $P(\mu, x)$ 及 plus 函数的定义, 有

$$\begin{aligned} P(\mu, x) &= \int_{-\infty}^{+\infty} (x - \mu s)_+ \rho(s)ds \\ &= \int_{-\infty}^{\frac{x}{\mu}} (x - \mu s)\rho(s)ds \\ &= x\int_{-\infty}^{\frac{x}{\mu}} \rho(s)ds - \mu\int_{-\infty}^{\frac{x}{\mu}} s\rho(s)ds. \end{aligned} \tag{10.4.5}$$

易见, 式 (10.4.5) 右端对 x 的导数存在, 对其求导得

$$P_x'(\mu, x) = \int_{-\infty}^{\frac{x}{\mu}} \rho(s)ds. \tag{10.4.6}$$

由密度函数的性质可知, $P(\mu, x)$ 是 x 的连续可微函数.

(2) 根据式 (10.4.6) 及密度函数性质, 有

$$P_x'(\mu, x) \in [0, 1],$$

$$\lim_{\mu \to 0^+} P_x'(\mu, x) = \begin{cases} 0, & x < 0, \\ 1, & x > 0. \end{cases}$$

式 (10.4.6) 对 x 求导, 得

$$P_x''(\mu, x) = \frac{1}{\mu}\rho\left(\frac{x}{\mu}\right) \geqslant 0.$$

$\{s|\rho(s) > 0\} = \mathbb{R}^1$ 意味着对任意 $s \in \mathbb{R}$ 均有 $\rho(s) > 0$, 故

$$P_x''(\mu, x) = \frac{1}{\mu}\rho\left(\frac{x}{\mu}\right) > 0,$$

于是 $P_x'(\mu, x)$ 严格单调递增, 此时对任意的 $-\infty < x < +\infty$, 均有 $P_x'(\mu, x) \in (0, 1)$.

(3) 考虑 $x \geqslant 0$ 情形. 推导得

$$\begin{aligned}
P(\mu, x) - x_+ &= P(\mu, x) - x \\
&= x\int_{-\infty}^{\frac{x}{\mu}} \rho(s)ds - \mu\int_{-\infty}^{\frac{x}{\mu}} s\rho(s)ds - x \\
&= \mu\int_{\frac{x}{\mu}}^{+\infty} \left(s - \frac{x}{\mu}\right)\rho(s)ds - \mu\int_{-\infty}^{+\infty} s\rho(s)ds. \\
&\geqslant -\mu\int_{-\infty}^{+\infty} s\rho(s)ds.
\end{aligned} \tag{10.4.7}$$

注意到,

$$\int_{-\infty}^{+\infty} s\rho(s)ds \leqslant \int_{-\infty}^{+\infty} |s|\rho(s)ds$$
$$= \kappa < +\infty,$$

由式 (10.4.7) 得

$$P(\mu, x) - x_+ \geqslant -\kappa\mu.$$

利用式 (10.4.7), 直接推导

$$\begin{aligned}
P(\mu, x) - x_+ &= \mu\int_{\frac{x}{\mu}}^{+\infty} s\rho(s)ds - x\int_{\frac{x}{\mu}}^{+\infty} \rho(s)ds - \mu\int_{-\infty}^{+\infty} s\rho(s)ds \\
&\leqslant \mu\int_{0}^{+\infty} s\rho(s)ds - \mu\int_{-\infty}^{+\infty} s\rho(s)ds \\
&= -\mu\int_{-\infty}^{0} s\rho(s)ds \\
&= \mu\int_{-\infty}^{0} |s|\rho(s)ds \\
&\leqslant \mu\int_{-\infty}^{+\infty} |s|\rho(s)ds \\
&= \kappa\mu.
\end{aligned}$$

故当 $x \geqslant 0$ 时, $|P(\mu, x) - x_+| \leqslant \kappa\mu$.

考虑 $x < 0$ 情形. 推导得

$$P(\mu, x) - x_+ = P(\mu, x)$$

$$= x \int_{-\infty}^{\frac{x}{\mu}} \rho(s)ds - \mu \int_{-\infty}^{\frac{x}{\mu}} s\rho(s)ds. \tag{10.4.8}$$

显然,

$$P(\mu, x) = \int_{-\infty}^{+\infty} (x - \mu s)_+ \rho(s)ds$$
$$\geqslant 0 > -\kappa\mu.$$

由式 (10.4.8) 得

$$P(\mu, x) - x_+ \leqslant -\mu \int_{-\infty}^{\frac{x}{\mu}} s\rho(s)ds$$
$$= \mu \int_{-\infty}^{\frac{x}{\mu}} |s|\rho(s)ds$$
$$\leqslant \mu \int_{-\infty}^{+\infty} |s|\rho(s)ds$$
$$= \kappa\mu.$$

故当 $x < 0$ 时, $|P(\mu, x) - x_+| \leqslant \kappa\mu$. 于是, 对任意 $x \in \mathrm{R}^1$, 有 $|P(\mu, x) - x_+| \leqslant \kappa\mu$. 定理得证.

在式 (10.4.4) 中分别选取不同的密度函数 $\rho(s)$, 可以得到 plus 函数的各种光滑逼近函数.

选取

$$\rho(s) = \frac{e^{-s}}{(1 + e^{-s})^2},$$

得 plus 函数的光滑逼近函数:

$$P(\mu, x) = x + \mu \ln\left(1 + e^{-\frac{x}{\mu}}\right).$$

选取

$$\rho(s) = \frac{2}{(s^2 + 4)^{\frac{3}{2}}},$$

得 plus 函数的光滑逼近函数:

$$P(\mu, x) = \frac{1}{2}(x + \sqrt{x^2 + 4\mu^2}).$$

选取

$$\rho(s) = \begin{cases} \lambda e^{-\lambda s}, & s > 0, \\ 0, & s \leqslant 0, \end{cases}$$

其中 $\lambda > 0$ 为参数, 得 plus 函数的光滑逼近函数:

$$P(\mu, x) = \begin{cases} x - \dfrac{\mu}{\lambda} + \dfrac{\mu}{\lambda} e^{-\frac{\lambda}{\mu} x}, & x \geqslant 0, \\ 0, & x < 0. \end{cases}$$

令 $\lambda = 1$, 有

$$P(\mu, x) = \begin{cases} x - \mu + \mu e^{-\frac{x}{\mu}}, & x \geqslant 0, \\ 0, & x < 0. \end{cases}$$

选取

$$\rho(s) = \begin{cases} 1, & s \in \left[-\dfrac{1}{2}, \dfrac{1}{2} \right], \\ 0, & s \notin \left[-\dfrac{1}{2}, \dfrac{1}{2} \right], \end{cases}$$

得 plus 函数的光滑逼近函数:

$$P(\mu, x) = \begin{cases} x, & x \in \left[\dfrac{\mu}{2}, \infty \right), \\ \dfrac{1}{2\mu} \left(x + \dfrac{\mu}{2} \right)^2, & -\dfrac{\mu}{2} < x < \dfrac{\mu}{2}, \\ 0, & x \in \left(-\infty, -\dfrac{\mu}{2} \right]. \end{cases}$$

10.4.5 收敛性分析

下面讨论收敛性分析.

定理 10.4.2 设 $f(x, \mu)$, $\mu > 0$ 为非光滑函数 $f(x)$ 的光滑逼近函数, 满足 $|f(x, \mu) - f(x)| \leqslant \kappa\mu$, $\forall x \in \mathrm{R}^n$, 且 $f(x)$ 和 $f(x, \mu)$ 均在 R^n 上有下界, 记 $V = \min\limits_{x \in \mathrm{R}^n} f(x)$, $V_\mu = \min\limits_{x \in \mathrm{R}^n} f(x, \mu)$, 则有

$$|V_\mu - V| \leqslant \kappa\mu,$$

进一步对任意 $\varepsilon \geqslant 0$, 若 $\bar{x}$ 是 $\min\limits_{x \in \mathrm{R}^n} f(x, \mu)$ 的 ε 最优解, 则 $\bar{x}$ 必是 $\min\limits_{x \in \mathrm{R}^n} f(x)$ 的 $2\kappa\mu + \varepsilon$ 最优解.

证明 由于 $|f(x, \mu) - f(x)| \leqslant \kappa\mu$, 则有

$$f(x) \leqslant f(x, \mu) + \kappa\mu,$$

$$f(x, \mu) \leqslant f(x) + \kappa\mu,$$

进而有

$$\min\limits_{x \in \mathrm{R}^n} f(x) \leqslant \min\limits_{x \in \mathrm{R}^n} f(x, \mu) + \kappa\mu,$$

$$\min_{x \in \mathrm{R}^n} f(x, \mu) \leqslant \min_{x \in \mathrm{R}^n} f(x) + \kappa\mu,$$

故 $V \leqslant V_\mu + \kappa\mu$, $V_\mu \leqslant V + \kappa\mu$, 亦 $|V_\mu - V| \leqslant \kappa\mu$.

设 $\bar{x}$ 是 $\min\limits_{x \in \mathrm{R}^n} f(x, \mu)$ 的 ε 最优解, 即 $f(\bar{x}, \mu) - V_\mu \leqslant \varepsilon$, 则有

$$-\kappa\mu \leqslant f(\bar{x}, \mu) - f(\bar{x}),$$

从而

$$f(\bar{x}) - \kappa\mu \leqslant f(\bar{x}, \mu)$$
$$\leqslant V_\mu + \varepsilon$$
$$\leqslant V + \kappa\mu + \varepsilon,$$

整理得

$$f(\bar{x}) \leqslant V + 2\kappa\mu + \varepsilon,$$

即 $\bar{x}$ 是 $\min\limits_{x \in \mathrm{R}^n} f(x)$ 的 $2\kappa\mu + \varepsilon$ 最优解. 定理得证.

第 11 章 非光滑方程组及非线性互补问题

非光滑方程组, 特别是它的广义牛顿法, 可用于求解非线性互补以及变分不等式等问题. 本章介绍求解非光滑方程组的牛顿法及在非线性互补中的应用.

11.1 半光滑函数及其性质

对于一般的非光滑方程组, 相应的广义牛顿法收敛性无法保证, 为此引入一类称为半光滑函数的非光滑函数类, 它是局部 Lipschitz 函数类的一个子类. 对于半光滑函数, 相应非光滑方程组的广义牛顿法收敛性可以得到保证. 半光滑概念最初是针对实值函数为讨论非光滑优化算法收敛性提出的, 后来出于非光滑方程组牛顿法收敛性分析的需要被推广到向量函数.

定义 11.1.1 设 $H(x)$ 为 R^n 到 R^m 上的局部 Lipschitz 函数, 若对任意 $d \in \mathrm{R}^n$, 下述极限总存在

$$\lim_{\substack{V \in \partial H(x+td') \\ d' \to d, t \to 0^+}} Vd', \tag{11.1.1}$$

其中 $\partial H(x)$ 为 $H(x)$ 的 Clarke 广义雅可比, 称 $H(x)$ 在点 x 是半光滑 (semismooth) 的.

半光滑函数是一类较广的非光滑函数类, 凸函数、光滑函数的极大值函数、分片光滑函数是半光滑的, 半光滑函数的复合也是半光滑的.

定理 11.1.1 设 $H(x)$ 为 R^n 到 R^m 上的局部 Lipschitz 函数, 如果对任意 $d \in \mathrm{R}^n$ 下述极限:

$$\lim_{\substack{V \in \partial H(x+td) \\ t \to 0^+}} Vd \tag{11.1.2}$$

总存在, 则 $H(x)$ 的方向导数存在, 且有

$$\begin{aligned} H'(x; d) &= \lim_{t \to 0^+} \frac{H(x + td) - H(x)}{t} \\ &= \lim_{\substack{V \in \partial H(x+td) \\ t \to 0^+}} Vd. \end{aligned} \tag{11.1.3}$$

证明 函数 $H(x)$ 的局部 Lipschitz 性质保证差商 $\dfrac{H(x + td) - H(x)}{t}$ 有界, 因此差商必有极限点, 记 l 是它的一个极限点, 则存在非负数列 $\{t_i\}_1^\infty$ 满足 $t_i \to 0^+ (i \to$

∞), 使得

$$l = \lim_{t_i \to 0^+} \frac{H(x + t_i d) - H(x)}{t_i}.$$

下面证明 l 等于式 (11.1.3). 根据广义雅可比形式的中值定理有

$$\frac{H(x + t_i d) - H(x)}{t_i} \in \operatorname{co} \partial H([x, x + t_i d])d.$$

对每个 i, 由 Caratheodory 定理, 存在 $t_i^k \in [0, t_i]$, $\lambda_i^k \geqslant 0$, $V_i^k \in \partial H([x, x + t_i^k d])$, $k = 0, 1, \cdots, m$, 满足 $\displaystyle\sum_{k=0}^{m} \lambda_i^k = 1$, 使得

$$\frac{H(x + t_i d) - H(x)}{t_i} = \sum_{k=0}^{m} \lambda_i^k V_i^k d.$$

数列 $\{t_i^k\}_1^\infty$ 和 $\{\lambda_i^k\}_1^\infty$ 有界, 则在指标集 $\{i\}$ 中存在子列, 不妨记为 $\{i\}$ 本身, 使得

$$t_i^k \to 0^+, \quad \lambda_i^k \to \lambda^k (i \to +\infty), \quad k = 0, 1, \cdots, m.$$

显然, $\lambda^k \geqslant 0, k = 0, 1, \cdots, m$, 且有 $\displaystyle\sum_{k=0}^{m} \lambda_i^k = 1$. 直接推导得

$$
\begin{aligned}
l &= \lim_{i \to \infty} \frac{H(x + t_i d) - H(x)}{t_i} \\
&= \lim_{i \to \infty} \sum_{k=0}^{m} \lambda_i^k V_i^k d \\
&= \sum_{k=0}^{m} \lim_{i \to \infty} \lambda_i^k \lim_{i \to \infty} V_i^k d \\
&= \left(\sum_{k=0}^{m} \lambda^k \right) \lim_{\substack{V \in \partial H(x+td) \\ t \to 0^+}} V d \\
&= \lim_{\substack{V \in \partial H(x+td) \\ t \to 0^+}} V d,
\end{aligned}
$$

这说明式 (11.1.3) 成立. 定理得证.

引理 11.1.1 设 $H(x)$ 为 R^n 到 R^m 上的局部 Lipschitz 函数, 如果 $H(x)$ 在点 x 是半光滑的, 则对任意 $d \in \mathrm{R}^n$, 存在 $V \in \partial H(x)$, 使得 $H'(x; d) = V d$.

证明 由于 $H(x)$ 在点 x 是半光滑的, 根据定理 11.1.1,

$$H'(x; d) = \lim_{\substack{V \in \partial H(x+td) \\ t \to 0^+}} V d,$$

于是存在 $t_k \geqslant 0, V_k \in \partial H(x + t_k d), k = 1, 2, \cdots$, 使得

$$H'(x; d) = \lim_{t_k \to 0^+} V_k d. \tag{11.1.4}$$

由 $V_k, k = 1, 2, \cdots$ 的有界性及集值映射 $x \to \partial H(x)$ 的上半连续性, 存在 $V \in \partial H(x)$, 使得 $\{V_k\}_1^\infty$ 的一个子列收敛于 V, 由式 (11.1.4) 可得 $H'(x; d) = Vd$. 引理得证.

定理 11.1.2 设 $H(x)$ 为 R^n 到 R^m 上的局部 Lipschitz 函数, D_H 为 $H(x)$ 的可微点集, 则对于点 $x \in \mathrm{R}^n$, 下述结论等价:

(1) $H(x)$ 在点 x 是半光滑的;

(2) 对 R^n 中任意单位向量 d, 式 (11.1.1) 的极限一致收敛;

(3) 对 R^n 中任意单位向量 d, 式 (11.1.2) 的极限一致收敛;

(4) $Vd - H'(x; d) = o(\| d \|), \forall V \in \partial H(x+d), d \in \mathrm{R}^n;$ \hfill (11.1.5)

(5) $\displaystyle\lim_{\substack{x+d \in D_H \\ d \to 0}} \frac{H'(x+d; d) - H'(x; d)}{\| d \|} = 0, d \in \mathrm{R}^n.$ \hfill (11.1.6)

证明 "(1)$\Rightarrow$(2)". 假设结论 (2) 不成立, 即对单位向量 d, 式 (11.1.1) 不一致收敛到 $H'(x; d)$, 于是存在常数 $\varepsilon > 0$, R^n 中点列 $\{d_k\}_1^\infty, \{\bar{d}_k\}_1^\infty$, 满足

$$\| d_k \| = \| \bar{d}_k \| = 1,$$

$$\| \bar{d}_k - d_k \| \to 0, \quad t_k \to 0^+,$$

$$V_k \in \partial H(x + t_k \bar{d}_k),$$

使得对任意的 k, 有

$$\| V_k \bar{d}_k - H'(x; d_k) \| \geqslant 2\varepsilon. \tag{11.1.7}$$

选取 $\{d_k\}_1^\infty$ 和 $\{\bar{d}_k\}_1^\infty$ 的收敛子列, 不妨假设为 $\{d_k\}_1^\infty$ 和 $\{\bar{d}_k\}_1^\infty$ 本身, 记 $d_k \to d, \bar{d}_k \to \bar{d}$. 注意到, 局部 Lipschitz 函数的方向导数关于方向是连续的, 由式 (11.1.7) 知, 当 k 充分大时, 有

$$\| V_k \bar{d}_k - H'(x; d) \| \geqslant \varepsilon,$$

这与 $H(x)$ 的半光滑性矛盾.

"(2)$\Rightarrow$(3)$\Rightarrow$(4)". 由引理 11.1.1, 结论显然成立.

"(4)$\Rightarrow$(1)". 假设 $H(x)$ 在 x 点不是半光滑的, 由式 (11.1.4) 必存在 $d \in \mathrm{R}^n$, $d_k \to d, \varepsilon > 0, t_k \to 0^+, V_k \in \partial H(x + t_k d_k)$, 使得对任意 k 下式成立:

$$\| V_k d - H'(x; d) \| \geqslant 2\varepsilon. \tag{11.1.8}$$

再根据局部 Lipschitz 函数方向导数关于方向的连续性及式 (11.1.8), 对充分大的 k 有

$$\| V_k d_k - H'(x; d_k) \| \geqslant \varepsilon,$$

这与式 (11.1.5) 矛盾.

"(4)⇒(5)". 在式 (11.1.5) 中选取

$$V = \nabla H(x + d) \in \partial H(x + d),$$

再考虑到

$$H'(x + d; d) = \nabla H(x + d)^{\mathrm{T}} d,$$

将此式代入式 (11.1.6) 左边, 即得结论 (5).

"(5)⇒(4)". 给定 $\varepsilon > 0$, 由式 (11.1.6) 知, 存在 $\delta > 0$, 使得对任何满足 $\| \bar{d} \| \leqslant \delta$ 和 $x + \bar{d} \in D_H$ 的向量 $\bar{d}$, 有

$$||H'(x + \bar{d}; \bar{d}) - H'(x; \bar{d})|| \leqslant \varepsilon||\bar{d}||. \tag{11.1.9}$$

考虑 $d \in \mathrm{R}^n$ 满足 $||d|| \leqslant \dfrac{1}{2}\delta$, 以及 $V \in \partial H(x + d)$, 以下证明:

$$||Vd - H'(x; d)|| \leqslant 5\varepsilon||d||. \tag{11.1.10}$$

根据广义雅可比与方向导数的关系, 得

$$Vd \in \mathrm{co}\left\{ \lim_{\substack{d_i \to d \\ x+d_i \in D_H}} JH(x + d_i)d \right\}$$

$$= \mathrm{co}\left\{ \lim_{\substack{d_i \to d \\ x+d_i \in D_H}} H'(x + d_i; d) \right\},$$

再根据 Caratheodory 定理, 必存在 $\bar{d}_0, \cdots, \bar{d}_m$, 使得

$$||\bar{d}_k - d|| \leqslant \min\left\{ \frac{1}{2}\delta, ||d||, \frac{\varepsilon}{L}||d|| \right\}, \quad x + \bar{d}_k \in D_H, k = 0, 1, \cdots, m,$$

$$\tag{11.1.11}$$

$$||Vd - \sum_{k=0}^{m} \lambda_k H'(x + \bar{d}_k; d)|| \leqslant \varepsilon,$$

其中 L 是 $H(x)$ 在点 x 的 Lipschitz 常数, $\lambda_k \geqslant 0, k = 1, \cdots, m$ 满足 $\displaystyle\sum_{k=0}^{m} \lambda_k = 1$. 利用式 (11.1.9) 及函数 $H'(x; \cdot)$ 的 Lipschitz 连续性, L 亦为其 Lipschitz 常数, 直接推导

$$\left\| \sum_{k=0}^{m} \lambda_k H'(x + \bar{d}_k; d) - H'(x; d) \right\|$$

$$\leqslant \sum_{k=0}^{m} \lambda_k (||H'(x + \bar{d}_k; d) - H'(x + \bar{d}_k; \bar{d}_k)|| + ||H'(x + \bar{d}_k; \bar{d}_k) - H'(x; \bar{d}_k)||$$
$$+ ||H'(x; \bar{d}_k) - H'(x; d)||)$$
$$\leqslant \sum_{k=0}^{m} \lambda_k (L||\bar{d}_k - d|| + \varepsilon||\bar{d}_k|| + L||\bar{d}_k - d_k||)$$
$$\leqslant \sum_{k=0}^{m} \lambda_k 4\varepsilon||d||$$
$$= 4\varepsilon||d||. \tag{11.1.12}$$

由式 (11.1.11) 和式 (11.1.12) 得式 (11.1.10), 结论 (4) 成立. 定理得证.

定理 11.1.2 所给出的 5 个等价条件也可视为半光滑的等价定义, 其中条件 (4) 最为常用, 依据条件 (4) 可给出高阶半光滑的定义.

定义 11.1.2 设 $H(x)$ 为 R^n 到 R^m 上的局部 Lipschitz 函数且方向可微, 若对于常数 $p \in (1, 2]$ 下式成立:

$$Vd - H'(x; d) = O(||d||^p), \quad \forall V \in \partial H(x + d), d \in \mathrm{R}^n, \tag{11.1.13}$$

则称 $H(x)$ 在点 x 是 p-阶半光滑的 (p-order semismooth), 特别当 $p = 2$ 时称为是强半光滑的 (strongly semismooth).

显然, p-阶半光滑一定是半光滑的.

命题 11.1.1 设 $H(x)$ 为 R^n 到 R^m 上的局部 Lipschitz 函数, 则 $H(x)$ 是半光滑的当且仅当它的每一个分量是半光滑的.

证明 只需证明充分性. 设 $H(x) = (h_1(x), \cdots, h_m(x))^{\mathrm{T}}$, 其中 $h_i(x), i = 1, \cdots, m$ 为 R^n 上的半光滑函数. 根据定理 11.1.2 中结论 (5) 知

$$h_i'(x + d; d) - h_i'(x; d) = o(||d||),$$

从而

$$||H'(x + d; d) - H'(x; d)|| \leqslant \sum_{i=1}^{m} ||h_i'(x + d; d) - h_i'(x; d)||$$
$$= o(||d||),$$

即 $H(x)$ 是半光滑的. 命题得证.

半光滑函数与强半光滑函数的下述性质也是常用的, 其证明是显然的.

如果 $H(x)$ 是半光滑的, 则有

$$H(x + d) - H(x) - H'(x; d) = o(||d||); \tag{11.1.14}$$

如果 $H(x)$ 是 p-阶半光滑的, 则有

$$H(x+d) - H(x) - H'(x;d) = O(\|d\|^p). \tag{11.1.15}$$

11.2 牛 顿 法

本节讨论非光滑方程组的广义牛顿法和不精确广义牛顿法, 在半光滑条件假设下给出它们的收敛性证明.

11.2.1 牛顿法及收敛性

考虑下述非光滑方程组:

$$F(x) = 0, \tag{11.2.1}$$

其中 $F(x)$ 为 R^n 到 R^n 上的局部 Lipschitz 函数. 当然, 可以利用各种次微分建立相应的牛顿法, 例如广义雅可比 $\partial_{\mathrm{C1}}F(x)$, B 微分 $\partial_{\mathrm{B}}F(x)$ 等. 为统一起见, 考虑一般形式的次微分, 首先给出关于次微分的一种假设.

假设 11.2.1 设 $F(x)$ 为 R^n 到 R^m 上的局部 Lipschitz 函数, $\partial F(x)$ 为 $F(x)$ 的一种次微分, $x \to \partial F(x)$ 作为 R^n 到 $\mathrm{R}^{m \times n}$ 子集上的集值映射是上半连续的, 对任意 $x \in \mathrm{R}^n$, $\partial F(x)$ 为非空闭集, 且有

$$\partial F(x) \subset \partial_{\mathrm{C1}}f_1(x) \times \cdots \times \partial_{\mathrm{C1}}f_m(x), \tag{11.2.2}$$

其中 $F(x) = (f_1(x), \cdots, f_m(x))^{\mathrm{T}}$, $f_i(x), i = 1, \cdots, m$ 为 R^n 上的函数.

显然, 次微分 $\partial_{\mathrm{C1}}F(x)$, $\partial_{\mathrm{B}}F(x)$ 和 $\partial_{\mathrm{C1}}f_1(x) \times \cdots \times \partial_{\mathrm{C1}}f_m(x)$ 均满足假设 11.2.1.

求解方程组 (11.2.1) 的广义牛顿法, 简称为牛顿法 (Newton method), 迭代公式如下:

$$x_{k+1} = x_k - V_k^{-1}F(x_k), \quad V_k \in \partial F(x_k), \tag{11.2.3}$$

其中次微分 $\partial F(x)$ 满足假设 11.2.1. 可具体选取次微分为广义雅可比和 B 微分等, 选取不同的次微分, 得到不同的牛顿法. 当 $F(x)$ 为光滑函数时, 广义牛顿法 (11.2.3) 即为通常的牛顿法:

$$x_{k+1} = x_k - J_k^{-1}F(x_k),$$

其中 J_k 为 $F(x)$ 在点 x_k 的雅可比.

为证明牛顿法 (11.2.3) 的收敛性, 首先给出下面的引理.

引理 11.2.1 设 $F(x)$ 为 R^n 到 R^n 的局部 Lipschitz 函数, 其次微分 $\partial F(x)$ 满足假设 11.2.1, 如果所有 $V \in \partial F(x)$ 都是非奇异的, 则存在常数 $\beta > 0$, 使得

$$\|V^{-1}\| \leqslant \beta, \quad \forall V \in \partial F(x), \tag{11.2.4}$$

进一步存在点 x 的邻域 $B(x, \delta)$, 使得

$$\|V^{-1}\| \leqslant \frac{10}{9}\beta, \quad \forall V \in \partial F(x), \, y \in B(x, \delta). \tag{11.2.5}$$

证明 $\partial F(x)$ 为非空闭集且有界 (由于式 (11.2.2) 右端有界), 于是所有 $V \in \partial F(x)$ 非奇异性保证式 (11.2.4) 成立. 由集值映射 $x \to \partial F(x)$ 的上半连续性和式 (11.2.4) 得式 (11.2.5). 引理得证.

定理 11.2.1 设 x^* 是非光滑方程组 (11.2.1) 的解, 如果次微分 $\partial F(x)$ 满足假设 11.2.1, $F(x)$ 在点 x^* 是半光滑的, 所有 $V \in \partial F(x^*)$ 都是非奇异的, 当初始点 x_0 与 x^* 充分近时, 迭代公式 (11.2.3) 产生的点列 $\{x_k\}_0^\infty$ 超线性收敛到 x^*.

证明 根据引理 (11.2.1), $\partial F(x^*)$ 中的所有元素是非奇异的, 因此迭代公式 (11.2.3) 在 $k = 0$ 是适定的. 记 $F(x) = (f_1(x), \cdots, f_n(x))^{\mathrm{T}}$, V_k^i 为 V_k 的第 i 个分量, 由于 $f_i(x), i = 1, \cdots, n$ 在点 x^* 是半光滑的, $V_k^i \in \partial_{\mathrm{Cl}} f_i(x_k)$, 根据半光滑性质有

$$V_k^i(x_k - x^*) - f_i'(x^*; x_k - x^*) = o(\|x_k - x^*\|), \quad i = 1, \cdots, n, \tag{11.2.6}$$

进而有

$$V_k(x_k - x^*) - F'(x^*; x_k - x^*) = o(\|x_k - x^*\|). \tag{11.2.7}$$

再由引理 11.2.1, $F(x^*) = 0$ 和式 (11.2.7), 直接推导得

$$\begin{aligned}
\|x_{k+1} - x^*\| &= \|x_k - x^* - V_k^{-1} F(x_k)\| \\
&\leqslant \|V_k^{-1}(F(x_k) - F(x^*) - F'(x^*; x_k - x^*))\| \\
&\quad + \|V_k^{-1}(V_k(x_k - x^*) - F'(x^*; x_k - x^*))\| \\
&= o(\|x_k - x^*\|),
\end{aligned}$$

这说明点列 $\{x_k\}_0^\infty$ 在点 x^* 附近超线性收敛到 x^*. 定理得证.

例 11.2.1 考虑非光滑方程组:

$$F(x) = \begin{pmatrix} \min\{x_1, x_2\} \\ |x_1| - x_2 \end{pmatrix} = 0.$$

显然, $(0, 0)^{\mathrm{T}}$ 为方程组的解, 函数 $F(x)$ 在点 $(0, 0)^{\mathrm{T}}$ 的 Clarke 广义雅可比和 B 微分分别为

$$\partial_{\mathrm{Cl}} F(0) = \mathrm{co}\left(\begin{bmatrix} 0 & 1 \\ 1 & -1 \end{bmatrix}, \begin{bmatrix} 1 & 1 \\ 0 & -1 \end{bmatrix}, \begin{bmatrix} 0 & -1 \\ 1 & -1 \end{bmatrix}, \begin{bmatrix} 1 & -1 \\ 0 & -1 \end{bmatrix} \right),$$

$$\partial_{\mathrm{B}} F(0) = \left(\begin{bmatrix} 0 & 1 \\ 1 & -1 \end{bmatrix}, \begin{bmatrix} 1 & 1 \\ 0 & -1 \end{bmatrix}, \begin{bmatrix} 0 & -1 \\ 1 & -1 \end{bmatrix}, \begin{bmatrix} 1 & -1 \\ 0 & -1 \end{bmatrix} \right).$$

容易验证, $F(x)$ 在点 $(0, 0)^{\mathrm{T}}$ 的 B 微分中每一个元素都是非奇异的, 但其 Clarke 广义雅可比中却包含奇异的元素.

11.2.2　不精确牛顿法及收敛性

所谓不精确牛顿法就是在牛顿法 (11.2.3) 中用次微分的一个近似来代替次微分. 在实际计算中, 有时无法精确计算到次微分, 这就需要利用不精确牛顿法来求解非光滑方程组. 在一定条件下不精确牛顿法的收敛性仍然可以保证. 解非光滑方程组 (11.1.1) 的不精确牛顿法 (inexact Newton method) 迭代公式如下:

$$x_{k+1} = x_k - U_k^{-1} F(x_k), \quad U_k \in \mathrm{R}^{n \times n}. \tag{11.2.8}$$

在实际计算中, 式 (11.2.8) 中的 U_k 通常选取 $F(x)$ 在点 x_k 次微分的一个近似.

定理 11.2.2　设 x^* 为非光滑方程组 (11.1.1) 的解, 次微分 $\partial F(x)$ 满足假设 11.2.1, $\partial F(x)$ 在点 x^* 是半光滑的, 且所有 $V \in \partial F(x^*)$ 是非奇异的, 存在 $\varepsilon > 0$, $\Delta > 0$, 当 $\|x_0 - x^*\| \leqslant \varepsilon$ 时存在 $V_k \in \partial F(x_k)$, 使得

$$\|V_k - U_k\| \leqslant \Delta, \tag{11.2.9}$$

则迭代法 (11.2.8) 是适定的且产生的点列 $\{x^k\}_0^\infty$ 线性收敛到 x^*.

证明　根据引理 11.2.1, 存在 $\beta > 0$ 和 x^* 的邻域 $B(x^*, \delta)$, 使得

$$\|V^{-1}\| \leqslant \beta, \quad \forall V \in \partial F(x^*), \tag{11.2.10}$$

$$\|V^{-1}\| \leqslant \frac{10}{9} \beta, \quad \forall V \in \partial F(y), y \in B(x^*, \delta). \tag{11.2.11}$$

选取 $\Delta > 0$ 满足

$$6 \beta \Delta \leqslant 1. \tag{11.2.12}$$

记 $V \in \partial F(x)$ 的第 i 个分量为 V^i, 根据 $f_i(x), i = 1, \cdots, n$ 在点 x^* 的半光滑性以及 $V^i \in \partial_{\mathrm{Cl}} f_i(x), i = 1, \cdots, n$, 则有

$$V^i(x - x^*) - f_i'(x^*; x - x^*) = o(\|x - x^*\|), \quad i = 1, \cdots, n,$$

进而得

$$V(x - x^*) - F'(x^*; x - x^*) = o(\|x - x^*\|), \quad \forall V \in \partial F(x). \tag{11.2.13}$$

由式 (11.1.4) 和式 (11.2.13), 选取 $\varepsilon > 0$ 充分小, 使得

$$\{x \in \mathrm{R}^n | \|x - x^*\| \leqslant \varepsilon\} \subset B(x^*, \delta),$$

$$\|F(x_k) - F(x^*) - V(x_k - x^*)\|$$
$$\leqslant \Delta \|x_k - x^*\|, \quad \forall V \in \partial F(x_k), \|x_k - x^*\| \leqslant \varepsilon. \tag{11.2.14}$$

根据式 (11.2.10)、式 (11.2.11) 及 $||x - x^*|| \leqslant \varepsilon$, 知 $V \in \partial F(x)$ 是非奇异的, 进而有

$$||V^{-1}|| \leqslant \frac{10}{9}\beta, \quad \forall V \in \partial F(x), \ ||x - x^*|| \leqslant \varepsilon. \tag{11.2.15}$$

矩阵分析中有这样的结果: 设 A, B 是 n 阶矩阵, B 非奇异, $||B^{-1}(B - A)|| < 1$, 则 A 是非奇异的, 且有

$$||A^{-1}|| \leqslant \frac{||B^{-1}||}{1 - ||B^{-1}(B - A)||}. \tag{11.2.16}$$

以下假设对任意 k 有 $||x_k - x^*|| \leqslant \varepsilon$, 在式 (11.2.16) 中令 $A = U_k, B = V_k$, 直接推导得

$$\begin{aligned}
||U_k^{-1}|| &\leqslant \frac{||V_k^{-1}||}{1 - ||V_k^{-1}(V_k - U_k)||} \\
&\leqslant \frac{\dfrac{10}{9}\beta}{1 - \dfrac{10}{9}\beta\Delta} \\
&\leqslant \frac{\dfrac{10}{9}\beta}{1 - \dfrac{5}{27}} \\
&\leqslant \frac{3}{2}\beta.
\end{aligned} \tag{11.2.17}$$

进一步

$$\begin{aligned}
||x_{k+1} - x^*|| &= ||x_k - U_k^{-1}F(x_k) - x^*|| \\
&\leqslant ||U_k^{-1}|| ||F(x_k) - F(x^*) - U_k(x_k - x^*)|| \\
&\leqslant ||U_k^{-1}|| ||F(x_k) - F(x^*) - U_k(x_k - x^*)|| \\
&\quad + ||V_k - U_k|| ||x_k - x^*||.
\end{aligned} \tag{11.2.18}$$

将式 (11.2.9), 式 (11.2.12), 式 (11.2.14) 和式 (11.2.17) 代入式 (11.2.18) 中, 得

$$\begin{aligned}
||x_{k+1} - x^*|| &\leqslant \frac{3}{2}\beta(\Delta||x_k - x^*|| + \Delta||x_k - x^*||) \\
&= 3\beta\Delta||x_k - x^*|| \\
&\leqslant \frac{1}{2}||x_k - x^*||.
\end{aligned} \tag{11.2.19}$$

根据数学归纳法, 由 $||x_0 - x^*|| \leqslant \varepsilon$ 和式 (11.2.19), 对任意 k 有 $||x_k - x^*|| \leqslant \varepsilon$, 于是

$$||x_{k+1} - x^*|| \leqslant \frac{1}{2}||x_k - x^*||,$$

这说明 $\{x_k\}_0^\infty$ 线性收敛到 x^*. 定理得证.

牛顿法具有超线性收敛性, 不精确牛顿法只能保证线性收敛性, 如果不精确牛顿法式 (11.2.8) 中的 U_k 充分逼近 $F(x)$ 在点 x_k 次微分的一个元素, 不精确牛顿法也可具有超线性收敛性质. 下述定理给出了不精确牛顿法超线性收敛的充要条件.

定理 11.2.3　设 $F(x)$ 在点 x^* 是半光滑的且所有 $V \in \partial F(x^*)$ 是非奇异的, 次微分 $\partial F(x)$ 满足假设 11.2.1, $\{U_k\}$ 为 $\mathbf{R}^{n \times n}$ 中非奇异阵, $\{x_k\}_0^\infty$ 是迭代公式 (11.2.8) 产生的点列且 $x_k \neq x^*, k = 0, 1, \cdots, \lim\limits_{k \to \infty} x_k = x^*$, 当初始点 x_0 与 x^* 充分近时, $\{x_k\}_0^\infty$ 超线性收敛到点 x^* 且 $F(x^*) = 0$ 的充分必要条件是存在 $V_k \in \partial F(x_k)$, 使得

$$\lim_{k \to \infty} \frac{\|(V_k - U_k)s^k\|}{\|s^k\|} = 0, \tag{11.2.20}$$

其中 $s^k = x_{k+1} - x_k$.

证明　令 $e^k = x_k - x^*$, 显然点列 $\{e^k\}_0^\infty$ 和 $\{s^k\}_0^\infty$ 都收敛到 0. 根据迭代公式 (11.2.8), 直接推导得

$$\begin{aligned}
F(x^*) &= (F(x_k) + V_k s^k) - (F(x_k) - F(x^*) - V_k e^k) - V_k e^{k+1} \\
&= F(x_k) + U_k s^k - (U_k - V_k)s^k - (F(x_k) - F(x^*) - V_k e^k) - V_k e^{k+1} \\
&= (U_k - V_k)s^k - (F(x_k) - F(x^*) - V_k e^k) - V_k e^{k+1}. \tag{11.2.21}
\end{aligned}$$

根据 $F(x)$ 在点 x^* 的半光滑性质, 得

$$F(x_k) - F(x^*) - V_k e^k = o(\|e^k\|), \tag{11.2.22}$$

由式 (11.2.20) 得

$$(U_k - V_k)s^k = o(\|s^k\|), \tag{11.2.23}$$

再由式 (11.2.21), 式 (11.2.22), 式 (11.2.23) 及 $e^k \to 0$ 和 $\{V_k\}_0^\infty$ 的有界性, 得 $F(x^*) = 0$, 于是

$$(U_k - V_k)s^k - (F(x_k) - F(x^*) - V_k e^k) - V_k e^{k+1} = 0. \tag{11.2.24}$$

根据引理 11.2.1, $\{V_k^{-1}\}_0^\infty$ 是有界的, 再由式 (11.2.22), 式 (11.2.23) 和式 (11.2.24), 得

$$\begin{aligned}
\|e^{k+1}\| &\leqslant o(\|s^k\|) + o(\|e^k\|) \\
&\leqslant o(\|e^k\|) + o(\|e^{k+1}\|),
\end{aligned}$$

这说明

$$\lim_{k \to \infty} \frac{\|e^{k+1}\|}{\|e^k\|} = 0,$$

即 $\{x_k\}_0^\infty$ 超线性收敛到 x^*. 另一方面, 设 $F(x^*) = 0$, $\{x_k\}_0^\infty$ 超线性收敛到 x^*, 由上面推导的逆过程可得式 (11.2.20). 定理得证.

11.3 复合函数的牛顿法

本节考虑非光滑函数光滑复合的牛顿法, 算法设计的出发点是只计算被复合的非光滑函数次微分, 而不计算复合后函数的次微分.

11.3.1 牛顿法及收敛性

考虑复合函数的非光滑方程组

$$g_1(f_1(x), \cdots, f_m(x)) = 0,$$
$$\cdots\cdots \tag{11.3.1}$$
$$g_n(f_1(x), \cdots, f_m(x)) = 0,$$

其中 $f_j(x), j = 1, \cdots, m$ 是 R^n 上的局部 Lipschitz 函数, $g_i(x), i = 1, \cdots, n$ 是 R^m 上的连续可微函数. 令

$$G(y) = (g_1(y), \cdots, g_n(y))^{\mathrm{T}}, \tag{11.3.2}$$

$$F(x) = (f_1(x), \cdots, f_m(x))^{\mathrm{T}}, \tag{11.3.3}$$

此时方程组 (11.3.1) 可表示为

$$G(F(x)) = 0. \tag{11.3.4}$$

尽管 11.2 节给出的牛顿法可以直接应用到方程组 (11.3.1), 然而在某些应用中, 关于函数 $G(F(x))$ 次微分的计算比较困难, 而函数 $F(x)$ 次微分的计算却较容易, 本节给出的方法只需计算函数 $F(x)$ 的次微分, 不需要计算复合函数 $G(F(x))$ 的次微分.

求解方程组 (11.3.1) 的牛顿法如下:

$$x_{k+1} = x_k - W_k^{-1} G(F(x_k)), \quad W_k \in JG(F)|_{F=F(x_k)} \partial F(x_k). \tag{11.3.5}$$

一般来说, 尽管

$$\partial F(x) \subset \partial_{\mathrm{Cl}} f_1(x) \times \cdots \times \partial_{\mathrm{Cl}} f_m(x),$$

但 $JG(F)|_{F=F(x_k)} \partial F(x_k)$ 却不属于集合

$$\partial_{\mathrm{Cl}} g_1(F(x)) \times \cdots \times \partial_{\mathrm{Cl}} g_m(F(x)),$$

所以它不是函数 $G(F(x))$ 满足假设 11.2.1 的次微分.

引理 11.3.1　函数 $F(x)$ 和 $G(y)$ 是由式 (11.3.2) 和式 (11.3.3) 给出的形式, $\partial F(x)$ 是 $F(x)$ 满足假设 11.2.1 的次微分, 如果所有 $W \in JG(F)|_{F=F(x)}\partial F(x)$ 是非奇异的, 那么存在 $\beta > 0$, 使得

$$\|W^{-1}\| \leqslant \beta, \quad \forall W \in JG(F)|_{F=F(x)}\partial F(x), \tag{11.3.6}$$

进一步, 存在 x 的邻域 $B(x,\delta)$, 使得

$$\|W^{-1}\| \leqslant \frac{10}{9}\beta, \quad \forall W \in JG(F)|_{F=F(y)}\partial F(y), y \in B(x,\delta). \tag{11.3.7}$$

证明　注意到函数 $G(y)$ 是连续可微的, 引理的证明类似于引理 11.2.1.

定理 11.3.1　假设 x^* 是方程组 (11.3.1) 的解, $\partial F(x)$ 是 $F(x)$ 满足假设 11.2.1 的次微分, $F(x)$ 在点 x^* 是半光滑的, 并且所有的 $W \in JG(F)|_{F=F(x^*)}\partial F(x^*)$ 是非奇异的, 则式 (11.3.5) 给出的迭代公式是适定的, 其产生的点列 $\{x_k\}_0^\infty$ 在点 x^* 的一个邻域内超线性收敛到 x^*.

证明　根据引理 11.3.1, 迭代公式 (11.3.5) 在 $k = 0$ 时是适定的. 记 W_{ki} 为 W_k 的第 i 行, 则 W_{ki} 具有下面的形式

$$W_{ki} = \sum_{j=1}^{m} \frac{\partial g_i(F)}{\partial f_j}\bigg|_{F=F(x_k)} V_{kj}, \quad i = 1, \cdots, n, \tag{11.3.8}$$

其中 $V_{k1} \times \cdots \times V_{km} \in \partial F(x_k)$. 根据次微分的定义, $V_{kj} \in \partial_{\mathrm{Cl}}f_j(x_k), j = 1, \cdots, m$, 再根据式 (11.1.6), 链式法则和 $\dfrac{\partial g_i(F)}{\partial f_j}$ 的局部有界性及连续性, 有

$$
\begin{aligned}
&W_{ki}(x_k - x^*) - (g_i \circ F)'(x^*; x_k - x^*)\\
&= \sum_{j=1}^{m} \frac{\partial g_i(F)}{\partial f_j}\bigg|_{F=F(x_k)} V_{kj}(x_k - x^*) - \sum_{j=1}^{m} \frac{\partial g_i(F)}{\partial f_j}\bigg|_{F=F(x^*)} f_j'(x^*; x_k - x^*)\\
&= \sum_{j=1}^{m} \frac{\partial g_i(F)}{\partial f_j}\bigg|_{F=F(x_k)} (V_{kj}(x_k - x^*) - f_j'(x^*; x_k - x^*))\\
&\quad + \sum_{j=1}^{m} \left(\frac{\partial g_i(F)}{\partial f_j}\bigg|_{F=F(x_k)} - \frac{\partial g_i(F)}{\partial f_j}\bigg|_{F=F(x^*)}\right) f_j'(x^*; x_k - x^*)\\
&= o(\|x_k - x^*\|), \quad i = 1, \cdots, n. \tag{11.3.9}
\end{aligned}
$$

根据式 (11.3.9), 有

$$W_k(x_k - x^*) - (G \circ F)'(x^*; x_k - x^*) = o(\|x_k - x^*\|). \tag{11.3.10}$$

注意到函数 $G(F(x))$ 在点 x^* 是半光滑的, 由式 (11.2.7), 式 (11.3.7) 和式 (11.3.10), 下式成立:

$$
\begin{aligned}
\|x_{k+1} - x^*\| &= \|x_k - x^* - W_k^{-1}G(F(x_k))\| \\
&\leqslant \|W_k^{-1}(G(F(x_k)) - G(F(x^*)) - (G \circ F)'(x^*; x_k - x^*))\| \\
&\quad + \|W_k^{-1}(W_k(x_k - x^*) - (G \circ F)'(x^*; x_k - x^*))\| \\
&= o(\|x_k - x^*\|),
\end{aligned}
$$

这说明 $\{x_k\}_0^\infty$ 超线性收敛到 x^*. 定理得证.

11.3.2 不精确牛顿法及收敛性

方程组 (11.3.1) 的不精确牛顿法迭代公式如下:

$$
x_{k+1} = x_k - W_k^{-1}G(F(x_k)), \quad W_k \in JG(F)|_{F=F(x_k)}U_k, \quad U_k \in \mathrm{R}^{n \times n}. \quad (11.3.11)
$$

定理 11.3.2 假设点 x^* 是方程组 (11.2.1) 的解, $\partial F(x)$ 是 $F(x)$ 满足假设 11.2.1 的次微分, $F(x)$ 在点 x^* 是半光滑的, 且所有 $W \in JG(F)|_{F=F(x^*)}\partial F(x^*)$ 是非奇异的, 存在 $\varepsilon > 0, \Delta > 0$, 使得如果 $\|x_0 - x^*\| \leqslant \varepsilon$ 并且存在 $V_k \in \partial F(x_k)$ 满足

$$
\|V_k - U_k\| \leqslant \Delta, \quad (11.3.12)
$$

那么式 (11.3.11) 给出的迭代法是适定的且产生的点列 $\{x_k\}_0^\infty$ 线性收敛到 x^*.

证明 由引理 11.3.1 和 $JG(F)|_{F=F(x)}$ 的连续性, 则存在 $\beta > 0, \gamma > 1$ 和 x^* 的邻域 $B(x^*, \delta)$, 使得

$$
\|W^{-1}\| \leqslant \beta, \quad \forall W \in JG(F)|_{F=F(x^*)}\partial F(x^*),
$$

$$
\|W^{-1}\| \leqslant \frac{10}{9}\beta, \quad \forall W \in JG(F)|_{F=F(y)}V, \quad V \in \partial F(y), \quad y \in B(x^*, \delta), \quad (11.3.13)
$$

$$
\|JG(F)|_{F=F(y)}\| \leqslant \gamma, \quad \forall y \in B(x^*, \delta). \quad (11.3.14)
$$

选择 $\Delta > 0$ 满足

$$
6\beta\gamma\Delta \leqslant 1. \quad (11.3.15)
$$

记 $(JG(F)|_{F=F(x)}V)_i$ 为 $W \in JG(F)|_{F=F(x)}V$ 的第 i 行, 则有

$$
(JG(F)|_{F=F(x)}V)_i = \sum_{j=1}^m \frac{\partial g_i(F)}{\partial f_j}|_{F=F(x)}V_j,
$$

其中 $V_1 \times \cdots \times V_m \in \partial F(x)$. 注意到, 在点 x^* 每个函数 $g_i(F(x))$ 是半光滑的且 $V_j \in \partial_{\text{Cl}} f_j(x)$, 由式 (11.3.4), 式 (11.3.14), V_j 的局部有界性和 $g_i(x)$ 的连续可微性, 对任意 $V \in \partial F(x)$, 推导得

$$\|g_i(F(x)) - g_i(F(x^*)) - (JG(F)|_{F=F(x)}V)_i(x - x^*)\|$$

$$= |g_i(F(x)) - g_i(F(x^*)) - \sum_{j=1}^{m} \frac{\partial g_i(F)}{\partial f_j}|_{F=F(x)} V_j(x - x^*)|$$

$$\leqslant |g_i(F(x)) - g_i(F(x^*)) - (g_i \circ F)'(x^*; x - x^*)|$$

$$+ |(g_i \circ F)'(x^*; x - x^*) - \sum_{j=1}^{m} \frac{\partial g_i(F)}{\partial f_j}|_{F=F(x)} V_j(x - x^*)|$$

$$= o(\|x - x^*\|) + \left| \sum_{j=1}^{m} \frac{\partial g_i(F)}{\partial f_j}|_{F=F(x^*)} f_j'(x^*; x - x^*) \right.$$

$$\left. - \sum_{j=1}^{m} \frac{\partial g_i(F)}{\partial f_j}|_{F=F(x)} V_j(x - x^*) \right|$$

$$\leqslant o(\|x - x^*\|) + \left| \sum_{j=1}^{m} \frac{\partial g_i(F)}{\partial f_j}|_{F=F(x^*)} f_j'(x^*; x - x^*) - V_j(x - x^*) \right|$$

$$+ \sum_{j=1}^{m} |\frac{\partial g_i(F)}{\partial f_j}|_{F=F(x^*)} - \frac{\partial g_i(F)}{\partial f_j}|_{F=F(x)} V_j(x - x^*)|$$

$$= o(\|x - x^*\|), \quad i = 1, \cdots, n. \tag{11.3.16}$$

因此, 对任意 $V \in \partial F(x)$, 下式成立:

$$\|G(F(x)) - G(F(x^*)) - JG(F)|_{F=F(x)} V(x - x^*)\| = o(\|x - x^*\|). \tag{11.3.17}$$

根据式 (11.3.17), 选取足够小的 $\varepsilon > 0$, 使得

$$\{x \in \text{R}^n | \|x - x^*\| \leqslant \varepsilon\} \subset B(x^*, \delta),$$

$$\|G(F(x)) - G(F(x^*)) - JG(F)|_{F=F(x)} V(x - x^*)\| \leqslant \Delta(\|x - x^*\|),$$

$$\forall V \in \partial F(x), \|x - x^*\| \leqslant \varepsilon. \tag{11.3.18}$$

根据式 (11.3.13) 和 (11.3.14), $\|x - x^*\| \leqslant \varepsilon$ 意味着对任意 $V \in \partial F(x)$, $JG(F)|_{F=F(x)} V$ 是非奇异的且满足

$$\|(JG(F)|_{F=F(x)} V)^{-1}\| \leqslant \frac{10}{9} \beta, \tag{11.3.19}$$

$$\|JG(F)|_{F=F(x)}\| \leqslant \gamma. \tag{11.3.20}$$

下面假设 $||x - x^*|| \leqslant \varepsilon$. 在式 (11.2.16) 中, 令

$$A = W_k = JG(F)|_{F=F(x_k)}U_k, \quad B = JG(F)|_{F=F(x_k)}V_k,$$

于是有

$$\begin{aligned}
||W_k^{-1}|| &\leqslant \frac{||(JG(F)|_{F=F(x_k)}V_k)^{-1}||}{1 - ||(JG(F)|_{F=F(x_k)}V_k)^{-1}(JG(F)|_{F=F(x_k)}(V_k - U_k))||} \\
&\leqslant \frac{\dfrac{10}{9}\beta}{1 - \dfrac{10}{9}\beta\gamma\Delta} \\
&\leqslant \frac{\dfrac{10}{9}\beta}{1 - \dfrac{5}{27}} \\
&\leqslant \frac{3}{2}\beta.
\end{aligned} \tag{11.3.21}$$

直接推导得

$$\begin{aligned}
||x_{k+1} - x^*|| =& ||x_k - W_k^{-1}G(F(x_k)) - x^*|| \\
\leqslant & ||W_k^{-1}|| \, ||G(F(x_k)) - G(F(x^*)) - W_k(x_k - x^*)|| \\
\leqslant & ||W_k^{-1}||(||G(F(x_k)) - G(F(x^*)) - JG(F)|_{F=F(x_k)}V_k(x_k - x^*)|| \\
& + ||JG(F)|_{F=F(x_k)}(V_k - U_k)|| \, ||x_k - x^*||).
\end{aligned} \tag{11.3.22}$$

将式 (11.3.15)、式 (11.3.18)、式 (11.3.20) 和式 (11.3.21) 代入式 (11.3.22) 中, 得

$$\begin{aligned}
||x_{k+1} - x^*|| &\leqslant \frac{3}{2}\beta(\Delta||x_k - x^*|| + \gamma\Delta||x_k - x^*||) \\
&= \frac{3}{2}(\beta\Delta + \beta\gamma\Delta)||x_k - x^*|| \\
&\leqslant \frac{1}{4}\left(\frac{1}{\gamma} + 1\right)||x_k - x^*|| \\
&\leqslant \frac{1}{2}||x_k - x^*||.
\end{aligned} \tag{11.3.23}$$

由数学归纳法, $||x_0 - x^*|| \leqslant \varepsilon$ 和式 (11.3.23) 得到 $||x_k - x^*|| \leqslant \varepsilon$ 对所有 k 成立, 因此在 $||x_0 - x^*|| \leqslant \varepsilon$ 的假设下, 关系式

$$||x_{k+1} - x^*|| \leqslant \frac{1}{2}||x_k - x^*||$$

对所有 k 成立, 这说明迭代式 (11.3.11) 是适定的, 且点列 $\{x_k\}_0^\infty$ 线性收敛到 x^*. 定理得证.

例 11.3.1 考虑非光滑方程组:

$$f_1(x) + f_2(x) = 0,$$
$$f_3(x)f_4(x) = 0, \tag{11.3.24}$$

其中 $f_j(x), j = 1, \cdots, 4$ 是 R^2 上的局部 Lipschitz 函数, 且在方程组 (11.3.24) 的解点 x^* 是半光滑的, 下面利用牛顿法 (11.3.5) 解方程组 (11.3.24). 令

$$F(x) = (f_1(x), f_2(x), f_3(x), f_4(x))^{\mathrm{T}},$$
$$g_1(f_1, f_2, f_3, f_4) = f_1 + f_2,$$
$$g_2(f_1, f_2, f_3, f_4) = f_3 f_4,$$
$$G(y) = (g_1(y), g_2(y))^{\mathrm{T}},$$

直接计算得

$$JG(F) = \begin{pmatrix} 1 & 1 & 0 & 0 \\ 0 & 0 & f_4 & f_3 \end{pmatrix}.$$

给定 $V_k = V_{k1} \times V_{k2} \times V_{k3} \times V_{k4} \in \partial F(x_k)$, 有

$$W_k = JG(F)|_{F=F(x_k)} V_k$$

$$= \begin{pmatrix} 1 & 1 & 0 & 0 \\ 0 & 0 & f_4(x_k) & f_3(x_k) \end{pmatrix} \begin{pmatrix} V_{k1} \\ V_{k2} \\ V_{k3} \\ V_{k4} \end{pmatrix}$$

$$= \begin{pmatrix} V_{k1} + V_{k2} \\ f_4(x_k)V_{k3} + f_3(x_k)V_{k4} \end{pmatrix},$$

于是得方程组 (11.3.24) 牛顿法的迭代公式如下:

$$x_{k+1} = x_k + \begin{pmatrix} V_{k1} + V_{k2} \\ f_4(x_k)V_{k3} + f_3(x_k)V_{k4} \end{pmatrix}^{-1} \begin{pmatrix} f_1(x_k) + f_2(x_k) \\ f_3(x_k)f_4(x_k) \end{pmatrix}.$$

11.4   非线性互补问题

本节讨论将非线性互补问题转化为非光滑方程组, 这样可以利用前面介绍的非光滑方程组牛顿法来求解.

11.4.1   互补问题的背景

设 $f(x)$ 为 R^n 到 R^n 上的连续可微函数, 非线性互补问题 (nonlinear complementary problem) 就是求解 $x \in \mathrm{R}^n$ 满足:

$$x^{\mathrm{T}}f(x) = 0, \quad x \geqslant 0, \quad f(x) \geqslant 0, \tag{11.4.1}$$

其中 $x \geqslant 0$, $f(x) \geqslant 0$ 含义为每个分量大于零.

当 $f(x) = Mx + q, M \in \mathrm{R}^{n \times n}, q \in \mathrm{R}^n$ 时, (11.4.1) 为线性互补问题, 否则为非线性互补问题. 集合

$$K = \{x \in \mathrm{R}^n | x \geqslant 0, f(x) \geqslant 0\}$$

称为非线性互补问题的可行域, $x \in K$ 为可行点, 若 x 满足 $x > 0, f(x) > 0$, 则 x 为非线性互补问题的严格可行点.

非线性互补问题有广泛的应用, 如 Nash 均衡问题、交通均衡问题、随机交通均衡配流、经济定价、工程技术中的三维接触问题、弹性接触问题等都可转化为互补问题. 在最优化理论方面, 非线性优化的 Karush-Kuhn-Tucker 系统本身就是一个典型的非线性互补问题.

考虑最优化问题:

$$\begin{aligned} &\min f(x) \\ &\text{s.t. } g_i(x) \leqslant 0, \quad i = 1, \cdots, m, \end{aligned} \tag{11.4.2}$$

其中 $f(x)$, $g_i(x)$, $i = 1, \cdots, m$ 均为 R^n 上的连续可微函数. 如果 x 为优化问题 (11.4.2) 的最优解, 则在一定条件下 x 满足下述 Karush-Kuhn-Tucker 条件:

$$\begin{aligned} &0 = \nabla f(x) + \sum_{i=1}^m \lambda_i \nabla g_i(x), \\ &\lambda_i(-g_i(x)) = 0, \quad i = 1, \cdots, m, \\ &\lambda_i \geqslant 0, \quad -g_i(x) \geqslant 0, \quad i = 1, \cdots, m, \end{aligned} \tag{11.4.3}$$

其中 $\lambda_i, i = 1, \cdots, m$ 称为 Lagrange 乘子. 特别地, 当优化问题 (11.4.2) 为凸优化时, 其与 KKT 系统 (11.4.3) 等价.

设 $f(x), h(x)$ 为 R^n 到 R^n 上的连续可微函数, 广义非线性互补问题为求解 $x \in \mathrm{R}^n$ 满足:

$$f(x) \geqslant 0, \quad h(x) \geqslant 0, \quad f(x)^\mathrm{T} h(x) = 0. \tag{11.4.4}$$

当 $h(x) = x$ 时, 广义非线性互补问题即为非线性互补问题.

序补问题是求解 $x \in \mathrm{R}^n$, 使得

$$f^j(x) \geqslant 0, \quad j = 1, \cdots, m,$$

$$\prod_{j=1}^m f_i^j(x) = 0, \quad i = 1, \cdots, n,$$

其中 $f^j(x), j = 1, \cdots, m$ 是 R^n 到 R^n 上的连续可微函数, $f_i^j(x)$ 是 $f^j(x)$ 的第 i 个分量.

设 X 为 R^n 的非空子集, $f(x)$ 为 R^n 到 R^n 上的连续可微函数, 求 $x^* \in X$, 使得

$$f(x^*)^{\mathrm{T}}(x - x^*) \geqslant 0, \quad \forall x \in X,$$

称为变分不等式问题.

11.4.2　非线性互补函数

所谓非线性互补函数就是能够将互补问题等价的转化为一个非光滑方程组的函数.

定义 11.4.1　设 $\phi(a,b)$ 为 R^2 上的实函数, 如果它满足下述性质

$$\phi(a,b) = 0 \Leftrightarrow a \geqslant 0, b \geqslant 0, ab = 0,$$

称 $\phi(a,b)$ 为非线性互补函数 (nonlinear complementary function), 简记为 NCP 函数.

设 $\phi(a,b)$ 是 NCP 函数, 利用 NCP 函数的性质非线性互补问题 (11.4.1) 可等价地转化为下述方程组:

$$\phi(x_i,\, f_i(x)) = 0, \quad i = 1, \cdots, n; \tag{11.4.5}$$

广义非线性互补问题 (11.4.4) 可等价于下述方程组:

$$\phi(f_i(x), h_i(x)) = 0, \quad i = 1, \cdots, n. \tag{11.4.6}$$

最常见的两个 NCP 函数为极小算子 $\min\{a,b\}$ 和 Fischer-Burmeister 函数 $\sqrt{a^2+b^2} - a - b$. 事实上, 不难验证下述结论成立:

$$\min\{a,b\} = 0 \Leftrightarrow a \geqslant 0, b \geqslant 0, ab = 0,$$

$$\sqrt{a^2 + b^2} - a - b = 0 \Leftrightarrow a \geqslant 0, b \geqslant 0, ab = 0.$$

利用以上非线性互补函数, 广义非线性互补问题 (11.4. 4) 等价于下述方程组:

$$\min\{f_i(x), h_i(x)\} = 0, \quad i = 1, \cdots, n, \tag{11.4.7}$$

$$\sqrt{x_i^2 + f_i^2(x)} - x_i - f_i(x) = 0, \quad i = 1, \cdots, n. \tag{11.4.8}$$

显然, 方程组 (11.4.7) 和方程组 (11.4.8) 是非光滑的, 相应的函数是局部 Lipschitz 和半光滑的.

考虑优化问题 (11.4.2) 的 Karush-Kuhn-Tucker 条件 (11.4.3), 借助 NCP 函数 $\min\{a,b\}$ 和 $\sqrt{a^2+b^2}-a-b$, 系统 (11.4.3) 可等价地转换为

$$
\nabla f(x) + \sum_{i=1}^m \lambda_i \nabla g_i(x) = 0,
$$
$$
\min\{\lambda_i, -g_i(x)\} = 0, \quad i = 1, \cdots, m
$$
(11.4.9)

或

$$
\nabla f(x) + \sum_{i=1}^m \lambda_i \nabla g_i(x) = 0,
$$
$$
\sqrt{\lambda_i^2 + (g_i(x))^2} - \lambda_i + g_i(x) = 0, \quad i = 1, \cdots, m.
$$
(11.4.10)

(11.4.9) 和 (11.4.10) 为非光滑方程组, 其中 $x \in \mathrm{R}^n, \lambda_i, i = 1, \cdots, m$ 为变量. 如果 $f(x), g_i(x), i = 1, \cdots, m$ 均是二次连续可微的, 方程组 (11.4.9) 和 (11.4.10) 是半光滑的, 因此前面介绍的牛顿法可用来求解方程组 (11.4.9) 和 (11.4.10).

定理 11.4.1 (NCP 函数) $\phi(a,b) = \sqrt{a^2+b^2}-a-b$ 是 R^2 上的凸函数, 在原点以外是连续可微的, 其在原点 B 微分为

$$
\partial_{\mathrm{B}}\phi(0,0) = \{(\xi-1, \eta-1) \in \mathrm{R}^2 | \xi^2 + \eta^2 = 1\}.
$$
(11.4.11)

证明 $\sqrt{a^2+b^2}$ 为 R^2 上的范数, 因此是凸的, 而 $-a-b$ 是凸函数, 所以 $\phi(a,b)$ 是凸函数. 显然, $\sqrt{a^2+b^2}$ 在原点以外是连续可微的, 其梯度为

$$
\nabla(\sqrt{a^2+b^2}) = \frac{(a,b)}{\|(a,b)\|}, \quad (a,b) \neq 0.
$$
(11.4.12)

式 (11.4.12) 说明 $\sqrt{a^2+b^2}$ 在原点以外的梯度为单位向量, 根据 B 微分定义, $\sqrt{a^2+b^2}$ 在原点的 B 微分为

$$
\partial_{\mathrm{B}}(\sqrt{a^2+b^2})|_{(a,b)=0} = \{(\xi, \eta) \in \mathrm{R}^2 | \xi^2 + \eta^2 = 1\}.
$$

注意到 $\nabla(-a-b) = (-1,-1)$, 式 (11.4.11) 成立. 定理得证.

第12章　控制系统的生存性

本章利用非光滑分析理论研究控制系统的生存性, 在此假设读者对控制理论的基本理论和应用背景已有所了解, 因此相关内容这里不再做详细介绍.

12.1　微分包含与生存性

12.1.1　微分包含

微分包含是动态系统和控制系统的推广, 通常的微分方程模型主要用于描述确定性系统, 而经济系统、生物系统和社会系统往往含有不确定性, 它们一般不能用微分方程来有效刻画, 更适合用微分包含来描述. 除具有更广的实际应用外, 微分包含形式表示的动态系统更方便于生存性问题讨论, 因此以微分包含的概念来开始本章的内容.

考虑下述形式的微分包含:

$$\dot{x}(t) \in F(t,x), \tag{12.1.1}$$

其中 $F(t,x)$ 为 R^{n+1} 到 R^n 中子集的集值映射, $t \in \mathrm{R}$ 为时间, $x \in \mathrm{R}^n$. 所谓微分包含 (12.1.1) 的解是指 R 到 R^n 上的绝对连续函数 $x(t)$, 它几乎处处满足式 (12.1.1).

通常的控制系统是微分包含的特殊形式, 当选取

$$F(t,x) = \bigcup_{u \in U} f(t,x,u)$$

时, 微分包含 (12.1.1) 即为通常的非线性控制系统:

$$\dot{x}(t) = f(t,x,u), \quad u \in U; \tag{12.1.2}$$

当选取

$$F(t,x) = \bigcup_{u \in U} (Ax + Bu)$$

时, 微分包含 (12.1.1) 即为通常的线性控制系统:

$$\dot{x}(t) = Ax + Bu, \quad u \in U; \tag{12.1.3}$$

当取 $F(t,x)$ 为单点集, 即 $F(t,x) = \{f(t,x)\}$ 时, 其中 $f(t,x)$ 为 R^{n+1} 上的实值函数, 微分包含 (12.1.1) 即为通常的常微分方程:

$$\dot{x}(t) = f(t,x).$$

在控制系统 (12.1.2) 和 (12.1.3) 中, $x \in \mathrm{R}^n$ 为状态变量, $u \in \mathrm{R}^m$ 为控制变量, $U \subset \mathrm{R}^m, f(x,u)$ 为 R^{m+n} 到 R^n 上的函数, A 为 $n \times n$ 矩阵, B 为 $n \times m$ 矩阵. 为保证微分包含 (12.1.1) 解的存在以及有关性质成立, 通常对集值映射 $F(t,x)$ 做一些假设.

假设 12.1.1　集值映射 $(t,x) \to F(t,x)$ 满足下述条件:

(1) 对任意 $(t,x) \in \mathrm{R} \times \mathrm{R}^n, F(t,x)$ 为 R^n 中非空凸紧集;

(2) 集值映射 $(t,x) \to F(t,x)$ 是上半连续的;

(3) 存在非负常数 γ, c 使得对任意 x, 有

$$v \in F(t,x) \Rightarrow \|v\| \leqslant \gamma\|x\| + c.$$

条件 (3) 称为线性增长条件, 在微分包含和控制系统研究中有时也由 Lipschitz 连续条件来代替, 事实上不难验证 Lipschitz 函数一定满足线性增长条件. 当 $F(t,x)$ 为单点集时, 记 $F(t,x) = \{f(t,x)\}$, 此时条件 (2) 等价于 $f(t,x)$ 的连续性, 条件 (3) 等价于

$$\|f(t,x)\| \leqslant \gamma\|x\| + c.$$

12.1.2　生存性基本概念

作为控制理论中的一个重要内容, 控制理论中许多问题都可以利用生存理论这一工具刻画并加以解决, 例如系统的可达性 (可控性)、Lyapunov 稳定性、微分对策等. 另一方面, 系统的安全域设计本身就是一个生存性问题, 它是对给定的控制系统设计一个生存域.

为简单起见, 考虑下述微分包含:

$$\dot{x}(t) \in F(x), \quad x \in \mathrm{R}^n, \tag{12.1.4}$$

这里 $F(x)$ 为 R^n 到 R^n 中子集的映射.

定义 12.1.1　设 $S \subset \mathrm{R}^n$, 如果对任意初始点 $x_0 \in S$, 存在微分包含 (12.1.4) 的解 $x(t)$, 使得 $x(t) \in S, \forall t \geqslant 0$, 则称微分包含 (12.1.4) 关于集合 S 是生存的, 这样的解 $x(t)$ 称为微分包含 (12.1.4) 的生存解, 集合 S 称为微分包含 (12.1.4) 的生存域 (viable region).

前面给出的假设 12.1.1 不但可以保证微分包含 (12.1.4) 解的存在, 而且还可以得到生存性的判别准则. 下述定理利用切锥给出生存性判别的一个充要条件, 其证明涉及有关专门知识, 这里省略.

定理 12.1.1　　如果假设 12.1.1 成立, 微分包含 (12.1.4) 关于闭集 $S \subset \mathrm{R}^n$ 是生存的充分必要条件是

$$F(x)\bigcap T_S(x) \neq \varnothing, \quad \forall x \in S. \tag{12.1.5}$$

易见, 对于非线性控制系统 $\dot{x}(t) = f(x, u), u \in U$, 生存性条件 (12.1.5) 可转化为

$$\left(\bigcup_{u \in U} f(x, u)\right)\bigcap T_S(x) \neq \varnothing, \quad \forall x \in S. \tag{12.1.6}$$

如果 $x \in \mathrm{int}S$, 则 $T_S(x) = \mathrm{R}^n$, 因此对于集合 S 的内点, 式 (12.1.5) 总是成立的, 于是要判别式 (12.1.5) 是否成立, 只需考虑集合 S 的边界点 (图 12.1.1).

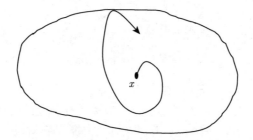

图 12.1.1　系统的生存性

考虑带状态约束的微分包含:

$$\dot{x}(t) \in F(x), \quad x \in W, \tag{12.1.7}$$

这里 $F(x)$ 为 R^n 到 R^n 中子集的映射, W 为 R^n 中子集. 一般来讲, W 不是生存域, 但可能包含若干生存子集, 在关于生存域讨论中, 人们关心的是较大的生存域.

设 $K \subset \mathrm{R}^n$ 是微分包含 (12.1.7) 的生存域, 如果对任何 (12.1.7) 的生存域 D, 都有 $D \subset K$, 则称 K 为微分包含 (12.1.7) 最大生存域, 也称为生存核.

一般情况下, 生存核并不一定存在, 如果存在, 则是人们最感兴趣的一个生存域.

12.2　生存性判别

定理 12.1.1 给出了一个闭集关于微分包含生存性的充要条件, 作为充要条件, 尽管在理论上它是很完美的, 然而对于一般的集合和一般的微分包含或非线性控制系统, 验证式 (12.1.5) 是否成立非常困难, 甚至是不可能的. 本节讨论一些具体结构的集合关于特殊结构微分包含生存性的判别方法, 即对一个固定的 x 判别 $F(x)\bigcap T_S(x)$ 是否非空.

12.2.1　微分包含生存性判别

考虑微分包含

$$\dot{x}(t) \in \mathrm{co}\{f_i(x)|i = 1, \cdots, p\}, \quad x \in \mathrm{R}^n, \tag{12.2.1}$$

其中 $f_i(x)$, $i = 1, \cdots, p$ 为 R^n 到 R^n 上的函数, 集值映射

$$x \to \mathrm{co}\{f_i(x)|i = 1, \cdots, p\}$$

满足假设 12.1.1. 考虑下述形式的区域:

$$D = \{x \in \mathrm{R}^n|g_j(x) \leqslant 0, \ j = 1, \cdots, m\}, \tag{12.2.2}$$

其中 $g_j(x), j = 1, \cdots, m$ 为 R^n 上连续可微函数.

利用定理 12.1.1 判别集合 D 关于微分包含 (12.1.1) 的生存性, 就是对每个给定的 $x \in D$ 判别下式:

$$\mathrm{co}\{f_i(x)|i = 1, \cdots, p\} \bigcap T_D(x) \neq \varnothing \tag{12.2.3}$$

是否成立.

给定 $x \in D$, 定义指标集

$$J(x) = \{j \in \{1, \cdots, m\}|g_j(x) = 0\}.$$

如果 $J(x)$ 为空集, 则 x 为 D 的内点, 因此为判别式 (12.2.3) 是否成立, 只需考虑指标集 $J(x)$ 非空情况. 下面给出集合 D 在点 x 的约束品性.

约束品性 12.2.1　存在 $y_0 \in \mathrm{R}^n$, 使得

$$\nabla g_j(x)^{\mathrm{T}} y_0 < 0, \quad \forall j \in J(x).$$

上述约束品性在非线性优化最优性条件研究中有广泛应用. 如果集合 D 在点 x 满足约束品性 12.2.1, 根据定理 5.3.1, 有 $T_D(x) = \Gamma(x)$, 也就是

$$T_D(x) = \{y \in \mathrm{R}^n|\nabla g_j(x)^{\mathrm{T}} y \leqslant 0, \forall j \in J(x)\}. \tag{12.2.4}$$

根据式 (12.2.4) 易见, 切锥 $T_D(x)$ 是一个多面体, 因此可以利用它的这一特殊结构以及 $\mathrm{co}\{f_i(x)|i = 1, \cdots, p\}$ 的特殊结构判别式 (12.2.3) 是否成立. 首先, 考虑下述两个多面体集合:

$$U = \mathrm{co}\{u_i|i = 1, \cdots, p\}, \tag{12.2.5}$$

$$V = \{y \in \mathrm{R}^n|My \leqslant 0\}, \tag{12.2.6}$$

其中 $u_i \in \mathrm{R}^n$, M 是 $m \times n$ 矩阵. 易见, 集合 $\mathrm{co}\{f_i(x)|i = 1, \cdots, p\}$ 和集合 $T_D(x)$ 分别与集合 U 和集合 V 的结构相同. 构造下述线性不等式组:

$$
\begin{cases}
\sum\limits_{i=1}^{p} \lambda_i M u_i \leqslant 0, \\
\sum\limits_{i=1}^{p} \lambda_i = 1, \\
\lambda_i \geqslant 0, \quad i = 1, \cdots, p,
\end{cases}
\tag{12.2.7}
$$

其中 $(\lambda_1, \cdots, \lambda_p)^{\mathrm{T}}$ 为变量. 不等式组 (12.2.7) 含有 $m + p$ 个不等式和 1 个等式.

定理 12.2.1　设集合 U 和 V 分别由式 (12.2.5) 和式 (12.2.6) 给出, 则 $U \bigcap V \neq \varnothing$ 当且仅当不等式组 (12.2.7) 是相容 (有解) 的.

证明　必要性. 假设 $U \bigcap V$ 非空, 记 $z \in U \bigcap V$, 于是 $z \in U$, $z \in V$. 根据凸包的定义, 存在 $\lambda_i \geqslant 0$, $i = 1, \cdots, p$ 满足 $\sum\limits_{i=1}^{p} \lambda_i = 1$, 使得 $z = \sum\limits_{i=1}^{p} \lambda_i u_i$. 另一方面, $z \in V$ 表明 $Mz \leqslant 0$, 于是

$$
Mz = M \sum_{i=1}^{p} \lambda_i u_i = \sum_{i=1}^{p} \lambda_i M u_i \leqslant 0.
$$

这表明 $\lambda_i \geqslant 0$, $i = 1, \cdots, p$ 是不等式组 (12.2.7) 的解, 即不等式组 (12.2.7) 是相容的.

充分性. 假设不等式组 (12.2.7) 是相容的, 记 $(\lambda_1^*, \cdots, \lambda_p^*)^{\mathrm{T}}$ 是它的一个解, 于是有

$$
\begin{cases}
\sum\limits_{i=1}^{p} \lambda_i^* M u_i \leqslant 0, \\
\sum\limits_{i=1}^{p} \lambda_i^* = 1, \\
\lambda_i^* \geqslant 0, \quad i = 1, \cdots, p,
\end{cases}
\tag{12.2.8}
$$

令 $z^* = \sum\limits_{i=1}^{p} \lambda_i^* u_i$, 由式 (12.2.8) 易见 $z^* \in U$. 另一方面, 根据式 (12.2.8) 可知

$$
Mz^* = \sum_{i=1}^{p} \lambda_i^* M u_i \leqslant 0,
$$

即 $z^* \in V$. 综上可得, $z^* \in U \bigcap V$, 故 $U \bigcap V \neq \varnothing$. 定理得证.

命题 12.2.1　如果存在指标 $1 \leqslant i_0 \leqslant p$ 使得 $M u_{i_0} \leqslant 0$, 则 $u_{i_0} \in U \bigcap V$, 即 $U \bigcap V \neq \varnothing$.

证明　选取 $\lambda_{i_0}^* = 1$, $\lambda_k^* = 0$, $k \in \{1, \cdots, p\} \backslash \{i_0\}$, 可以验证 $(\lambda_1^*, \cdots, \lambda_p^*)^{\mathrm{T}}$ 是不等式组 (12.2.7) 的一个解, 根据定理 12.2.1, $U \bigcap V \neq \varnothing$. 命题得证.

基于定理 12.2.1, 判别集合 $U \bigcap V$ 的非空性可转化为判别线性不等式组 (12.2.8) 的相容性. 事实上, 判别线性不等式组的相容性可等价地转化为求解一个线性规划问题. 注意这样的事实: 设 A 是 $s \times n$ 矩阵, B 是 $t \times n$ 矩阵, 则线性不等式组:

$$Ay \leqslant 0, \quad By = b, \quad y \in \mathrm{R}^n$$

相容 (有解) 的充要条件是下述线性规划问题的最优值为零:

$$\begin{aligned}
&\min w \\
&\mathrm{s.\,t.}\, Ay - (w, \cdots, w)^{\mathrm{T}} \leqslant 0, \\
&\qquad By = b, \quad w \geqslant 0,
\end{aligned}$$

其中 $y \in \mathrm{R}^n$, $w \in \mathrm{R}$ 为变量, $(w, \cdots, w)^{\mathrm{T}} \in \mathrm{R}^m$.

下面基于定理 12.1.1, 定理 12.2.1, 命题 12.2.1 和式 (12.2.4), 在约束品性 12.2.1 成立情况下, 给出判别式 (12.2.3) 在点 x 是否成立 (是否满足生存性条件) 的算法.

算法 12.2.1

步 1　给定 $x \in \mathrm{R}^n$, 计算函数 $f_i(x), i = 1, \cdots, p$ 和 $g_j(x), j = 1, \cdots, m$ 在点 x 的值, 确定指标集 $J(x)$, 记 $J(x) = \{j_1, \cdots, j_t\}$, 计算梯度值 $\nabla g_j(x), j \in J(x)$.

步 2　计算向量

$$(\nabla g_{j_1}^{\mathrm{T}}(x), \cdots, \nabla g_{j_t}^{\mathrm{T}}(x))^{\mathrm{T}} f_i(x), \quad i = 1, \cdots, p.$$

如果存在指标 $1 \leqslant i_0 \leqslant p$, 使得

$$(\nabla g_{j_1}^{\mathrm{T}}(x), \cdots, \nabla g_{j_t}^{\mathrm{T}}(x))^{\mathrm{T}} f_{i_0}(x) \leqslant 0,$$

则

$$\mathrm{co}\{f_i(x) | i = 1, \cdots, p\} \bigcap T_D(x) \neq \varnothing,$$

停止, 否则转步 3.

步 3　解下述线性规划问题:

$$\begin{aligned}
&\min w \\
&\mathrm{s.t.} \sum_{i=1}^{p} \lambda_i (\nabla g_{j_1}^{\mathrm{T}}(x), \cdots, \nabla g_{j_t}^{\mathrm{T}}(x))^{\mathrm{T}} f_i(x) - (w, \cdots, w)^{\mathrm{T}} \leqslant 0, \\
&\qquad \sum_{i=1}^{p} \lambda_i = 1, \quad w + \lambda_i \geqslant 0, \quad i = 1, \cdots, p.
\end{aligned} \qquad (12.2.9)$$

如果问题 (12.2.9) 的最优值为零, 则有

$$\mathrm{co}\{f_i(x)\,|\,i=1,\cdots,p\} \bigcap T_D(x) \neq \varnothing,$$

否则

$$\mathrm{co}\{f_i(x)\,|\,i=1,\cdots,p\} \bigcap T_D(x) = \varnothing.$$

事实上, 上述讨论的生存性判别本质上给出了生存性设计方法, 在生存性判别中找到的 $w \in F(x)\bigcap T_D(x)$ 就是保证系统生存性的控制量.

12.2.2　仿射非线性控制系统生存性判别

考虑如下仿射非线性控制系统:

$$\dot{x}(t) = f(x) + g(x)u, \quad x \in \mathrm{R}^n, \tag{12.2.10}$$

其中 $x \in \mathrm{R}^n$ 为状态变量, $u \in \mathrm{R}^m$ 为控制变量, $f(x)$ 和 $g(x)$ 分别为适当函数且使 $\{f(x)+g(x)u\,|\,u \in U\}$ 满足假设 12.1.1, $U \subset \mathrm{R}^m$ 是凸集, 由下述形式表示:

$$U = \{u \in \mathrm{R}^m\,|\,h_i(u) \leqslant 0,\ i=1,\cdots,p\}, \tag{12.2.11}$$

其中 $h_i(x)$, $i=1,\cdots,p$ 是 R^n 上的凸函数 (不一定是光滑的). 考虑如下区域:

$$S = \{x \in \mathrm{R}^n\,|\,\varphi_j(x) \leqslant 0,\ j=1,\cdots,q\}, \tag{12.2.12}$$

其中 $\varphi_j(x)$, $j=1,\cdots,q$ 是 R^n 上的连续可微函数.

对固定的点 $x \in \mathrm{R}^n$, 考虑下述不等式系统:

$$\begin{cases} h_i(u) \leqslant 0, & i=1,\cdots,p, \\ \nabla\varphi_j(x)^{\mathrm{T}}f(x) + \nabla\varphi_j(x)^{\mathrm{T}}g(x)u \leqslant 0, & j \in J(x), \end{cases} \tag{12.2.13}$$

其中 $u \in \mathrm{R}^m$ 为变量,

$$J(x) = \{j \in \{1,\cdots,q\}\,|\,\varphi_j(x) = 0\}.$$

定理 12.2.2　如果集合 S 在点 x 满足约束品性 12.2.1, 集合 (12.2.12) 关于系统 (12.2.10) 是生存的充分必要条件是对每一固定的 $x \in S$, 不等式组 (12.2.13) 有解.

证明　令

$$F(x) = \{f(x) + g(x)u\,|\,h_i(u) \leqslant 0, i=1,\cdots,p\}, \quad x \in \mathrm{R}^n,$$

则微分包含 $\dot{x}(t) \in F(x)$ 即为系统 (12.2.10). 以下讨论由式 (12.2.12) 给出的集合 S 关于微分包含 $\dot{x}(t) \in F(x)$ 的生存性. 由于集合 S 在点 x 满足约束品性 12.2.1, 则

$$T_S(x) = \{y \in \mathrm{R}^n \,|\, \nabla\varphi_j(x)^{\mathrm{T}}y \leqslant 0, j \in J(x)\}.$$

故集合 S 关于系统 (12.2.10) 是生存的充要条件是对每一固定的点 $x \in S$, 下式成立:

$$\{f(x) + g(x)u \,|\, h_i(u) \leqslant 0 \,, i = 1, \cdots, p\} \bigcap \{y \in \mathrm{R}^n \,|\, \nabla\varphi_j(x)^{\mathrm{T}}y \leqslant 0, j \in J(x)\} \neq \varnothing \,.$$
$$\text{(12.2.14)}$$

显然, 式 (12.2.14) 成立等价于下述系统有解:

$$\begin{cases} h_i(u) \leqslant 0, & i = 1, \cdots, p, \\ \nabla\varphi_j(x)^{\mathrm{T}}y \leqslant 0, & j \in J(x), \\ y = f(x) + g(x)u. \end{cases} \tag{12.2.15}$$

将 $y = f(x) + g(x)u$ 代入式 (12.2.15) 中的 $\nabla\varphi_j(x)^{\mathrm{T}}y \leqslant 0, j \in J(x)$, 得式 (12.2.13). 在式 (12.2.13) 中引入 $y = f(x) + g(x)u$ 得式 (12.2.15), 这说明式 (12.2.13) 与式 (12.2.15) 等价. 定理得证.

对固定的 $x \in S$, 不等式系统 (12.2.13) 中的 $h_i(u), i = 1, \cdots, p$ 为凸函数, 下述函数

$$\nabla\varphi_j(x)^{\mathrm{T}}f(x) + \nabla\varphi_j(x)^{\mathrm{T}}g(x)u, \quad j \in J(x)$$

关于变量 u 为线性的, 因此不等式系统 (12.2.13) 为凸不等式组, 可利用现有的解凸不等式组的投影算法来确定它的相容性问题.

例 12.2.1 考虑仿射非线性控制系统:

$$\begin{pmatrix} \dot{x}_1(t) \\ \dot{x}_2(t) \end{pmatrix} = \begin{pmatrix} x_1 + \sin x_2 \\ x_2 \end{pmatrix} + \begin{pmatrix} x_1 u_1 + x_2 u_2 \\ x_1 u_1 - x_2 u_2 \end{pmatrix},$$

其中

$$U = \{(u_1, u_2) \in \mathrm{R}^2 \,|\, u_1^2 + u_2^2 \leqslant 1\},$$

考虑集合

$$S = \{(x_1, x_2) \in \mathrm{R}^2 \,|\, x_1^2 + x_2^2 \leqslant 1\}.$$

利用以上给出的方法可以判别集合 S 在点 $(0, 1)$ 处满足生存性条件.

对于一个系统如何确定一个生存解, 这就是生存性设计问题. 例如, 利用生存理论进行稳定化设计中, 本质上就是对系统 Lyapunov 函数上图进行生存性设计. 生存性设计以及生存解存在性的构造性证明中的基本方法是: 对于状态 x, 利用生

存性判别准则确定满足生存性条件的控制变量, 这样不仅讨论了生存性条件是否成立, 同时在生存性条件成立的情况下给出了相应的控制变量的计算方法, 因而上述方法不仅给出了系统生存性判别, 也给出了生存性设计方法.

12.3　线性系统多面体生存域

线性系统的生存性是生存性理论中的重要内容, 线性系统的生存域主要有两种形式, 一种是利用矩阵不等式或半定规划得到的椭球生存域; 另一种就是本节要讨论的利用凸分析方法给出的多面体生存域. 由于多面体可以逼近任意区域, 所以多面体生存域较椭球生存域更加实用.

12.3.1　生存域的性质

考虑线性控制系统:

$$\dot{x}(t) = Ax + Bu, \quad u \in U, \tag{12.3.1}$$

其中 $x \in \mathrm{R}^n$ 为状态变量, $u \in \mathrm{R}^m$ 为控制变量, $U \subset \mathrm{R}^m$ 为闭凸集, A 为 $n \times n$ 矩阵, B 为 $n \times m$ 矩阵.

定理 12.3.1　　如果 $D \subset \mathrm{R}^n$ 是系统 (12.3.1) 的生存域, 则它的凸包 $\mathrm{co}D$ 也为系统 (12.3.1) 的生存域.

证明　　根据线性系统解的表达式, 系统 (12.3.1) 以 x_0 为初始点的解有下述形式:

$$x(t, x_0) = e^{At}x_0 + \int_o^t e^{A(t-\tau)}Bu(\tau)d\tau.$$

给定 $x_0 \in \mathrm{co}D$, 根据凸集的性质, 存在 $x_i \in D, i = 1, \cdots, n+1$, 使得 x_0 可表示为 $x_i\, i = 1, \cdots, n+1$ 的凸组合, 即

$$x_0 = \sum_{i=1}^{n+1} \lambda_i x_i,$$

其中 $\lambda_i \geqslant 0, i = 1, \cdots, n+1, \sum_{i=1}^{n+1} \lambda_i = 1$. 由于 D 是生存域, 以每个 $x_i \in D$ 为初始点存在生存解 $x(t, x_i)$, 于是存在 $u_i(\cdot){:}[0, \infty) \to U$, 使得对任意 $t > 0$, 有

$$x(t, x_i) = e^{At}x_i + \int_o^t e^{A(t-\tau)}Bu_i(\tau)d\tau \in D, \quad i = 1, \cdots, n+1.$$

对上式关于 $\lambda_i \geqslant 0, i = 1, \cdots, n+1$ 求凸组合, 记为 $x(t)$, 则有

$$x(t) = \sum_{i=1}^{n+1} \lambda_i \left(e^{At}x_i + \int_o^t e^{A(t-\tau)}Bu_i(\tau)d\tau \right),$$

显然, $x(t) \in \text{co}D$. 令

$$u(t) = \sum_{i=1}^{n+1} \lambda_i u_i(t), \quad \forall t \in [0, \infty),$$

由于 U 是凸集, 所以 $u(t) \in U$, $\forall t \geqslant 0$. 另一方面,

$$x(t) = e^{At} \sum_{i=1}^{n+1} \lambda_i x_i + \int_0^t e^{A(t-\tau)} B \sum_{i=1}^{n+1} \lambda_i u_i(\tau) d\tau$$

$$= e^{At} x_0 + \int_o^t e^{A(t-\tau)} B u(\tau) d\tau,$$

所以 $x(t)$ 是线性系统 (12.3.1) 当初值点为 x_0 的解, 且使得 $x(t) \in \text{co}D$, $\forall t \geqslant 0$, 因此 $\text{co}D$ 是生存域. 定理得证.

推论 12.3.1 线性系统 (12.3.1) 生存核为凸集.

证明 由于生存核是最大的生存域, 所以它与自身的凸包相等, 故生存核是凸集.

12.3.2 生存性判别方法

下述定理指出多面体的生存性判别可转化为其极点的生存性判别, 不需要考虑边界点, 这使得判别方法简单实用.

定理 12.3.2 设 $W = \text{co}\{w_1, \cdots, w_l\}$, 其中 $w_i \in \mathbf{R}^n$, $i = 1, \cdots, l$, U 为凸集, 则 W 是系统 (12.3.1) 的生存域当且仅当

$$T_W(w_i) \bigcap \left(\bigcup_{u \in U} (Aw_i + Bu) \right) \neq \varnothing, \quad i = 1, \cdots, l. \tag{12.3.2}$$

证明 首先证明这样一个结论: 设 $\lambda_i \geqslant 0$, $i = 1, \cdots, l$ 满足 $\sum_{i=1}^{l} \lambda_i = 1$, 如果 $d_i \in T_W(w_i)$, $i = 1, \cdots, l$, 则 $\sum_{i=1}^{l} \lambda_i d_i \in T_W \left(\sum_{i=1}^{l} \lambda_i w_i \right)$. W 是凸多面体, 根据多面体切锥性质易见, 如果 $d_i \in T_W(w_i)$, $i = 1, \cdots, l$, 必存在 $\tilde{t}_i > 0$, $i = 1, \cdots, l$, 使得

$$w_i + t_i d_i \in W, \quad \forall t_i \leqslant \tilde{t}_i, i = 1, \cdots, l. \tag{12.3.3}$$

令 $\tilde{t} = \min_{1 \leqslant i \leqslant l} \tilde{t}_i$, 由式 (12.3.3) 得

$$w_i + t d_i \in W, \quad \forall t \leqslant \tilde{t}, i = 1, \cdots, l. \tag{12.3.4}$$

W 为凸集, 因此式 (12.3.4) 中 $w_i + t d_i$, $i = 1, \cdots, l$ 的凸组合也在 W 中, 即

$$\sum_{i=1}^{l} \lambda_i (w_i + t d_i) = \sum_{i=1}^{l} \lambda_i w_i + t \left(\sum_{i=1}^{l} \lambda_i d_i \right) \in W, \quad \forall t \leqslant \tilde{t}.$$

根据切锥定义, $\sum\limits_{i=1}^{l} \lambda_i d_i \in T_W\left(\sum\limits_{i=1}^{l} \lambda_i w_i\right)$.

　　根据定理 12.1.1, 定理的必要性成立. 现在证明充分性, 即证明当式 (12.3.2) 成立时下述结论成立:

$$T_W(x)\bigcap\left(\bigcup_{u\in U}(Ax+Bu)\right)\neq\varnothing, \quad \forall x\in W. \tag{12.3.5}$$

给定 $x\in W$, 则存在 $\lambda_i\geqslant 0, i=1,\cdots,l$ 满足 $\sum\limits_{i=1}^{l}\lambda_i=1$, 使得 x 表示为 $x=\sum\limits_{i=1}^{l}\lambda_i w_i$. 由于式 (12.3.2) 成立, 必存在 $d_i\in T_W(w_i)$, $u_i\in U, i=1,\cdots,l$, 使得

$$d_i=Aw_i+Bu_i, \quad i=1,\cdots,l,$$

对上式两边关于 $\lambda_i\geqslant 0, i=1,\cdots,l$ 求凸组合, 得

$$\sum_{i=1}^{l}\lambda_i d_i=A\sum_{i=1}^{l}\lambda_i w_i+B\sum_{i=1}^{l}\lambda_i u_i.$$

记

$$d=\sum_{i=1}^{l}\lambda_i d_i, \quad u=\sum_{i=1}^{l}\lambda_i u_i,$$

根据前面证明的结论 $d\in T_W(x)$, 由 U 的凸性, 有 $u\in U$, 于是 $d=Ax+Bu$, 进而有

$$T_W(x)\bigcap\left(\bigcup_{u\in U}(Ax+Bu)\right)\neq\varnothing.$$

定理得证.

　　例 12.3.1　考虑 R^2 上的线性系统:

$$\begin{pmatrix}\dot{x}_1(t)\\ \dot{x}_2(t)\end{pmatrix}=\begin{pmatrix}-x_2(t)+2u_1\\ x_1(t)+u_2\end{pmatrix}, \tag{12.3.6}$$

其中

$$U=\{(u_1,u_2)\in R^2|u_1^2+u_2^2\leqslant 1\}.$$

根据定理 12.3.2, 不难验证由点 $(0,1)^T,(1,0)^T,(0,-1)^T,(-1,0)^T$ 形成的凸包是线性系统 (12.3.6) 的生存域.

　　从定理 12.3.2 证明中可以看出, 判别生存性就是对每一个极点 w_i 验证

$$T_W(w_i)\bigcap\left(\bigcup_{u\in U}(Aw_i+Bu)\right)\neq\varnothing$$

是否成立. 而 $d \in T_W(w_i)$ 当且仅当存在 $t > 0, \lambda_j \geqslant 0, j = 1, \cdots, l$ 满足 $\sum_{j=1}^{l} \lambda_j = 1$, 使得

$$w_i + td = \sum_{j=1}^{l} \lambda_j w_j,$$

即

$$d = \frac{1}{t} \sum_{j=1}^{l} \lambda_j (w_j - w_i).$$

因此,

$$T_W(w_i) \bigcap \left(\bigcup_{u \in U} (Aw_i + Bu) \right) \neq \varnothing$$

等价于存在充分小的 $t > 0$, 使得下述系统有解:

$$\begin{cases} \dfrac{1}{t} \sum_{j=1}^{l} \lambda_j (w_j - w_i) = Aw_i + Bu, & u \in U, \\ \sum_{i=1}^{l} \lambda_j = 1, & \lambda_i \geqslant 0, \quad i = 1, \cdots, l, \end{cases} \tag{12.3.7}$$

其中 $u, \lambda_j, \ j = 1, \cdots, l$ 为变量. 系统 (12.3.7) 等价于一个凸优化问题, 通常的凸优化方法可用来求解系统 (12.3.7).

12.3.3　生存性设计

下面讨论生存性设计. 事实上, 系统 (12.3.7) 的解 $\tilde{u}_i$ 就是线性系统 (12.3.1) 生存性设计时在极点 w_i 需要选取的控制变量. 对于点 $x \in W$, 将 x 表示为 $x = \sum_{i=1}^{l} \lambda_i w_i$, 其中 $\lambda_i \geqslant 0, i = 1, \cdots, l$ 满足 $\sum_{i=1}^{l} \lambda_i = 1$, 则在系统生存性设计中, 选取控制变量 $\tilde{u} = \sum_{i=1}^{l} \lambda_i \tilde{u}_i$. 这样为完成系统 (12.3.1) 在集合 W 上的生存性设计, 首先计算在极点处需要选取的控制变量, 对非极点 x, 将其表示为 $x = \sum_{i=1}^{l} \lambda_i w_i$ 形式, 这种表示可通过求解下述线性不等式组来实现:

$$x = \sum_{i=1}^{l} \lambda_i w_i, \quad \sum_{i=1}^{l} \lambda_i = 1, \quad \lambda_i \geqslant 0, \quad i = 1, \cdots, l, \tag{12.3.8}$$

其中 $\lambda_i, i = 1, \cdots, l$ 为变量. 不等式组 (12.3.8) 的求解可等价地转化为求解线性规划问题.

定理 12.3.2 说明对于有界多面体 (有限点集的凸包), 其生存性判别只需检验极点处是否满足生存性条件, 因而简便易行.

12.4　凸过程的多面体生存域

对于一般的微分包含或非线性系统, 很难讨论多面体生存域. 本节讨论一类称为广义凸过程的微分包含的多面体生存性判别准则. 首先介绍有关概念.

定义 12.4.1　设 $S(x)$ 为 R^n 到 R^m 上子集的集值映射, 如果下述条件成立:

(a) $S(x_1) + S(x_2) \subset S(x_1 + x_2), \forall x_1, x_2 \in R^n$;

(b) $S(\lambda x) = \lambda S(x), \forall x \in R^n, \lambda > 0$;

(c) $0 \in S(0)$.

称 $S(x)$ 为凸过程.

这里将凸过程的概念推广, 介绍一种广义凸过程概念.

定义 12.4.2　设 $S(x)$ 为 R^n 到 R^m 上子集的集值映射, 如果对任意 $x_i \in R^n, \lambda_i \geqslant 0, i = 1, \cdots, m$ 且满足 $\sum_{i=1}^{m} \lambda_i = 1$, 使得下述条件成立:

$$\sum_{i=1}^{m} \lambda_i S(x_i) \subset S\left(\sum_{i=1}^{m} \lambda_i x_i\right), \tag{12.4.1}$$

称 $S(x)$ 为广义凸过程.

显然, 广义凸过程一定是凸过程, 广义凸过程定义中去掉了凸过程中的条件 (c), 并弱化了条件 (b).

定理 12.4.1　假定微分包含 (12.1.1) 满足定理 12.1.1 的假设条件, 并假定 $F(x)$ 为广义凸过程. 集合 $W = \text{co}\{w_1, \cdots, w_m\}$, 其中 $w_i \in R^n$, $i = 1, \cdots, m$, 是生存域的充要条件为

$$T_W(w_i) \bigcap F(w_i) \neq \varnothing, \quad i = 1, \cdots, m.$$

证明　根据定理 12.1.1, 只需证明充分性, 即假定 $T_W(w_i) \bigcap F(w_i) \neq \varnothing, i = 1, \cdots, m$ 成立. 设 S 为 R^n 中凸集, $y \in T_S(z)$ 当且仅当存在 $t > 0$, 使得 $z + ty \in S$. 于是, 设 $x \in W$, 则 $y \in T_W(x)$ 当且仅当存在 $t > 0, \lambda_i \geqslant 0$ 满足 $\sum_{i=1}^{m} \lambda_i = 1$, 使得

$$x + ty = \sum_{i=1}^{m} \lambda_i w_i,$$

即

$$y = \frac{1}{t}\left(\sum_{i=1}^{m} \lambda_i w_i - x\right). \tag{12.4.2}$$

给定任意 $x \in W$, 以下证明 $T_W(x) \bigcap F(x) \neq \varnothing$. 根据前面所述集合 $T_W(x)$ 的结构, $T_W(x) \bigcap F(x) \neq \varnothing$ 当且仅当存在具有形如 (12.4.2) 的 y 使得 $y \in F(x)$, 即存在 $t > 0$, $v_j \geqslant 0$, $j = 1, \cdots, m$ 满足 $\sum\limits_{j=1}^{m} v_j = 1$ 使下式成立:

$$\frac{1}{t} \left(\sum_{j=1}^{m} v_j w_j - x \right) \in F(x).$$

根据定理假设, 上式对于 $x = w_i, i = 1, \cdots, m$ 成立, 即存在 $t_i > 0$, $i = 1, \cdots, m$, $v_j \geqslant 0, j = 1, \cdots, m$ 满足 $\sum\limits_{j=1}^{m} v_{ij} = 1$, 使得下式成立:

$$\frac{1}{t_i} \left(\sum_{j=1}^{m} v_{ij} w_j - w_i \right) \in F(w_i), \quad i = 1, \cdots, m. \tag{12.4.3}$$

注意到 W 是多面体, 如果 $x + \bar{t} y \in W$ 成立, 则对任意 $t \leqslant \bar{t}$, $x + t\, y \in W$ 成立. 令

$$\hat{t} = \min \{ t_1, \cdots, t_m \},$$

于是有

$$\frac{1}{\hat{t}} \left(\sum_{j=1}^{m} v_{ij} w_j - w_i \right) \in F(w_i), \quad i = 1, \cdots, m. \tag{12.4.4}$$

对任意 $x \in W$, 存在 $\lambda_i \geqslant 0, i = 1, \cdots, m$ 满足 $\sum\limits_{i=1}^{m} \lambda_i = 1$, 使得

$$x = \sum_{i=1}^{m} \lambda_i w_i.$$

将式 (12.4.4) 两边关于 $\lambda_i \geqslant 0, i = 1, \cdots, m$ 求凸组合, 得

$$\frac{1}{\hat{t}} \sum_{i=1}^{m} \lambda_i \left(\sum_{j=1}^{m} v_{ij} w_j - w_i \right) \in \sum_{i=1}^{m} \lambda_i F(w_i).$$

记

$$v_j = \sum_{i=1}^{m} \lambda_i v_{ij},$$

则有

$$\frac{1}{\hat{t}} \left(\sum_{j=1}^{m} v_j w_j - x \right) \in \sum_{i=1}^{m} \lambda_i F(w_i),$$

由于集值映射 $F(x)$ 为广义凸过程, 可得

$$\frac{1}{t}\left(\sum_{j=1}^{m} v_{ij} w_j - x\right) \in F(x).$$

经推导得

$$\sum_{j=1}^{m} v_j = \sum_{j=1}^{m}\sum_{i=1}^{m} \lambda_i v_{ij} = \sum_{i=1}^{m} \lambda_i \sum_{j=1}^{m} v_{ij} = 1.$$

注意到, $v_j \geqslant 0, j = 1, \cdots, m$, 结论成立. 定理得证.

事实上, 定理 (12.4.1) 及其证明中已给出了当 $F(x)$ 为广义凸过程时判别凸多面体 W 为生存域的方法, 即对每一 w_i, 检验是否存在 $t_i > 0$, $i = 1, \cdots, m$, $v_j \geqslant 0, j = 1, \cdots, m$ 满足 $\displaystyle\sum_{j=1}^{m} v_{ij} = 1$, 使得式 (12.4.3) 成立.

参 考 文 献

边伟, 秦泗甜, 薛小平. 2014. 非光滑优化及其变分分析 [M]. 哈尔滨: 哈尔滨工业大学出版社.

戴彧虹. 2000. 非线性共轭梯度法 [M]. 上海: 上海科学技术出版社.

高岩. 2016. 线性控制系统多面体区域的生存性判别 [J]. 控制与决策, 31(19): 1720-1722.

韩继业, 修乃华, 戚厚铎. 2006. 非线性互补理论与算法 [M]. 上海: 上海科学技术出版社.

何旭初, 孙文瑜. 1991. 广义逆矩阵引论 [M]. 南京: 江苏科学技术出版社.

胡毓达, 孟志青. 2000. 凸分析与非光滑分析 [M]. 上海: 上海科学技术出版社.

简金宝. 2010. 光滑约束优化快速算法: 理论分析与数值实验 [M]. 北京: 科学出版社.

李董辉, 童小娇, 万中. 2005. 数值最优化 [M]. 北京: 科学出版社.

刘光中. 1991. 凸分析与极值问题 [M]. 北京: 高等教育出版社.

欧宜贵, 廖猁武. 1999. 不可微规划的理论简介 [J]. 海南大学学报 (自然科学版), 17: 380-382.

史树中. 1990. 凸分析 [M]. 上海: 上海科学技术出版社.

王长钰, 韩继业. 1999. 非光滑半无限规划极大熵方法的稳定性 [J]. 中国科学 (A 辑), 29: 593-599.

王国强, 白延琴. 2014. 对称锥互补问题的内点法: 理论分析与算法实现 [M]. 哈尔滨: 哈尔滨工业大学出版社.

王宜举, 修乃华. 2004. 非线性规划理论与算法 [M]. 西安: 陕西科学技术出版社.

修乃华, 韩继业. 2007. 对称锥互补问题 [J]. 数学进展, 36: 1-12.

杨新民, 戎卫东. 2016. 广义凸性及其应用 [M]. 北京: 科学出版社.

俞建. 2008. 博弈论与非线性分析 [M]. 北京: 科学出版社.

袁亚湘. 2008. 非线性优化计算方法 [M]. 北京: 科学出版社.

袁亚湘, 孙文渝. 2003. 最优化理论与方法 [M]. 北京: 科学出版社.

张可村, 赵英良. 2003. 数值计算的算法与分析 [M]. 北京: 科学出版社.

张立卫. 2010. 锥约束优化基础: 最优性理论与增广 Lagrange 方法 [M]. 北京: 科学出版社.

张立卫, 吴佳, 张艺. 2013. 变分分析与优化 [M]. 北京: 科学出版社.

Ansari Q H, Lalitha C S, Mehta M. 2014. Generalized Convexity, Nonsmooth Variational Inequalities, and Nonsmooth Optimization [M]. Boca Raton: CRC Press.

Aubin J P. 1980. Further properties of Lagrange multipliers in nonsmooth optimization [J]. Applied Mathematics and Optimization, 6: 79-90.

Aubin J P. 1991. Viability Theory [M]. Boston: Birkhäuser.

Aubin J P, Ekeland I. 1984. Applied Nonlinear Analysis [M]. New York: John Wiley & Sons.

Aubin J P, Frankowska H. 1990. Set-valued Analysis [M]. Boston: Birkhäuser.

Auslender A, Teboulle M. 2000. Lagrangian duality and related multiplier methods for variational inequality problems [J]. SIAM Journal on Optimization, 10(4): 1097-1115.

Auslender A, Teboulle M. 2003. Asymptotic Cones and Functions in Optimization and Variational Inequalities [M]. New York: Springer-Verlag.

Bazaraa M S, Sherali H D, Shett C M. 1993. Nonlinear Programming Theory and Algorithms [M]. New York: John Wiley & Sons.

Bertsekas D P. 1982. Constrained Optimization and Langrage Multiplier Methods [M]. New York: Academic Press.

Bertsekas D P. 1995. Nonlinear Programming [M]. Belmont: Athena Scientific.

Bertsekas D P. 2003. Convex Analysis and Optimization [M]. Belmont: Athena Scientific.

Blanchini F. 1999. Set invariance in control [J]. Automatica, 35(11):1747-1767.

Bonnans J F, Shapiro A. 2000. Perturbation Analysis of Optimization Problems [M]. New York: Springer-Verlag.

Borwein J M, Lewis A S. 2000. Convex Analysis and Nonlinear Optimization: Theory and Examples [M]. New York: Springer-Verlag.

Boyd S, Vandenberghe L. 2004. Convex Optimization [M]. New York: Cambridge University Press.

Caprari E, Penot J P. 2007. Tangentially ds functions [J]. Optimization, 56(1-2):25-38.

Chaney R W. 1990. Piecewise C^k functions in nonsmooth analysis [J]. Nonlinear Analysis, 15: 649-660.

Chen G Y, Goh C J, Yang X Q. 1998. The gap function of a convex multicriteria optimization problem [J]. European Journal of Operational Research, 111(1): 142-151.

Clarke F H. 1975. Generalized gradients and applications [J]. Transactions American Mathematical Society, 205: 247-262.

Clarke F H. 1983. Optimization and Nonsmooth Analysis [M]. New York: John Wiley.

Clarke F H, Leda Yu S, Stern R J, et al. 1998. Nonsmooth Analysis and Control Theory [M]. New York: Springer-Verlag.

Cottle R W, Pang J S, Stone R E. 1992. The Linear Complementarity Problem [M]. San Diego: Academic Press.

Demyanov V F, Rubinov A M. 1995. Constructive Nonsmooth Analysis [M]. Frankfurtam Main: Peterlang.

Demyanov V F, Stavroulakis G E, Polyakova L N, et al. 1996. Quasidifferentiability and Nonsmooth Modelling in Mechanics, Engineering and Economic [M]. Dordercht: Kluwer Academic Publishers.

Dutta J. 2006. Generalized derivatives and nonsmooth optimization, a finite dimensional tour [J]. TOP, 13(2): 185-279.

Facchinei F, Fischer A, Herrich M. 2014. An LP-Newton method: nonsmooth equations, KKT systems, and nonisolated solutions [J]. Mathematical Programming, 146(1): 1-36.

Facchinei F, Pang J S. 2003. Finite-Dimensional Variational Inequalities and Complementarity Problems, I and II [M]. New York: Springer-Verlag.

Fang S C, Puthenpura S. 1993. Linear Optimization and Extensions: Theory and Algorithms [M]. Englewood Cliffs, New Jersey: Prentice Hall.

Fang S C, Rajasekera J R, Tsao H S J. 1997. Entropy Optimization and Mathematical Programming [M]. Boston: Kluwer Academic Publishers.

Feng E M, Wang Y. 2002. On the use of ABS algorithms in the modeling of oil deposits [J]. Ricerca Operative, 31(8): 99-100.

Fuduli A, Gaudioso M, Giallombardo G. 2003. Minimizing nonconvex nonsmooth functions via cutting planes and proximity control [J]. SIAM, 14(3): 743-756.

Fuduli A, Gaudioso M, Nurminski E A. 2015. A splitting bundle approach for nonsmooth nonconvex minimization [J]. Optimization, 64(5): 1131-1151.

Fukushima M. 2011. 非线性最优化基础 [M]. 林贵华, 译. 北京: 科学出版社.

Gao D Y. 2000. Duality Principles in Nonconvex Systems: Theory, Methods and Applications [M]. Boston: Kluwer Academic Publishers.

Gao Y. 2000. Demyanov difference of two sets and optimality conditions of Lagrange multiplier type for constrained quasidifferentiable optimization [J]. Journal of Optimization Theory and Applications, 104(2): 377-394.

Gao Y. 2001. Calculating an element of B-differential for a vector-valued maximum function [J]. Numerical Methods of Operations Research, 54: 561-572.

Gao Y. 2001. Newton methods for solving nonsmooth equations via a new subdifferential [J]. Mathematical Methods of Operations Research, 54: 239-257.

Gao Y. 2004. Representation of the Clarke generalized Jacobian via the quasidifferential [J]. Journal of Optimization Theory and Applications, 123(3): 519-532.

Gao Y. 2005. Representative of quasidifferentials and its formula for a quasidifferentiable function [J]. Set-Valued Analysis, 13(4): 323-336.

Gao Y. 2011. Viability criteria for differential inclusions [J]. Journal of Systems Science and Complexity, 24(5): 825-834.

Gao Y. 2012. Piecewise Smooth Lyapunov function for a nonlinear dynamical system [J]. Journal of Convex Analysis, 19(4): 1009-1016.

Harker P T, Pang J S. 1990. Finite-dimensional variational inequality and nonlinear complementarity problems: A survey of theorem, algorithm and applications [J]. Mathematical Programming, 56: 161-220.

Hiriart-Urruty J B, Lemarechal C. 1993. Convex Analysis and Minimization Algorithms [M]. Berlin: Springer-Verlag.

Huang Z D, Ma G C. 2010. On the computation of an element of Clarke generalized Jacobian for a vector-valued max function [J]. Nonlinear Analysis, 72(2): 998-1009.

Ioffe A D. 1981. Nonsmooth analysis: differential calculus of nondifferentiable mapping [J].

Transactions American Mathematical Society, 266: 1-56.

Isac G. 1992. Complementarity Problems [M]. Berlin: Springer-Verlag.

Isac G. 2000. Topological Methods in Complementarity Theory [M]. Boston: Kluwer Academic Publishers.

Kelly J E. 1960. The cutting plane method for solving convex programs [J]. SIAM, 8: 703-712.

Kiwiel K C. 1985. Methods of Descent for Nondifferientiable Optimization: Lecture Notes in Mathematics 1133 [M]. Berlin: Springer-Verlag.

Luksan L, Vlcek J. 1998. A bundle Newton method for nonsmooth unconstrained minimization [J]. Mathematical Programming, 83: 373-391.

Luo Z Q, Pang J S, Ralph D. 1996. Mathematical Programs with Equilibrium Constraints [M]. New York: Cambridge University Press.

Mifflin R. 1977. Semismooth and semiconvex functions in constrained optimization [J]. SIAM Journal on Control and Optimization, 15: 959-972.

Ortega J M, Rheinboldt W C. 1970. Iterative Solution of Nonlinear Equations in Several Variables [M]. New York: Academic Press.

Pallaschke D, Urbanski R. 2002. Pairs of Compact Convex Sets-Fractional Arithmetic with Convex Set [M]. New York: Kluwer Publisher.

Pang J S. 1995. Complementarity Problem [M]. Boston: Kluwer Academic Publishers.

Pang J S, Ralph D. 1996. Piecewise smoothness, local invertibility and parametric analysis of normal maps [J]. Mathematics of Operations Research, 21: 401-426.

Qi L, Sun J. 1993. A nonsmooth version of Newton's method [J]. Mathematical Programming, 58: 353-367.

Rifford L. 2000. Existence of Lipschitz and semiconcave control-Lyapunov function [J]. SIAM Journal of Control and Optimization, 39: 1043-1064.

Robinson S M. 1979. Generalized equations and their solutions, Part I: basic theory [J]. Mathematical Programming Study, 10: 128-141.

Rockafellar R T. 1970. Convex Analysis [M]. New Jersey: Princeton University Press.

Rockafellar R T, Wets R J B. 1998. Variational Analysis [M]. New York: Springer-Verlag.

Rubinov A M, Akhundov I S. 1992. Difference of convex compact sets in the sense of Demyanov and its applications in nonsmooth analysis [J]. Optimization, 23: 179-188.

Rubinov A M, Yang X Q. 2003. Lagrange Type Functions in Constrained Non-Convex Optimization [M]. Boston: Kluwer Academic Publishers.

Shor N Z. 1985. Minimization Methods for Nondifferentiable Functions [M]. Berlin: Springer-Verlag.

Solodov M V. 2003. On approximations with finite precision in bundle methods for nonsmooth optimization [J]. Journal of Optimization Theory and Applications, 119: 151-165.

Sun D, Han J. 1997. Newton and quasi-Newton methods for a class of nonsmooth equations and related problems [J]. SIAM Journal of Optimization, 7: 463-480.

Wang S Y, Yamamoto Y, Yu M. 2003. A minimax rule for portfolio selection in frictional markets [J]. Mathematical methods of Operations Research, 57(1): 47-155.

Xia Z Q. 1992. Finding subgradient or decent direction of convex functions by external polyhedral approximation of subgradientials [J]. Optimization Methods and Software, 1: 273-295.

Yuan Y X. 1984. An example of only linearly convergence of trust region algorithms for nonsmooth optimization [J]. IMA Joural of Numerical Analysis, 4: 327-335.

索　引

《运筹与管理科学丛书》已出版书目

1. 非线性优化计算方法　袁亚湘　著　2008 年 2 月

2. 博弈论与非线性分析　俞建　著　2008 年 2 月

3. 蚁群优化算法　马良等　著　2008 年 2 月

4. 组合预测方法有效性理论及其应用　陈华友　著　2008 年 2 月

5. 非光滑优化　高岩　著　2008 年 4 月；第二版，2018 年 3 月

6. 离散时间排队论　田乃硕　徐秀丽　马占友　著　2008 年 6 月

7. 动态合作博弈　高红伟　〔俄〕彼得罗相　著　2009 年 3 月

8. 锥约束优化——最优性理论与增广 Lagrange 方法　张立卫　著　2010 年 1 月

9. Kernel Function-based Interior-point Algorithms for Conic Optimization　Yanqin Bai　著　2010 年 7 月

10. 整数规划　孙小玲　李端　著　2010 年 11 月

11. 竞争与合作数学模型及供应链管理　葛泽慧　孟志青　胡奇英　著　2011 年 6 月

12. 线性规划计算(上)　潘平奇　著　2012 年 4 月

13. 线性规划计算(下)　潘平奇　著　2012 年 5 月

14. 设施选址问题的近似算法　徐大川　张家伟　著　2013 年 1 月

15. 模糊优化方法与应用　刘彦奎　陈艳菊　刘颖　秦蕊　著　2013 年 3 月

16. 变分分析与优化　张立卫　吴佳　张艺　著　2013 年 6 月

17. 线性锥优化　方述诚　邢文训　著　2013 年 8 月

18. 网络最优化　谢政　著　2014 年 6 月

19. 网上拍卖下的库存管理　刘树人　著　2014 年 8 月

20. 图与网络流理论(第二版)　田丰　张运清　著　2015 年 1 月

21. 组合矩阵的结构指数　柳柏濂　黄宇飞　著　2015 年 1 月

22. 马尔可夫决策过程理论与应用　刘克　曹平　编著　2015 年 2 月

23. 最优化方法　杨庆之　编著　2015 年 3 月

24. A First Course in Graph Theory　Xu Junming　著　2015 年 3 月

25. 广义凸性及其应用　杨新民　戎卫东　著　2016 年 1 月

26. 排队博弈论基础　王金亭　著　2016 年 6 月

27. 不良贷款的回收：数据背后的故事　杨晓光　陈暮紫　陈敏　著　2017 年 6 月